"十二五"江苏省高等学校重点教材(编号2013-1-149)

园艺园林专业系列教材

园林苗木生产技术

（第二版）

尤伟忠　主编

苏州大学出版社

图书在版编目(CIP)数据

园林苗木生产技术/尤伟忠主编. —2 版. —苏州：
苏州大学出版社,2015.7(2021.1 重印)
"十二五"江苏省高等学校重点教材 园艺园林专业
系列教材
ISBN 978-7-5672-1415-6

Ⅰ.①园… Ⅱ.①尤… Ⅲ.园林树木－育苗－高等
学校－教材 Ⅳ.S723.1

中国版本图书馆 CIP 数据核字(2015)第 151974 号

园林苗木生产技术

（第二版）

尤伟忠 主编

责任编辑 徐 来

苏州大学出版社出版发行
（地址：苏州市十梓街 1 号 邮编：215006）
丹阳兴华印务有限公司印装
（地址：丹阳市胡桥镇 邮编：212313）

开本 787 mm×1 092 mm 1/16 印张 14.25 字数 354 千
2015 年 7 月第 2 版 2021 年 1 月第 5 次印刷
ISBN 978-7-5672-1415-6 定价：30.00 元

苏州大学版图书若有印装错误,本社负责调换
苏州大学出版社营销部 电话:0512-67481020
苏州大学出版社网址 http://www.sudapress.com

园艺园林专业系列教材(第二版)
编 委 会

顾　问：成海钟

主　任：李振陆

副主任：钱剑林　夏　红

委　员(按姓氏笔画为序)：

尤伟忠　束剑华　周　军　韩　鹰

再版前言

"十二五"期间,我国经济社会发展迅猛,人民生活水平显著提高,农业现代化速度显著加快,园艺园林产业发展水平不断提升,专业教育、教学改革逐步深入。因此,在2009年编写出版的园艺园林专业系列教材的基础上,结合当前产业发展的实际和教学工作的需要,再次全面修订出版园艺园林专业系列教材十分必要。

苏州农业职业技术学院是我国近现代园艺园林职业教育的发祥地。2015年,江苏省政府启动新一轮高校品牌专业建设工程,该院园艺技术、园林技术专业均入选,这既是对该院专业内涵建设、品牌特色的肯定,也是为专业建设与发展注入新的动力与活力。苏州农业职业技术学院以此为契机,精心打造"园艺职业教育的开拓者"、"苏派园林艺术的弘扬者"这两张名片。

再次出版的《观赏植物生产技术》《果树生产技术》《园林植物保护技术》《园艺植物种子生产与管理》四部教材已入选"十二五"职业教育国家规划教材,《园林苗木生产技术》已入选"十二五"江苏省高等学校重点教材。当前苏州农业职业技术学院正在推进整体教学改革,实施以能力为本位和基于工作过程的项目化教学改革,再版的教材必然以教学改革的基本理念与思路为指导。系列教材的主编和副主编均为苏州农业职业技术学院具有多年教学和实践经验的高级职称教师,聘请的企业专家也都具有丰富的生产、经营管理经验。教材力求及时反映当前科技和生产发展的实际,体现专业特色和高职教育的特点,是此次再版的宗旨。

园艺园林专业系列教材编写委员会
2015年7月

再版说明

本书依据"园林育苗工、林木种苗工"岗位的典型工作任务确定课程的项目,共分9个项目,涵盖园林苗圃建立及区划、园林苗木的繁殖、苗木培育及出圃、苗圃生产经营方案的制订及苗木销售等内容。

每个项目下选择典型的任务加以阐述,每个任务列出任务目标、任务提出、任务分析、相关知识、任务实施、评分标准、知识链接、课后任务等,切实符合高职教育特点,适合高职院校师生的教与学。课后任务性质与课上任务性质一致,由学生独立完成,通过反复练习,学生的职业能力能够得到巩固与拓展。

本书具有如下特点:

(1)任务驱动。为培养学习者的实践能力,本书提供了"任务实施",将理论与实践紧密结合,学生可以在完成具体典型工作任务的过程中学会知识、掌握技能,使主要技能得到强化。

(2)项目导向。以园林育苗工作的岗位能力需求为依据,通过项目的实施,逐步提升学生的苗木繁殖、培育、出圃的能力,学会苗圃的建立与生产管理。

本书由苏州农业职业技术学院尤伟忠教授任主编,徐峥、耿晓东讲师任副主编,天域生态园林股份有限公司苗木事业部总监、工程师于海武及天域生态园林股份有限公司苗木事业部商务经理、工程师隗军锋参加编写。编写工作安排如下:尤伟忠编写课程导入和项目二、项目三;耿晓东编写项目一、项目八;徐峥编写项目四、项目五、项目六;于海武编写项目七、附录一;隗军锋编写项目九、附录二。

本书由苏州农业职业技术学院潘文明教授主审,江苏农林职业技术学院邱国金教授、苏州大学周玉明副教授、苏州苏农园艺景观有限公司毛安元高级工程师、江苏省吴江市苗圃有限公司史骥清高级工程师参加审定,在此谨向有关专家致以诚挚的谢意!本书还参考了部分同行的相关文献,在此一并表示衷心的感谢!

本书可作为高等职业技术教育层次的园林类、园林工程类专业学生的教材,也可作为园林苗木生产、经营管理人员及园林绿化施工、监理人员的培训资料。

由于编者水平所限,书中难免存在不当之处,恳请广大读者给予指正并提出宝贵意见,以便重印时修订。

编　者

2015 年 7 月

目 录 Contents

课程导入　园林苗木生产技术课程概述

任务1　认识课程对接的职业岗位

1　对应的职业岗位

本课程是指导学员学习园林苗木的繁育、管理与经营的应用性课程,对应的是园林育苗工、林木种苗工等职业岗位,主要内容是繁殖各类园林苗木,培育园林工程中需要的大苗,制订出圃计划并组织实施,进行苗圃生产区划,初步设计苗圃,制订苗圃生产作业方案。

2　岗位的工作职责

园林育苗工职业岗位主要有两大岗位职责:

(1)培育苗木。

① 繁殖培育苗木。繁殖和推广优良树种,培育当地园林绿化需要的优质壮苗。园林苗圃生产的主要任务是在较短的时间内,以较低的成本培育出园林绿化所需的各种类型的足量优质苗木。

② 选择繁殖方法。在了解各种育苗方法,如播种繁殖、扦插繁殖、嫁接繁殖、压条繁殖、分株繁殖等的基本原理和技术后,结合本地区的苗木繁殖实践,针对各种树种及品种的特性探索最适宜的繁殖方法,提高苗木的繁殖成活率,提高苗圃的经济效益。

③ 收集资料数据。在培育苗木的同时,需要收集相关资料和数据,积累大量的生产经验,为苗圃的可持续发展提供理论支持。

(2)管理苗圃。

① 土地管理。苗圃赖以生存发展的三大要素是土地、资金和技术。对于苗圃有限的土地资源进行科学的规划和管理,以及合理地利用和分配,就成为管理苗圃的首要任务。育苗工可从本身的工作出发提出合理的利用策略和建议。

② 生产资料管理。生产资料管理是苗圃生产计划能够顺利完成的保证,因此,需要根据每年的生产计划制订相应的生产资料计划,并进行适当的调整,以确保各个生产环节顺利进行。

③ 技术管理。主要是收集技术资料和进行技术创新。应加强技术资料管理工作,建立技术档案,及时做好苗木生长和田间管理的观测记载,积累资料,摸索规律。育苗工应积极开展科学试验活动,结合本圃的育苗经验,探索高成活率和低成本的育苗新技术。

④ 劳动力的组织分配。苗圃的生产具有很强的季节性,一般春季是最繁忙的时期。苗

圃有一部分固定人员,还有一部分人员需要临时雇用,应该根据实际生产工作的需要,做出劳动力的合理调配。

⑤ 安全生产管理。育苗工应该了解安全生产的基础知识,熟悉相关的机械和器具、药剂等的使用方法,保证生产的安全进行。

任务 2　了解园林苗圃的作用与发展

1　园林苗圃可持续发展的作用

(1) 园林苗圃是城市建设中不可或缺的重要组成部分。

随着社会的发展,人类得以生存和发展的环境乃至整个自然生态环境系统不断发生变化,特别是工业化和城镇化程度的不断提高导致工业污染出现并逐渐加剧,造成了严重的环境污染。用花草树木装饰城市,不仅给人们以美的感受,还能调节气候,防风固尘,净化空气,减少噪声,创造良好的生产、生活环境,提高人民的健康水平,提高生活质量和工作效率。因此,街道广场绿地、居住区绿地、各单位附属绿地、城市公园、生态绿地和风景林等各类城市绿地已成为城市规划和建设中不可或缺的组成部分。

衡量城市园林绿化水平的重要指标有城市的绿化覆盖率、人均公共绿地面积和绿地率。有人认为,城市居民人均公共绿地面积应为 $30 \sim 40m^2$ 才能满足良好生态环境和居民生存环境的需要。联合国生物圈生态环境组织提出,一个城市的绿化覆盖率达到50%,人均公共绿地面积达到 $60m^2$ 以上,城市污染方可得到净化,卫生状况才有保障。国外不少城市已达到或接近这一要求,如瑞典首都斯德哥尔摩人均公共绿地面积达到 $80.3m^2$,华沙和堪培拉的人均公共绿地面积均超过 $70m^2$。1999 年我国城市建成区绿化覆盖率为27.44%,人均公共绿地面积为 $6.52m^2$;2012 年我国城市建成区绿化覆盖率、绿地率已分别达到39.2%和35.3%,城市人均公共绿地面积 $11.8m^2$。我国城市园林绿化的总体目标是:到21世纪中叶,城市绿化覆盖率达到45%以上,人均公共绿地面积达到 $25 \sim 50m^2$。因此,我国城市绿化工作任务还十分艰巨,但这也为园林苗木生产提供了广阔的空间。为了实现上述目标,许多城市根据自身的实际情况,提出了城市绿化的战略目标,如广州的"花城"计划、北京的"园林化大都市"建设、长春的"森林城"规划、厦门的"海上公园"规划、苏州的"生态园林城市"建设、重庆的"山水园林城市"建设等。

园林苗木是园林绿化建设的物质基础,苗木产品应是规范化和多元化的。当前,城市绿化中所用的苗木主要有三个来源:一是外地购入,二是野外挖取或绿地调出,三是当地苗圃培育。从外地引入的苗木经长途运输,绿化成本高,成活率相对低,效果也不佳;从野外挖取或绿地调出的苗木数量有限,不能满足大规模绿化工作的需要。当前绿化苗木的主要来源是在专门建立的苗圃中培育出来的。城市在规划建设过程中要充分考虑配套一定数量、一定规模的高质量园林苗圃。据有关规定,一个城市中苗圃、花(草)圃的总面积应不低于该城市建设区域面积的2%。如何合理地进行园林苗木生产,保证城市绿化所需要的足够数量与高质量的苗木,是城市园林绿化建设中的紧迫任务。

（2）园林苗圃对城市绿化发展具有导向作用。

园林苗圃一方面是城市绿化用苗的后勤部，另一方面可以通过园林苗圃的上等级、上水平来促进城市园林绿化事业的快速发展。园林苗圃可以通过苗木的引种、驯化、培育、推广和应用，在一定程度上左右城市园林绿化的发展方向，使城市园林绿化面貌产生根本性变化，表现出对园林绿化有明显的推动作用。

（3）园林苗木的经济意义。

苗木产业是世界上最具活力的新兴产业之一，被称为朝阳产业和新的经济增长点。它是集经济效益、社会效益和生态效益于一体的绿色产业，其发达程度是国家与地区经济发展水平和社会文明程度的重要标志之一。随着国家经济高速发展，城市和新农村环境建设提高到前所未有的重要地位，园林苗木需求旺盛，许多省市将园林绿化苗木产业作为农村产业结构调整的重要方向，园林绿化苗木面积不断增加，产值持续上升。特别是国家住房和城乡建设部要求全国各省市县创建生态园林城市与生态园林县，以及十八大报告要求建设"美好乡村"与"美丽中国"，这为苗木种植行业的进一步发展起到了很大的推动作用。

2　我国园林苗圃的现状

近年来，园林绿化带动了绿化苗木生产的发展，绿化苗木的需求量越来越大。国内不少大型企业也开始投资"绿色银行"的苗圃生产。园林苗圃的生产现状主要表现如下：

（1）城市园林建设加快，拉动园林苗圃迅速发展。

众所周知，苗木生产具有前瞻性的特点，是园林绿化的首要工作。近年来，我国城市生态、环境建设的超常规发展，刺激、拉动了园林苗圃生产的迅速发展，2012年我国观赏苗木种植面积约57.55万公顷。苗木产业发展较快的原因有：首先，由于我国各级政府重视园林生态和城市环境建设，国家投入园林城市建设的资金多，苗木需求量大；其次，苗木新品种层出不穷，优良品种推广日趋加快，先进栽培管理技术不断提高，促进了苗木产量的大幅提高，也使园林苗木更具有观赏性，苗木生产更具有时效性；第三，在农业生产中，粮、棉、油价格走势过低，也变相促进了苗木业的大发展。

（2）经营树种、品种越来越多。

经过近年来多渠道引进树种，科研部门育种、推广，还有乡土树种、稀有树种的广泛应用，苗木生产者经营的树种、品种越来越多。栽培树种、品种的增多，给广大育苗、经营者带来更多选择和调剂苗木的机会，跨地区、省际的种苗采购、调剂日趋增多。

（3）非公有制苗圃成为苗木产业的主力。

过去几十年中，国有苗圃曾独领风骚，在苗木行业唱主角。中共中央、国务院在《关于加快林业发展的决定》中明确指出"要放手发展非公有制林业，国家鼓励各种社会主体跨所有制、跨行业、跨地区投资发展林业"，进一步明确了非公有制林业的法律地位，要切实落实好谁造谁有、合造共有的政策。短暂的数年时间，非公有制苗圃发展迅速，除了农户转向苗木生产经营增多外，其他行业、非农业人士加入种苗行列，从事苗木生产的已不计其数。

（4）区域化生产、集约化经营呈现良好的发展态势。

布局区域化是指根据该地区条件和特点，集中生产某一种或少数几种农产品以便发挥其优势和长处，从而形成各类不同区域、不同特色的农产品生产布局结构。区域化布局意味着要适度推进规模经营，在整个产业内部优化各种农业资源的配置，实现土地、劳力、资金、技术等生产要素的最佳组合。不少地区区域化生产、集约化经营逐步走向正规，趋于科学、合理。例如，广东的顺德已成为全国最大的观叶植物生产及供应中心，浙江的萧山已成为浙江花木生产的重地。产业布局的另一个特点是有些省份已形成多样化、区域化植物的产地。例如，山东省的曹州主产牡丹、莱州主产月季、平阴主产玫瑰、泰安主产盆景，江西和辽宁的杜鹃、海南的观叶植物、贵州的高山杜鹃、江西大余的金边瑞香、山东菏泽及河南洛阳的牡丹在全国享有盛名，盆景的产地主要集中在江苏、山东、河北、安徽、河南、新疆、宁夏、广东、上海等地。江苏近年来苗木基地及苗木市场发展迅速，传统的苗木生产基地如南通、如皋进行了苗木集约化经营。如皋的"花木大世界"、武进的夏溪花木市场、苏州光福、宿迁沭阳、扬州江都等花木基地都极负盛名。

（5）种苗信息传播加快，人们的经营理念日趋成熟。

随着全国林木种苗交易会、信息交流会的逐年增多，人们的信息、市场观念增强，经营理念日趋成熟。近年来，国家有关部门举办的各类种苗交易、信息博览会增多，各省、市也多次举办。这些会议的举办，大大促进了种苗生产、经营者的信息交流和技术合作，加上报刊、电视、广播、网络等多种形式的宣传、报道，使人们获得的信息量增多，在新品种的引进、种苗购置、苗木交易等方面都逐渐趋于理智、成熟。

3 我国园林苗木生产中存在的主要问题

我国园林绿化苗木生产具有悠久的历史，但多年来一直沿用传统的露天苗圃栽培方式，大多品种单一，规模较小，生产技术落后，苗木质量不稳定，苗木成活率较低，产品供应季节较短，生产周期较长。

（1）苗圃盲目发展，形成无序竞争。

据统计，我国苗木存圃量大得惊人，特别是一、二年生的小规格苗木占总面积的近1/2，这些小苗木不仅在短时间内不能出圃，还要移植、扩繁到3倍以上的土地面积上。很多苗圃在规模和苗木种类、数量等方面盲目发展，因此不应再继续扩大种植面积。现阶段要着眼于对当前苗木种植品种结构的调整，压缩常规小苗木的生产，注重合格苗木的生产，减小种植密度，科学培植，尽快培育适合城乡、郊区绿化的各种苗木生产体系。

（2）苗圃管理粗放，苗木质量不高。

很多苗圃由于仓促上马，缺乏良好的生产经营计划，加上近几年加入苗木行业的新手增多，大多数对苗木树种的生物学特性和生态学特点不甚了解，不能因地制宜地发展苗木，资金投入不足，生产设备简单，致使商品苗档次低，优质苗出圃率低，直接影响了经济收入。

（3）缺乏统一的苗木标准。

当今，全国苗木生产缺少统一、规范、适用的质量标准，这给苗木生产、销售、质量评价等增加了难度，同时也给不良经营者投机钻营提供了机会。例如，不同规格树种的根幅及带土球直径的大小，调运期间根系的保护措施，验收苗木时直径测定的位置，干型、冠形的标准等不确定，使得营销中误区、盲点太多。由于统一的苗木产销标准没有出台，在苗木生产、经营中，无法按照需要单位对苗木规格、质量的要求制订生产、管理计划。

（4）过分追求外来树种，忽视乡土树种的应用。

引入树种比例过大，而区域性乡土树种比例过小，一方面造成了城市间的景观雷同，"人工化"感觉浓厚而"自然化"程度低，城市缺乏自身的绿化特色和乡土气息；另一方面也不利于维护城市森林的生态稳定性,森林(生态林)难以向稳定的顶级群落发展,而且引种不慎还可能会造成生物入侵等严重的生态后果。因此,在重视外来树种引种工作的同时,也要加强本地区乡土树种和地带性树种的驯化和开发利用。生态林建设必须坚持乡土树种优先的原则,为城市构建高质、稳定的城市森林,实现创建生态城市的目标服务。

目前,我国园林绿化苗木的生产水平还远远跟不上发展需要,迫切需要找出一条产量高、质量稳、生产周期短、可实现周年供应、产业化水平高且能出口创汇的现代化绿化苗木生产新途径,为我国农业产业化与国际市场接轨打下良好基础。

4　今后园林苗圃的发展

(1)目前发达国家的苗木产业主要特点。

① 苗圃建设大型化。世界各国在苗圃建设的规模上有向大型化方向发展的趋势,苗圃数量相对减少,而苗圃育苗规模逐步增大。人们普遍认为,只有建立大型苗圃,才有条件实现育苗作业机械化,才能有效地应用现代育苗技术,降低育苗成本,提高经济效益。

② 育苗作业集约化。苗圃经营水平较高的国家,从苗圃整地、作床、播种、苗期管理到起苗、包装、运输等全部过程均实现了机械化作业。此外,还采用先进育苗技术,如土地熏蒸消毒技术、播种后床面覆盖技术、苗木截根技术等。智能管理在苗圃中的应用也十分普遍,从气象与物候观测、灌溉、施肥以及病虫害防治设施的自动化控制到苗圃的技术档案管理等都已实现智能化。

③ 容器育苗工厂化。瑞典、挪威、巴西等国家80%以上的苗圃都实现了工厂化容器育苗。

④ 苗木生产标准化。苗木质量管理深入到育苗的各个环节,每个阶段都有相应的质量标准。

⑤ 从业人员专业化。苗圃主任一般是博士或硕士毕业,大多是生产和管理的复合型人才,300～500亩地有3～5个人就足够了。

(2)园林苗木生产的发展前景。

① 质量向标准化方向发展。随着园林植物品种的增加,标准也在不断完善和更新,以适应生产和营销的需要。

② 生产向机械化和管理自动化发展。园林植物的栽培养护、修剪、绑扎、起苗、移栽及容器苗的上盆、换盆等可以利用园林机具完成。

③ 需求的多样化和优质化。随着经济发展和科技进步,人们对绿化景观植物的要求也越来越高,对新、奇、特、优苗木新品种的需求日益增强。

④ 利用新技术开发新产品。优良新品种培育技术发展迅速,组织培养技术、脱毒技术、人工育种技术、远缘杂交技术、转基因技术等有很大进步,在品种创新、繁殖培育、引种驯化等方面得到应用。

⑤ 苗圃由生产型向多功能型转变。营造集苗木生产、技术示范、科普教育、休闲观光于一体的生态休闲观光苗圃,由单一生产型向复合功能型转变是今后苗圃发展的趋势。

任务 3　介绍课程内容

1　课程项目内容

园林苗木生产技术是关于园林苗木繁殖、培育的理论及应用技术的课程,主要内容包括园林苗圃的建立、园林树木种子生产技术、园林苗木的播种繁殖及营养繁殖技术、园林大苗培育技术、育苗新技术、苗木质量及出圃技术、苗圃病虫害防治技术等。

本课程的主要任务是为园林苗木的生产提供理论依据和先进技术,持续地为城市园林绿化提供种类丰富、质量优良的绿化苗木。本课程的具体任务有:首先,根据城市园林绿化的发展需要和自然环境条件,进行园林苗圃的区划设计与建立;其次,为种子的采集、加工、贮运和种子品质检验提供理论依据和技术措施;第三,介绍播种育苗、营养繁殖育苗、设施育苗、组培育苗和大苗培育技术,阐述园林苗木培育的基本方法和技术要点;第四,提出园林苗圃生产计划的制订和苗木出圃的关键技术。

2　课程的实施

园林苗木生产技术是园林类专业的一门重要专业课程,以园林植物与植物生理、土壤肥料、园林测量等为前导课程,又与园林植物栽培和养护、园林植物病虫害防治和园林花卉等课程有密切关系,为进一步学习园林规划设计、园林工程施工等课程服务。教师在教学过程中应联系相关知识,采用多种现代化教学手段,通过现场教学、项目教学、生产实习等环节,使学生既能掌握基本原理,又能灵活掌握苗木生产中所应具备的基本操作技能,通过案例分析,使学生学会分析问题,引导学生运用所学知识解决实际问题。

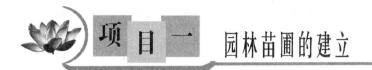

项目一　园林苗圃的建立

任务1　园林苗圃的圃地选择

任务目标

了解园林苗圃的种类及特点,掌握园林苗圃的合理布局要求,熟悉建立苗圃的实地调查方法与内容,并掌握苗圃建立的可行性分析方法。

任务提出

园林苗圃是为城市绿化和生态建设专门繁殖和培育苗木的场所。它的任务是应用较先进的技术,在较短的时间内以较低的成本,根据市场需要培育各种用途、各种类型的优质苗木。在城镇化进程中,建设一定数量、一定规模并适合城镇建设和发展需要的园林苗圃是十分必要的,而苗圃位置如何布局、用地怎样选择是规划苗圃时首先应考虑的重要问题。

任务分析

园林苗圃是城镇绿化建设中植物材料的来源地,也是城市绿化建设的重要组成部分。园林苗圃的布局与规划,应根据城市绿化建设的规模以及发展目标而定。各城市要做好园林建设工作,必须对所要建立的园林苗圃数量、用地面积和位置进行合理的调查与规划,并对苗圃建设进行可行性分析。

相关知识

1　园林苗圃的种类及其特点

随着国民经济的高速增长和城镇化进程的加快,以及全社会对环境建设的日益重视,园林绿化建设对苗木的需求量增长迅速,社会经济结构也发生了重大变化,园林苗圃建设呈现出多样化的发展趋势,其种类、特点各有不同。

1.1　按园林苗圃面积划分

按园林苗圃面积的大小,可划分为大型苗圃、中型苗圃和小型苗圃。

（1）大型苗圃：面积在 20hm^2 以上，生产的苗木种类齐全，拥有先进设施和大型机械设备，技术力量强，常承担一定的科研和开发任务，生产技术和管理水平高，生产经营期限长。

（2）中型苗圃：面积为 3～20hm^2，生产的苗木种类多，设施先进，生产技术和管理水平较高，生产经营期限长。

（3）小型苗圃：面积在 3hm^2 以下，生产的苗木种类较少，规格单一，经营期限不固定，往往随市场需求变化而更换生产苗木种类。

1.2　按园林苗圃所在位置划分

按园林苗圃所在位置可划分为城市苗圃和乡村苗圃。

（1）城市苗圃：位于市区或郊区，能够就近供应所在城市绿化用苗，运输方便，且苗木适应性强，成活率高，适宜生产珍贵的和不耐移植的苗木，以及露地花卉和节日摆放用盆花。

（2）乡村苗圃（苗木基地）：是随着城市土地资源紧缺和城市绿化建设迅速发展而形成的新类型，现已成为供应城市绿化建设用苗的重要来源。由于土地成本和劳动力成本低，适宜生产城市绿化用量较大的苗木，如绿篱苗木、花灌木大苗、行道树大苗等。

1.3　按园林苗圃育苗种类划分

按园林苗圃育苗种类可划分为专类苗圃和综合性苗圃。

（1）专类苗圃：面积较小，生产苗木种类单一。有的只培育一种或少数几种要求特殊培育措施的苗木，如专门生产果树嫁接苗、月季嫁接苗等；有的专门从事某一类苗木生产，如针叶树苗木、棕榈苗木等；有的专门利用组织培养技术生产组培苗等。

（2）综合苗圃：多为大、中型苗圃，生产的苗木种类齐全，规格多样化，设施先进，生产技术和管理水平较高，经营期限长，技术力量强，往往将引种试验与开发工作纳入其生产经营范围。

1.4　按园林苗圃经营期限划分

按园林苗圃经营期限可划分为固定苗圃和临时性苗圃。

（1）固定苗圃：规划建设使用年限通常在 10 年以上，面积较大，生产苗木种类较多，机械化程度较高，设施先进。大、中型苗圃一般都是固定苗圃。

（2）临时苗圃：通常是在接受大批量育苗合同订单，需要扩大育苗生产用地面积时设置的苗圃。经营期限仅限于完成合同任务，以后往往不再继续生产经营园林苗木。

2　园林苗圃建设的合理布局

2.1　园林苗圃合理布局的原则

建立园林苗圃应对苗圃数量、位置、面积进行科学规划，城市苗圃应分布于近郊，乡村苗圃（苗木基地）应靠近城市，以方便运输。总之，以育苗地靠近用苗地最为合理，这样可以降低成本，提高成活率。

2.2　园林苗圃数量和位置的确定

大城市通常在市郊设立多个园林苗圃。设立苗圃时应考虑设在城市不同的方位，以便就近供应城市绿化需要。中、小城市主要考虑在城市绿化重点发展的方位设立园林苗圃。城市园林苗圃总面积应占城区面积的 2%～3%。按一个城区面积 1000hm^2 的城市计算，建设园林苗圃的总面积应为 20～30hm^2。如果设立一个大型苗圃，即可基本满足城市绿化用苗需要。如果设立 2~3 个中型苗圃,则应分散设于城市郊区的不同方位。

乡村苗圃(苗木基地)的设立,应重点考虑生产苗木所供应的范围。在一定的区域内,如果城市苗圃不能满足城市绿化需求,可考虑发展乡村苗圃。在乡村建立园林苗圃,最好相对集中,即形成园林苗木生产基地,这样对于资金利用、技术推广和产品销售十分有利。

任务实施

建立园林苗圃时,苗圃的选址是十分重要的工作。如果选址不科学、不恰当,将会给以后的育苗、经营管理工作带来很多困难,不但达不到壮苗丰产的效果,而且还会浪费大量的人力物力,增加育苗成本。

1 圃地条件的实地调查

苗圃用地及位置的选择主要考虑经营条件和自然条件两方面因素。经营条件包括交通条件、电力条件、人力条件、周边环境条件、销售条件等方面。自然条件包括地形条件、土壤条件、水文条件、气象条件等方面。

1.1 经营条件

(1)交通条件。苗圃应选择设立在交通方便的公路水路运输附近,便于出圃及生产资料的运入。调查圃地周边道路状况、内部现有道路条件。

(2)电力条件。苗圃所需电力应有保障,在电力供应不便的地方尽量不要建设。

(3)人力条件。苗圃设立的位置应设在靠近村镇的地方。

(4)周边环境条件。苗圃应保持良好的自然环境,远离工业污染源,避免造成不良影响。

(5)销售条件。苗圃设立的区域应对苗木有较大的需求量。

1.2 自然条件

(1)地形、地势及坡向。运用水准仪、经纬仪、平板仪等工具进行测定。

(2)土壤。随机选取育苗地块进行土壤采样,对于其理化性状进行实验室分析,研判土壤结构。

(3)水源与地下水位。探明周边水源,采集水样进行分析。可挖深坑查明地下水位状况。

(4)气象条件。可从当地气象部门获取气象资料,查清气象情况。

(5)病虫害。选圃时应进行专项调查,了解当地和周围植物病虫害情况和感染程度。

2 苗圃建立的可行性分析

(1)踏勘分析。在拟确定的苗圃范围内进行实地踏勘和调查访问工作。对苗圃地的现状、历史、地形、土壤、植被、水源、交通、病虫害及四周的环境、自然村庄等情况进行充分了解并作书面记录和分析。

(2)地形图分析。根据地形图进行初步的苗圃规划设计。

(3)土壤调查分析。根据拟确定的苗圃范围内的自然条件、地势及指示植物的分布选定典型地区,分别挖取土壤剖面,然后仔细观察、记载并取样分析。通过野外调查和室内分析,将土壤分布图在地形图上绘出,为苗圃建立提供依据。

(4)病、虫、草害及有害动物调查分析。在拟确定的苗圃范围内,针对圃地病虫害种类

及感染程度进行调查和分析。

（5）气象条件分析。掌握当地的气象资料，为苗圃的生产管理提供保障，如绝对最高、最低日气温，年、月、日平均气温，土壤表层最高、最低温度，日照时数及日照率，年、月、日平均降水量，平均风速等。

 评分标准

序号	项目与技术要求	配分	检测标准	实测记录	得分
1	圃地条件的实地调查，包括经营条件与自然条件	50	调查项目缺一项扣5分，扣完为止		
2	苗圃建立的可行性分析，包括地形、土壤、气象、病虫害、植被等情况	50	调查项目缺一项扣10分，扣完为止		
	合　　计	100	实际得分		

 知识链接

园林苗圃自然条件的基本要求

（1）苗圃的地形、地势、坡度、坡向。

园林苗圃应建在地形平坦、地势较高、便于排灌的地方。在地形平坦的田地建苗圃，影响苗木生长的温度、土壤、肥力、湿度等因素在较大面积范围内差异较小，对苗木影响程度相近，有利于调节控制；生产中便于灌溉，便于机械化作业，有利于节省人力，降低成本，提高苗木的市场竞争力。选择地势较高的地方建苗圃，容易排涝，不易积水。地面坡降一般不大于2‰，坡度过大，容易造成水土流失，灌溉不均，降低土壤肥力。但在多雨易涝地区、土壤质地黏重的地区坡度可大一些，便于排涝；沙质土坡度要小一些，以防水土流失。如苗圃建于丘陵地，则应修建梯田。

特殊地形往往形成特殊的小气候或局部恶劣环境，如峡谷、山口、林中空地处，昼夜温差大、极端温度低，影响苗木正常生长。另外，在冰雹多发地带，苗木易遭受损害。因此，这些地方不宜建设苗圃。

在地形起伏较大的地区，选择坡向尤为重要，坡向不同，直接影响圃地的光照、温度、土壤水分等。南坡光照强、温度高、昼夜温差大、湿度小；北坡则相反。在北方，干旱、寒冷、大风是影响苗木生长的主要因素，因此一般选择东南坡；在南方，一般选择东南、东北坡。如果条件允许，尽量避免在地形起伏大的地区建立园林苗圃。

（2）水源和地下水位。

水是影响苗木培育的关键因素，要保证苗圃有充足的可用水源供应。所谓可用水源，是苗圃在长期经营时间内保证可利用的水源，包括两方面：一是有水可用，二是水质达到可用。如果水源充足但水质严重污染或含盐量高（含盐量高于0.15%），这种水不能用于灌溉，在此种条件下建设苗圃风险很大。近年来有些地方或购买土地，或租用土地建设苗圃，但没有解决好水源问题，使前期投入遭受损失。其原因主要有两个：一是选地不当，苗圃及周围干旱缺水，无法解决苗圃用水问题；二是虽有水，但由于种种原因不能供给苗圃使用。

圃地的地下水位一般要在 1m 以下,沙土地区 1.5m 以下,沙壤土 2.5m 以下,黏性壤土 4m 以下。水位过高,土壤容易积水、积盐、潮湿,透气不良,影响植物根系生长,苗木易徒长,影响苗木质量。水位过高还容易使土壤返盐,造成土壤盐渍化,对苗木产生危害。因此,苗圃不可建在地下水位过高的地方。

(3)土壤。

质地黏重的土壤,通气性差,雨后积水泥泞,易板结龟裂,不利于苗木根系生长发育,不利于耕作,特别是一些肉质根、要求排水良好的树种(如白玉兰、牡丹等)在这样的土质中几乎无法正常生长。过于沙质的土壤,保水性差,肥力很低,土壤温度变化剧烈,也不利于苗木生长。苗木一般适宜在具有一定肥力和具有保水能力的沙质土壤或轻黏质土壤上生长,这样的土壤结构疏松,透水、透气性好,降雨时地面径流少,灌溉时渗水均匀。应避免在盐碱含量高的地方建苗圃,土壤中盐的含量应在 0.1% 以内。土壤以中性或微碱、微酸性为好,针叶树土壤的 pH 在 5.0~6.5 为好,阔叶树土壤的 pH 在 6.0~8.0 为好。

(4)病、虫、草害。

在选择苗圃时,一般都应做专门的病、虫、草害调查,了解当地病、虫、草害情况和感染程度。病、虫、草害过分严重的土地和附近大树病、虫害感染严重的地方不宜选作苗圃,金龟子、天牛、蝼蛄、立枯病及多年生深根性杂草等危害严重的地方不宜选作苗圃,有害动物如鼠类过多的地方一般也不宜选作苗圃。

课后任务

以周边苗圃为例,分组调查苗圃地的经营条件和自然条件,完成苗圃建立的可行性分析报告。

任务 2　苗圃的区划

任务目标

了解园林苗圃区划的方法,能够运用苗圃区划的理论知识进行施工和管理,掌握园林苗圃生产用地、辅助用地面积的计算方法,以及掌握园林苗圃设计图的绘制和设计说明书编写。

任务提出

苗圃地选定后,就要进行建圃工作。为了合理布局,充分利用土地,便于以后生产管理及建圃施工需要,建圃前须首先完成苗圃的区划工作。

任务分析

苗圃用地主要包括生产用地和辅助用地。要计算计划生产树种的土地使用面积,根据树种特点对苗圃生产用地进行合理区划,控制好各育苗区的土壤要求与面积比例;从管理的角度出发,规划好道路、沟渠、建筑等各类辅助用地。

相关知识

1 辅助用地的区划

辅助用地又称非生产用地,是指苗圃的管理区建筑用地和苗圃道路、排灌系统、防护林带、晾晒场、积肥场及仓储建筑等占用的土地。这些用地是直接为生产苗木服务的,既应满足生产的需要,又必须设计合理,减少用地。

1.1 道路系统的设置

苗圃中的道路是连接各耕作区与开展育苗工作相关的各类设施的动脉,通常设有一、二、三级道路和环圃路。

在设计苗圃道路时,应在保证管理和运输方便的前提下尽量节约用地。中小型苗圃可不设二级路,但主干道不可过窄。一般苗圃中道路的占地面积不应超过苗圃总面积的7%~10%。

1.2 灌溉系统的设置

苗圃必须具备完善的灌溉系统,以保证水分苗木的充分供应。灌溉系统包括水源、提水设备和引水设施三部分。水源包括地面水和地下水两类。提水设备,目前多使用抽水机(水泵),其规格可根据苗圃育苗的需要进行选择。引水设施包括地面明渠引水和管道引水。

1.3 排水系统的设置

排水系统对地势低、地下水位高及降雨量多而集中的地区尤为重要。排水系统由大小不同的排水沟构成,排水沟分为明沟和暗沟两种,目前多采用明沟。排水沟的宽度、深度和设置应根据苗圃的地形、土质、雨量、出水口的位置等因素而确定,并以保证雨后能快速排除积水而又少占土地为原则。排水沟的边坡与灌水渠相同,只是落差应大一些,一般为3‰~6‰。大排水沟应设在圃地最低处,直接通入河、湖或市区排水系统;中小排水沟通常设在路旁;耕作区的小排水沟应与小区步道相结合。在地形、坡向一致时,排水沟和灌溉渠通常各居道路一侧,形成沟、路、渠并行,这是比较理想的设置,既利于排灌,又显得整齐。一般大排水沟宽1m以上,深0.5~1m;耕作区内小排水沟宽0.3~1m,深0.3~0.6m。排水系统的占地面积一般为苗圃总面积的1%~5%。

1.4 防护林带的设置

为了避免苗木遭受风沙危害,应设置防护林带以降低风速、减少地面蒸发及苗木蒸腾,创造小气候条件和适宜的生态环境。

防护林带的设置规格,根据苗圃的大小和风害程度而异。一般小型苗圃与主风方向垂直设一条林带;中型苗圃在四周设置林带;大型苗圃除设置周围环圃林带外,还应在圃内结合道路等处设置与主风方向垂直的辅助林带(如有偏角,不应超过30°)。一般防护林带的防护范围是树高的 15～17 倍。

林带的结构以乔、灌木混交半透风式为宜,既可减低风速,又不因过分紧密而形成涡流。林带宽度和密度根据苗圃面积、气候条件、土壤和树种特征而定,一般主林带宽 8～10m,株距 1.0～1.5m,行距 1.5～2.0m;辅助林带多为 1～4 行乔木即可。

苗圃中林带的占地面积一般为苗圃总面积的 5%～10%。近年来,国外为了节省用地和人力,已采用塑料制成的防风网防风。其优点是占地少且耐用,但投资多,在我国较少采用。

1.5　建筑管理区的设置

建筑管理区包括房屋建筑和圃内场院等部分。房屋建筑主要指办公室、宿舍、食堂、仓库、种子贮藏室、工具房、畜舍、车棚等;圃内场院包括劳动集散地、运动场、晒场以及肥场等。苗圃建筑管理区应设在交通方便、地势高燥、接近水源、有电源的地方或不适宜育苗的地方。大型苗圃的建筑管理区最好设在苗圃中央,以便于苗圃经营管理。畜舍、猪圈、积肥场等应放在较隐蔽和便于运输的地方。建筑管理区的占地面积为苗圃总面积的 1%～2%。

2　生产用地的区划

2.1　播种区

播种区是为培育播种苗而设置的生产区,应建在靠近管理区,坡度小于 2° 的地势较高而平坦,接近水源且浇水方便,土质优良且深厚肥沃,背风向阳且防霜冻的地段。

2.2　营养繁殖区

营养繁殖区是为培育扦插、嫁接、压条、分株等营养繁育苗而设置的生产区。因此,该区应建在土层深厚和地下水位较高、排灌方便的地段。其中,扦插苗区应选择浇水方便和遮阴条件好的地方,可适当选择较低洼的地方。硬枝扦插苗要选择土层深厚、土质疏松而湿润的地方;嫩枝扦插育苗可以在具备插床、荫棚等设施育苗区内进行。嫁接苗要选与播种繁育区条件相当的地段。压条苗和分株苗常利用零星分散的地块。

2.3　苗木移植区

苗木移植区是为培育移植苗而设置的生产区。当播种繁殖区和营养繁殖区中繁殖出来的苗木。需要进一步培养成较大的苗木时,则应移入苗木移植区进行培育。依培育规格要求和苗木生长速度的不同,往往每隔 2～3 年还要再移植几次,逐渐扩大株、行距,增加营养面积。苗木移植区要求面积较大,地块整齐,土壤条件中等。由于不同苗木种类具有不同的生态习性,对于一些喜湿润土壤的苗木种类,可设在低湿的地段,而不耐水渍的苗木种类则应设在较高燥而土壤深厚的地段。进行裸根移植的苗木,可以选择土质疏松的地段栽植;而需要带土球移植的苗木,则不能移植在沙性土质的地段。

2.4　大苗培育区

大苗培育区是为培育根系发达、有一定树形、苗龄较大、可直接出圃用于绿化的大苗而设置的生产区。在大苗区继续培养的苗木,通常在移植区内已进行过 1 次或几次移植,在大苗区培育的苗木出圃前一般不再进行移植,且培育年限较长。大苗培育区的特点是株、行距大,占地面积大,培育的苗木大,规格高,根系发达,可直接用于园林绿化建设,满足绿化建设的特殊需要,如树冠、形态、干高、干粗等高标准大苗,利于加速城市绿化效果,保证重点绿化工程的提前完成。大苗的抗逆性较强,对土壤要求不太严格,但以土层深厚、地下水位较低的整齐地块为宜。为便于苗木出圃,位置应选在便于运输的地段。

2.5　采种母树区

采种母树区是为获得优良的种子、插条、接穗等繁殖材料而设置的生产区。采种母树区不需要很大的面积和整齐的地块,大多是利用一些零散地块,以及防护林带和沟、渠、路的旁边等处栽植。

2.6　引种驯化区(试验区)

引种驯化区(试验区)是为培育、驯化由外地引入的树种或品种而设置的生产区(试验区),需要根据引入树种或品种对生态条件的要求,选择有一定小气候条件的地块进行适应性驯化栽培。

2.7　设施育苗区

设施育苗区是为利用温室、荫棚等设施进行育苗而设置的生产区。设施育苗区应设在管理区附近,主要要求用水、用电方便。

▌▌▌▌ 任务实施

1　园林苗圃设计图的绘制

1.1　绘制设计图前的准备工作

在绘制设计图前,必须了解苗圃的具体位置、界限、面积;育苗的种类、数量、出圃规格、苗木供应范围;苗圃的灌溉方式;苗圃必需的建筑、设施、设备;苗圃管理的组织机构、工作人员编制等。同时应有苗圃建设任务书和各种有关的图纸资料,如现状平面图、地形图、土壤分布图、植被分布图等,以及其他有关的经营条件、自然条件、当地经济发展状况资料等。

1.2　绘制设计图

在完成上述准备工作的基础上,通过对各种具体条件的综合分析,确定苗圃的区划方案。以苗圃地形图为底图,在图上绘出主要道路、渠道、排水沟、防护林带、场院、建筑物、生产设施构筑物等。根据苗圃的自然条件和机械化条件,确定作业区的面积、长度、宽度、方向。根据苗圃的育苗任务,计算各树种育苗需占用的生产用地面积,设置好各类育苗区。这样形成的苗圃设计草图,经多方征求意见,进行修改,确定正式设计方案,即可绘制正式设计图。

正式设计图的绘制应按照地形图的比例尺,将道路、沟渠、林带、作业区、建筑区等按比例绘制在图上,排灌方向用箭头表示。在图纸上应列有图例、比例尺、指北方向等。各区应编号,以便说明各育苗区的位置。目前,各设计单位都已普遍使用计算机绘制平面图、效果图、施工图等。

2　编写设计说明书

设计说明书是园林苗圃设计的文字材料,它与设计图是苗圃设计两个不可缺少的组成部分。图纸上表达不出的内容,都必须在说明书中加以阐述。设计说明书一般分为总论和设计两个部分进行编写。

2.1　总论

总论主要叙述苗圃的经营条件和自然条件,并分析其对育苗工作的有利和不利因素以及相应的改造措施。

(1)经营条件。

①苗圃所处位置,当地的经济、生产、劳动力情况及其对苗圃生产经营的影响。

② 苗圃的交通条件。

③ 电力和机械化条件。

④ 周边环境条件。

⑤ 苗圃成品苗木供给的区域范围,对苗圃发展展望,建圃的投资和效益估算。

（2）自然条件。

① 地形特点。

② 土壤条件。

③ 水源情况。

④ 气象条件。

⑤ 病虫草害及植被情况。

2.2　设计部分

（1）苗圃的面积计算。

① 各树种育苗所需土地面积计算。

② 所有树种育苗所需土地面积计算。

③ 辅助用地面积计算。

（2）苗圃的区划说明。

① 作业区的大小。

② 各育苗区的配置。

③ 道路系统的设计。

④ 排灌系统的设计。

⑤ 防护林带及防护系统（围墙、栅栏等）的设计。

⑥ 管理区建筑的设计。

⑦ 设施育苗区温室、组培室的设计。

（3）育苗技术设计。

① 培育苗木的种类。

② 培育各类苗木所采用的繁殖方法。

③ 各类苗木栽培管理的技术要点。

④ 苗木出圃技术要求。

评分标准

序号	项目与技术要求	配分	检测标准	实测记录	得分
1	园林苗圃生产用地、辅助用地面积的计算	20	计算错误1项,扣10分		
2	园林苗圃设计图的绘制,设计说明书的编写	40	设计有误,扣20分;说明书编写有误,扣20分		
3	园林苗圃技术档案的建立	40	缺失1项技术档案内容,扣10分,扣完为止		
	合　　计	100	实际得分		

知识链接

为了合理使用土地,保证育苗计划的完成,对苗圃面积必须进行正确的计算,以便于征收土地、苗圃区划和建设等具体工作的进行。苗圃的总面积包括生产用地面积和辅助用地面积两部分。

1　生产用地面积计算

生产用地即直接用来生产苗木的地块,通常包括展览区、播种区、营养繁殖区、移植区、大苗区、母树区、引种驯化区以及设施区等。计算其面积,主要依据计划培育苗木的种类、数量、规格、要求,结合出圃年限、育苗方式以及轮作等因素。如果确定了单位面积的产量,即可按下面的公式进行计算:

$$X = U \times \frac{A}{N} \times \frac{B}{C}$$

式中:

X—该种园林植物育苗所需面积;

U—该种园林植物计划年产量;

A—该种园林植物的培育年限;

N—该种园林植物单位面积产苗量;

B—轮作区的总数;

C—该树种每年育苗所占的轮作区数。

例:每年出圃 2 年生矮生紫薇实生苗 100 万株,采用三年轮作制,即每年有 1/3 的土地休闲(或种绿肥),2/3 的土地育苗,计划产苗量为 10 万株/hm^2,则

$$X = 100 \times \frac{2}{10} \times \frac{3}{2}$$
$$= 20 \times 1.5 = 20(hm^2)$$

依上述公式计算出的结果是理论数字,实际生产上,在抚育、起苗、贮藏等工序中苗木都将受到一定损失,故每年的产苗量应适当增加,一般比理论增加 3% ~5% 的土地面积,即在计算面积时应留有余地。

某树种在各育苗区所占面积之和,即为各该园林植物所需的用地面积,各种园林植物所需用地面积总和加休闲地面积就是全苗圃的生产用地的总面积。

对于一个苗圃而言,每年都有新繁殖的苗木和出圃的苗木,一般来说每年出圃留下的空地和新繁殖或新移植苗木的面积应相等,这样不至于造成培育出的苗木没有地方移栽。育苗过多要提前采取处理措施,以防在大树或小苗行间加行种植,复种指数过大,苗木生长相互影响,造成苗木质量降低,出售困难。

2　辅助用地面积计算

辅助用地,是指非直接用于育苗生产的防护林、道路系统、排灌系统、堆料场、苗木假植以及管理区建筑等用地。苗圃辅助用地面积不超过苗圃总面积的 20% ~25% ,一般大型苗圃的辅助用地为总面积的 15% ~20% ,中小型苗圃占 18% ~25% 。

课后任务

针对苗圃调查,进行苗圃生产用地的优化设计,绘制苗圃区划设计图。

任务 3 　 园林苗圃的建设

任务目标

了解苗圃地的耕作、土壤处理、施肥等技术方法,掌握辅助设施的施工内容,以及生产用地的耕翻与改良措施,能够制订苗圃建设的实施计划。

任务提出

园林苗圃的建设是苗圃生产应用的基础,齐备的辅助设施,优良的生产用地是苗木生产的保障,因此,合理区划、用地改良等措施的应用,能够有效地提高圃地的生产效能。

任务分析

园林苗圃的建设包括辅助用地的施工及生产用地的改良,因地制宜地制订合理的苗圃建设计划,可以确保苗圃建设计划正常实施。

相关知识

1 苗圃地的耕作

土壤是苗木生存的重要基础环境。为了提高苗木质量和产量,必须采取一系列措施,提高土壤肥力,改善土壤环境条件,满足苗木生长和发育的需要。所以,苗圃建立后首先要进行整地。整地包括耕地、耙地和镇压,其中,耕地是整地的主要环节。耕地的关键是把握好深度。一般播种区耕地深度为25cm,扦插苗区和移植苗区耕地深度为30～35cm。干旱地区和轻盐碱地耕地深度需要大些,而沙地耕地深度则应小些。耕地的时间应根据育苗地区的气候、土壤条件决定。在干旱地区和盐碱地以秋季耕地效果最好,在沙地则适宜进行春季耕地。在坡地,必须先在雨季或秋季修好梯田,而后深挖,第二年早春再浅挖一次。在耕地后应及时耙地。耙地时,要求做到耙实、耙透,达到平、松、匀、碎。耙地后要镇压,以利于保墒。

2 苗圃地土壤处理

园林苗圃在进行播种或移栽前还需注重土壤处理。土壤处理包括土壤消毒和杀虫两个方面。

3 苗圃施肥

据科学分析,苗木正常的生长发育至少需要碳、氢、氧、氮、磷、钾、硫、钙、镁、铁、硼、锰、铜、铝、锌、钼等十几种营养元素。这些营养元素主要由土壤供应。由于连年育苗,这些营养元素大量消耗。育苗后苗圃地土壤养分消耗很多,需要不断地通过施肥加以补充,才能满足苗木生长的需要。此外,苗木生长需要良好的土壤环境,改良土壤结构、调节土壤酸碱度、增强微生物活性等也需要通过施肥才能实现。苗圃施用肥料的种类很多,按肥料所含有机质情况可分为有机肥料和无机肥料,按肥料发挥效力的快慢可分为速效肥料与迟效肥料,按肥料在土壤中进行的化学反应可分为酸性肥料、中性肥料和碱性肥料,按肥料所含的主要营养成分又分为氮素肥料、磷素肥料、钾素肥料、微量元素肥料以及几种单质肥料混合配制的复合肥料和长效肥料等。

▋▋▋▋ 任务实施

1 辅助设施的施工

1.1 道路系统的施工

苗圃道路系统通常设一、二、三级道路和环路。一级路(主干道)应设在苗圃的中心线上,与出入口、建筑群相连。这是苗圃内部对外联系的主要道路,可以设置一条或两条相互垂直的主干道,路宽6~8m,要求汽车可以对开,其标高应高于作业区20cm。二级路通常与主干道垂直,与各作业区相连,其宽度为4~6m,标高应高于作业区10cm。三级路是沟通各作业区的作业路,宽2m。环路一般是在大型苗圃中为车辆、机具等机械回转方便而设立的,中小型苗圃视具体情况而定,可依需要设置环路。

1.2 灌溉系统的施工

园林苗圃必须有完善的灌溉系统,以保证水分对苗木的充分供应。灌溉系统主要包括水源、提水设备和引水设施三部分。

(1) 水源:主要包括地面水和地下水两类。地面水指河流、湖泊、池塘、水库等,以无污染又自流的地面水灌溉最为理想,因为地面水温度较高,与作业区土温相近,水质较好,而且含有部分养分,对苗木生长有利;地下水指泉水、井水等,其水温较低,最好建蓄水池存水,以提高水温。在条件允许的情况下,水井应设在地势较高的地方,以便于地下水提到地面后自流灌溉。同时,水井设置要均匀分布在苗圃各区,以便缩短引水和送水的距离。

(2) 提水设备:目前多用提水工作效率高的水泵。

(3) 引水设施:有地面明渠引水和暗管引水两种形式。明渠引水一般分为三级:一级渠道(主渠)是永久性的大渠道,由水源直接把水引出,一般主渠顶宽1.5~2.5m;二级渠道(支渠)通常也是永久性的,把水从主渠引向各耕作区,一般支渠顶宽1~1.5m;三级渠道(毛渠)是临时性的小水渠,一般宽度为1m左右。暗管引水主管和支管均埋于地下,其深度以不影响机械作业为度,阀门设于地端以方便使用。用高压水泵直接将水送入管道或先将水压入水池或水塔再流入管道。出水口可直接灌溉,也可安装喷灌机。喷灌和滴灌是使用管道进行灌溉的两种比较先进的灌溉方式。这两种方法基本上不产生深层渗漏和地表径流,一般可省水20%~40%;少占耕地,提高土壤利用率;保持水土,且土壤不板结;可结合施肥、喷药防治病虫等抚育措施,节省劳力;同时可调节小气候,增加空气湿度,有利于苗木的生长和增产。但喷灌、滴灌均投资较大,喷灌还常受风的影响,应加以注意。管道灌溉近年来在国内外均发展较快,在有条件的情况下,今后建圃应尽量采用管道灌溉方式。

1.3　排水系统的施工

排水系统由不同大小的排水沟组成,分明沟和暗沟。为防止苗圃外水入侵和排泄圃内积水,根据地形、地势、暴雨迁流和地质条件设计排水工程。排水工程包括:为了防止外水入侵而设置的截水沟和圃内排水沟网组成的排水系统。排水沟网与灌溉渠网宜各居道路一侧,形成沟、渠、道路并列设置。大排水沟为排水沟网的出口段并直接通往河、塘等,大排水沟沿主干道设置。中排水沟顺支路设置,沟宽深为 0.3~0.6m;苗圃山地的局部地段设置截水沟,其底宽不宜小于 0.5m,并与大排水沟连接在一起。

2　生产用地的耕翻与改良

为了提高播种质量,保证早出苗、出全苗,必须认真做好播种前的准备工作。

2.1　生产用地的耕翻

耕翻的基本要求是:及时平整,全面耕到,土壤细碎,清除草根石块,并达到一定深度。具体操作如下:

(1)清理苗圃地。耕作前要清除苗圃地上的树枝、杂草等杂物,填平起苗后坑穴,使耕作区基本上平整,为翻耕打好基础。

(2)浅耕灭茬。这是耕地前的一项表土耕作措施。它的作用是可以防止土壤水分蒸发,消灭杂草和病虫害,切碎盘根错节的根系,减少耕作阻力。浅耕深度农田一般为 4~7cm,荒地、要地为 10~15cm。

(3)耕地。也叫翻地,是整地中最主要的环节。耕地深度根据苗圃条件和育苗要求而定,播种区一般在 20~30cm,扦插区为 30~35cm。耕地过浅不利于苗木根系生长及土壤改良;耕地过深则容易破坏土壤结构,并使苗木根系过长,不利于起苗。原则是:播种区稍浅,营养繁殖区稍深;砂土地稍浅,瘠薄黏重地和盐碱地稍深;在北方地区,秋翻宜深,春耕要浅。耕地的具体时间应视土壤含水量而定,土壤含水量达饱和含水量的 50%~60% 时耕地,效果最好而又省力。在实际观察来看,就是手抓成团,离地 1m 高处自然下落土团摔碎,这时是最佳耕作时期。

(4)耙地。耙地是耕地后进行的表土耕作措施,耙地的目的是破碎土壤,混拌肥料,平整土地,清除杂草,保持土壤水分。

(5)镇压。其作用是破碎土块,压实表土层,在春旱风大地区对疏松土壤进行镇压,有蓄水保墒的作用。黏重的土地或土壤含水量较大时一般不能镇压,以防土壤板结,不利出苗。

2.2　生产用地的改良

生产用地通常以施肥(基肥和土壤接种等)和土壤处理来改善土质,提高苗木质量。具体方法如下:

(1)基肥。又叫底肥,是在育苗前施入土壤的肥料。园林苗圃所施用的基肥,以有机肥料为主,在一定情况下,也可混入部分无机肥料。施用时,多数有机肥均需经过腐熟才能施用,以防肥料腐熟时发热伤及种子和幼苗。苗圃地施肥依育苗种类、土壤状况和肥料而定。一般情况下,苗圃每公顷用量约为栏肥 30000kg,绿肥 22500kg,人粪尿 10250kg,饼肥 1050kg。

(2)土壤接种。研究表明,接种菌根菌可使苗木根系的吸收能力提高,苗木的生长速度大大加快,特别是对生长在贫瘠土壤上的苗木效果尤为明显。通常一定的菌种能在一定范围的植物上起作用,所以一定要根据树种选择适当的菌种。为了提高苗木的产量和质

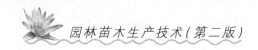
量,在未种过该树种的播种地上育苗,要接种上菌根菌,苗木接种了菌根菌后就会终身受益,如松类等。常用方法有森林菌根土接种,菌根"母苗"接种,菌根真菌纯培养接种,子实体接种,菌根菌剂接种等。

（3）土壤处理。本方法可以减少土壤中的病原菌和地下害虫,从而减轻病原菌和地下害虫对苗木的危害,生产上常用高温处理和药剂处理。

 评分标准

序号	项目与技术要求	配分	检测标准	实测记录	得分
1	辅助设施的施工技术	30	1 项技能错误,扣 10 分,扣完为止		
2	生产用地的耕翻与改良措施	30	1 项技能错误,扣 10 分,扣完为止		
3	制订苗圃建设的实施计划	40	1 项内容错误,扣 10 分,扣完为止		
	合　　计	100	实际得分		

 知识链接

1　土壤高温处理

常用的高温处理方法有蒸汽消毒和火烧消毒两种。温室土壤消毒可用带孔铁管埋入土中 30cm 深,通蒸汽维持 60℃,经 30min,可杀死绝大部分真菌、细菌、线虫、昆虫、杂草种子及其他小动物。蒸汽消毒应避免温度过高,否则易使土壤有机物分解,释放出氨气、亚硝酸盐及锰等毒害植物。

基质或土壤量少的,可放在铁板上或铁锅内,用烘烤法处理。厚 30cm 的土层,90℃维持 1h 可达到消毒的目的。

在苗床上堆积燃烧柴草,既可消毒土壤,又可增加土壤肥力。但此法柴草消耗量大,劳动强度大。

国外用火焰土壤消毒机对土壤进行高温处理,可消灭土壤中的病虫害和杂草种子。

2　土壤药剂处理

（1）硫酸亚铁。可配成 2% ~3% 的水溶液喷洒于苗床,用量以浸湿床面 3 ~5cm 为宜。也可与基肥混拌或制成药土撒在苗床上浅耕,用药量 225 ~300kg/hm²。

（2）福尔马林。用量为 50mL/m²,稀释 100 ~200 倍,于播种前 10 ~15d 喷洒在苗床上,用塑料薄膜严密覆盖。育苗前应留一段时间进行挥发,以免产生药害。

以上两种药剂对防治立枯病、紫纹病等具有良好效果。

（3）辛硫磷。对于蝼蛄、蛴螬、地老虎等地下害虫可用辛硫磷乳油拌种,药种比例为 1∶300。也可用 50% 辛硫磷颗粒剂制成药土预防地下害虫,用量为 30 ~40kg/hm²。还可制成药饵诱杀地下害虫。

 课后任务

若要用 100 万元投资新建一个苗圃,请制订该苗圃地的建设计划。

项目二　园林树木种实的生产

任务1　园林树木种实的采集、调制与贮藏

任务目标

了解园林树木结实的规律,掌握园林树木种实成熟的特点和种实类型,熟悉种实调制、贮藏的原理和方法;能够正确采集树木种实,并根据种实的不同类型进行调制与贮藏。

任务提出

园林树木种子是苗木生产的基础材料,搞好树木种子的生产对播种育苗有重要作用。多数园林植物以种子繁殖为主,因此种子质量的高低和数量的充足与否对苗木的质量和产量有很大影响。

为了获得优质充足的种实,必须掌握园林植物的结实规律,建立种实生产基地,科学管理、合理采集和调制种实,安全贮运种子。

任务分析

在种子生产中要充分了解园林树木结实的基本规律,采取正确的采种方法,采集足够数量和优质的种实,采后及时进行种实的调制,并进行分级、净种,通过运用适宜的贮藏方法进行贮藏,以延长种子寿命。

种子从收获至播种需经或长或短的贮藏阶段,种子贮藏是种子经营管理中最重要的工作环节。种子贮藏的任务是采用合理的贮藏设备和先进科学的贮藏技术,人为地控制贮藏条件,将种子质量的变化降低到最低限度,最有效地保持种子旺盛的发芽力和活力,从而确保其播种价值。

相关知识

1　园林树木的结实规律

园林植物结实是指植物孕育种子或果实的过程。在新制定的《中华人民共和国种子法》中，将林木的籽粒、果实、茎、苗、芽、叶等繁殖或者种植材料均归纳为种子的范畴。例如，培育雪松、侧柏、云杉等实生苗时，所用的播种繁殖材料属于植物学意义上真正的种子；培育白蜡树播种苗时，所用的种子实际上是指植物学上的果实；播种桃、梅和李等树种时，所用的种子只是果实的一部分；而有些树种播种所用的种子仅仅是种子的一部分，如银杏播种繁殖时所用的种子，通常是除去肉质外种皮后，留下来的包括骨质中种皮和膜质内种皮的种子。

1.1 结实年龄

园林植物包括乔木、灌木、多年生常绿草本植物、多年生宿根草本植物、一年生草本植物。多年生植物可多年结实（竹类除外），一年生草本植物当年结实。园林植物从卵细胞受精开始到形成种子，从种子萌发、生长、发育直到死亡，要经过五个年龄时期：种子时期（胚胎时期）、幼年时期（幼苗时期）、青年时期（初果期）、成年时期（盛果期）、老年时期（衰老时期）。一年生植物生命周期短，各时期在一年之内完成。

对树种来说，每个时期开始的早晚和延续时间长短都不一样，如紫薇1年即可结实，梅花3~4年可开花结实，落叶松10年左右开始结实，而银杏20年后才开始结实（表2-1）。

表2-1　部分园林植物开始结实树龄

树　种	开始结实树龄/年	地　区
桧　柏	10~15	北　京
栾　树	5~7	北　京
楸　树	10	江　苏
木麻黄	1~2	广　东
杉　木	8~12	长江中下游（林内）
	4~8	长江中下游（孤立木）
马尾松	10~12	长江中下游（林内）
	5~8	长江中下游（孤立木）
红　松	80~140	小兴安岭（天然林）
	15~20	东北（人工林）
华北落叶松	14	山西（人工林）
油　松	7~10	山西（人工林）
樟子松	20~25	大兴安岭（天然林）
火炬松	6~7	福建（人工林）
侧　柏	6~10	北京（人工林）
刺　槐	4~5	华北（人工林）
麻　栎	20~30	浙江、江苏
栓皮栎	20~30	北京（天然林）

续表

树　种	开始结实树龄/年	地　区
枫　杨	5~6	河北(人工林)
榆　树	5~8	河北(散生)
板　栗	5~8	华北
核　桃	6~8	华北
花　椒	3~4	山东
文冠果	3	内蒙古
沙　枣	4	西北
云　杉	40	东北

同一树种,不同的起源和环境条件,开始结实时期也有差异。如银杏播种苗要20年才开始结实,而把结果母枝上采下的枝条嫁接到较大的银杏苗上,5年即可结实。树木开始结实的年龄决定于它的遗传基因和环境条件。在温暖的气候和充足的光照环境中生活的树木贮藏营养充足,树种个体可提早开花结实。孤立木结实年龄比林中木早。不同树种的遗传基因不同,生长发育快慢不同,生物学特性不同,其结实年龄也不一样,一般灌木比乔木早,速生树比慢生树早,喜光的比耐阴的早。

1.2 结实周期性

植物进入结实阶段后,因受各种因素的影响,每年结实量常常有很大差异,有的年份结实较多,称之为"大年",随后结实量大幅减少,各年中结实数量的这种波动称为结实的大小年现象。把相邻的两个大年之间相隔的年限称为"结实的间隔期",如核桃、柿树、板栗结实都有大小年现象(表2-2)。

表2-2　几种园林植物的结实间隔期

树　种	间隔期/年	地　区	树　种	间隔期/年	地　区
紫叶小檗	0~1	北京	泡桐	0~1	江苏、安徽
云　杉	3~5	吉林、黑龙江	落叶松	3~5	东北、山西
白　蜡	1~3	东　北	榆树	0~1	东北、华北
水　杉	1~3	江　苏	紫薇	0	北　京
红　松	3~5	吉林、黑龙江	金银木	0	北　京

植物结实的间隔期随着生物学特性和环境条件的不同而有所差别。花芽的形成主要取决于植物的贮藏营养,结实后养分消耗,树势减弱,尤其在大年后,树势恢复情况的不同,花芽分化的质量和数量不同,形成的间隔期也不同,而外界的不良影响,如风、霜、冰雹、冻害、病虫害等也常会使植物的结实出现大小年和间隔期现象。

植物的这种结实间隔期并不是植物固有的特性,它可以通过加强抚育管理,如松土、除草、施肥、灌水和修剪及防治病虫害、克服自然灾害等措施来调节植物营养生长和生殖生长的平衡关系,以达到消除大小年现象,实现种实高产稳产的目的。

1.3　影响园林植物结实的因素

园林植物的生长发育、营养条件、开花传粉习性、气候条件、土壤条件以及生物因素等都影响植物的开花结实。

（1）母本树年龄及生育状况。

初果母树结实量少，空粒、瘪粒较多，随着进一步发育，产量和品质提高。进入壮年阶段后，营养生长和生殖生长相对平衡，产量和质量相对稳定，这一时期是采种的重要时期。到了老年阶段后，开花能力明显下降，结实量减少，种实质量降低，结实间隔期变长。

（2）气候条件。

主要是光照条件、温度、降雨量和风。

① 温度条件。不同的植物都有其原产地分布的区域，在温度等环境条件都适合其生长的情况下，植物不仅生长好，其结实也好，品质也高。每种植物的开花结实都需要一定的温度，若是开花期遇低温、晚霜的危害，不但会推迟开花，而且会使花粉大量死亡。如在果实发育初期遇低温，会使幼果发育缓慢，种粒不饱满，种子质量差。

② 光照条件。植物利用光照进行光合作用，制造生长发育、开花结实所需要的养分，光照条件的差异明显地反映在树木结实的状况上。孤立木、林缘木光照充足，因此比树林中的树木结实早，产量高，质量好。阳坡光照条件好，受光时间长，光照强度大，相应的温度也高，有利于树木光合作用的进行和根的吸收，贮藏营养也多，因此结实就早且质量高；而阴坡则相反。据浙江省林科所的资料，23 年生杉木人工林，在南偏东的坡上采集的种子比西偏北的坡上采集的种子发芽率高 28%，发芽势高 27%，千粒重大 7%，产量高 61%。

③ 降雨量。正常而适宜的降雨量，可使植物生长健壮，发育良好，结实正常。春季开花季节连绵阴雨，会影响正常授粉；夏季多雨，长时间连续阴天，会推迟种子成熟期，影响种子的产量和质量；夏季过于干旱、炎热又常造成落果；暴雨和冰雹等会造成更大的灾害，影响结实。

④ 风。微风有利于授粉，大风则会吹掉花朵和幼果，影响树木结实。

（3）土壤条件。

一般情况下，生长在肥沃、湿润、排水良好土壤上的植物结实多，质量好。土壤养分对植物结实也有重要影响。如土壤中含氮量高，有利于树木的营养生长；含磷、钾元素多，则有利于提早结实和提高种实产量。

（4）生物因素。

对于虫媒植物，昆虫的活动有助于传粉。许多植物的结实常在花期或成熟过程中受病、虫、鸟、兽、鼠等的危害，常导致种实减少，品质降低，甚至收不到种实。例如，梨-桧锈病使梨和桧柏都生长不良，种实减产；炭疽病使油茶早期落果而减产；鸟类对樟树、檫木、黄连木等多汁果实的啄食，鼠类对松树和栎树等种子的取食都会影响园林树木的结实。

（5）开花习性。

植物的开花习性也影响到结实状况。如某些树种的雌雄异熟现象影响就比较明显。如鹅掌楸为两性花，但很多雌蕊在花蕾尚未开放时即已成熟，到花瓣盛开雄蕊散粉时，柱头就已经枯萎，失去接受花粉的能力，故结实率不高。对于这些树种最好实行人工授粉，以保证结实。银杏的栽培中，常发现由于雄株过少而使种实减产，因此须保证雌雄株一定的比例或利用外地雄花枝进行辅助授粉。

2　种子的成熟

种子的成熟过程就是胚和胚乳发育的过程。经过受精的卵细胞逐渐发育成具有胚根、胚轴、胚芽和子叶的完全种胚。从种子发育的内部生理和外部形态特征看,种子成熟包括生理成熟和形态成熟两个过程。

2.1　生理成熟

种子发育初期,子房膨大,体积增长快,内部营养物质虽不断增加,但速度慢,水分多,多呈透明状液体,种皮和果皮薄嫩,色泽浅淡。当种子发育到一定程度,体积不再增加,营养物质浓度升高,水分减少,内容物由透明状液体变成混浊的乳胶状态,并逐渐浓缩,向固体状态过渡,最后种子内部几乎完全被硬化的合成作用产物所充满。当种子的营养物质贮藏到一定程度,种胚形成,种实具有发芽能力时,则称之为种子的"生理成熟"。

生理成熟的种子含水量高,营养物质处于易溶状态,种皮不致密,尚未完全具备保护种仁的特性,水分容易散失。此时采集的种实,其种仁急剧收缩,不利于贮藏,很快就会失去发芽能力。因而种子的采集多不在此时进行。但对一些休眠期很长且不易打破休眠的树种,如山楂、椴树、水曲柳等,可采用生理成熟种子播种,这样可以缩短休眠期,提高发芽率。

2.2　形态成熟

当种子完成了种胚的发育过程,含水量降低,营养物质结束积累并由易溶状态转化为难溶的脂肪、蛋白质和淀粉,种皮致密、坚实、抗害力强,此时种子的外部形态完全呈现出成熟的特征,称之为"形态成熟"。一般园林植物种子多在此时采集。

大多数树种生理成熟在先,隔一定时间才能达到形态成熟。也有一些树种,其生理成熟与形态成熟的时间几乎一致,相隔时间很短,如旱柳、泡桐、白榆、檫木、木荷、台湾相思、银合欢等,当种子达到生理成熟后就自行脱落,要注意及时采收。还有少数树种的生理成熟在形态成熟之后,如银杏,其种子在达到形态成熟时,假种皮呈黄色变软,由树上脱落,但此时种胚很小,还未发育完全,只有在采收后再经过一段时间,种胚才发育完全,具有正常的发芽能力,这种现象称为"生理后熟"。因此,银杏、七叶树、水曲柳等具有生理后熟特征的种子采收后不能立即播种,必须经过适当条件的贮藏才能正常发芽。

2.3　影响种子成熟的因素

(1)内部因素。不同树种虽在同一地区,由于其生物学特性不同,种实的成熟期也不同。多数树种的种实成熟期在秋季,有的则在春夏季成熟。例如,柚木、铁刀木、桧柏等在早春成熟,杨、柳、榆等在春末成熟,桑、檫木等在夏季成熟,而苦楝、马尾松等在入冬成熟。

(2)环境条件。同一树种由于生长地区和地理位置不同,结实的成熟期也不同。在我国,一般生长在南方的比生长在北方的成熟要早,如白杨在浙江4月成熟,在北方5月成熟,而在哈尔滨则6月成熟。同一树种虽生长在同一地区,但由于立地条件、天气变化等差异,种子成熟期也不同,高温干旱年份比冷凉多雨年份早,生于沙土上的比生于黏土上的早,生于阳坡的比生于阴坡的早,生于林缘的比生于林内的早。

3　影响种子贮藏的因素

3.1　种子的呼吸作用

呼吸作用是种子内有生命的组织在酶和氧的参与下将本身的贮藏物质进行一系列的氧化还原,最后放出二氧化碳和水,同时释放能量的过程。种子的呼吸作用是贮藏期间种子生命活动的集中表现,因为贮藏期间不存在同化过程,而主要进行分解消耗的劣变过程。

种子呼吸强度的大小,因作物、品种、收获期、成熟度、种子大小、完整度和生理状态不同而不同,同时还受环境条件的影响,其中水分、温度和通气状况的影响更大。影响种子呼吸强度的因素主要有以下几方面:

(1) 水分。种子中游离水的增多是种子新陈代谢强度急剧增加的决定因素。种子内的水分愈多,贮藏物质的水解作用愈快,呼吸作用愈强烈,氧气的消耗量愈大,放出的二氧化碳和热量愈多。

(2) 温度。在一定温度范围内种子的呼吸作用随着温度的升高而加强。随着温度升高,一般种子呼吸强度不断增强,尤其在种子水分增高的情况下,呼吸强度随着温度升高而发生显著变化。水分和温度都是影响呼吸作用的重要因素,两者互相制约。干燥的种子即使在较高温度的条件下,其呼吸强度要比潮湿的种子在较低温度下低得多;同样,潮湿的种子在低温条件下的呼吸强度比在高温下低得多。因此,干燥和低温是种子安全贮藏和延长种子寿命的必要条件。

(3) 通气。空气流通的程度可以影响呼吸强度与呼吸方式。不论种子水分高低,在通气条件下的呼吸强度均大于密闭贮藏条件下。种子处在通风条件下,温度愈高,呼吸作用愈旺盛,生活力下降愈快。生产上为有效地长期保持种子生活力,除干燥、低温外,进行合理的密闭或通风是必要的。

(4) 种子本身状态。种子的呼吸强度还受种子本身状态的影响。凡是未充分成熟的、不饱满的、损伤的、冻伤的、发过芽的、小粒的和大胚的种子,呼吸强度都较高;反之,呼吸强度就低。

(5) 化学物质。据报道,磺胺类杀菌剂、二氧化碳、氮气和氨气、氯化苦等熏蒸剂对种子的呼吸作用也有影响,化学物质浓度加大时,往往会影响种子的发芽率。

(6) 间接因素。如果贮藏种子感染了害虫和微生物,一旦条件适宜便大量繁殖,害虫、微生物的生命活动放出大量的热能和水汽,间接地促进了种子呼吸强度的增高。

3.2　种子的贮藏条件

(1) 影响种子生活力的内在因素。

① 种子寿命:种子从完全成熟到丧失生命为止所经历的时间称为种子寿命。种子寿命主要由遗传因素决定,与种皮结构、含水量和种子养分种类有关,与采集、调制和贮藏条件也有关。

一般当整批种子生活力显著下降,发芽率降至原来的50%时的期限称为种子寿命。短寿命种子主要指种子寿命只有几天至1~2年的种子,这类种子大多数淀粉含量较高,如栗、栎和银杏等树种的种子。中寿命种子指生活力保存期为3~10年的种子,这类种子含脂肪或蛋白质较多,如松、杉、柏、椴等的种子。长寿命种子指种子寿命超过10年的种子,如合欢、槐树、刺槐、凤凰木、牡丹、栾树、皂荚等的种子,这些树种的种子含水量低,种皮致密,不易透水、透气。

② 种子的成熟度:种子的生活力随种子的发育而上升,至种子完熟时,生活力达到最高峰。未熟种子,种皮薄,营养物质还未完全转化为贮藏物质,含水量高,呼吸作用强,易受霉菌感染,不耐贮藏。

③ 种子含水量:贮藏期间种子含水量的高低直接影响其呼吸作用的强度和性质,也影响种子所带微生物和昆虫的活动。种子中游离水和结合水的重量占种子重量的百分率为种子的含水量。种子的安全(标准)含水量是指保持种子生活力而能安全贮藏的含水量。大多数树种的安全含水量大致相当于充分阴干时种子的含水量(表2-3)。贮藏期间,高于安全含水量的种子,由于新陈代谢作用旺盛,不利于长期保存种子的生活力;低于安全含水量的种子则由于生命活动无法维持而引起死亡。

表 2-3 主要园林树木种子安全含水量

树　种	种子含水量/%	树　种	种子含水量/%	树　种	种子含水量/%
油　松	7 ~ 9	杉　木	10 ~ 12	白　榆	7 ~ 8
红皮油松	7 ~ 8	椴　树	10 ~ 12	臭　椿	9
马尾松	7 ~ 10	皂　荚	5 ~ 6	白　蜡	9 ~ 13
云南松	9 ~ 10	刺　槐	7 ~ 8	元宝枫	9 ~ 11
华北落叶松	11	杜　仲	13 ~ 14	复叶槭	10
侧　柏	8 ~ 11	杨　树	5 ~ 6	麻　栎	30 ~ 40
柏　木	11 ~ 12	桦　木	8 ~ 9	板　栗	30 ~ 40

(2)影响种子生活力的环境条件。

种子脱离母株之后,经种子加工进入仓库,即与贮藏环境构成统一整体并受环境条件影响。经过充分干燥而处于休眠状态的种子,其生命活动的强弱主要受贮藏条件的影响。种子如果处在干燥、低温、密闭的条件下,生命活动非常微弱,消耗贮藏物质极少,其潜在生命力较强;反之,生命活动旺盛,消耗贮藏物质也多,其劣变速度快,潜在生命力就弱。所以,种子在贮藏期间的环境条件,对种子生命活动及播种品质起决定性作用。

影响种子生活力的环境条件主要包括空气相对湿度、温度及通气状态等。

① 仓库内温度:种子温度会受仓库内温度影响而起变化,而仓库内温度又受空气影响而变化。一般情况下,仓库内温度升高会增加种子的呼吸作用(图2-1),同时促使害虫和霉菌的危害。低温能降低种子生命活动和抑制霉菌的危害。种子资源保存时间较长,常采用很低的温度,如0℃、-10℃甚至-18℃。

② 空气相对湿度:种子在贮藏期间水分的变化,主要决定于空气中相对湿度的大小。当仓库内空气相对湿度大于种子平衡水分的相对湿度时,种子就会从空气中吸收水分,使种子内部水分逐渐增加,其生命活动也随水分的增加而由弱变强。反之,种子向空气释放水分则渐趋干燥,其生命活动将逐渐受到抑制。因此,种子在贮藏期间保持较低的相对湿度是十分必要的。

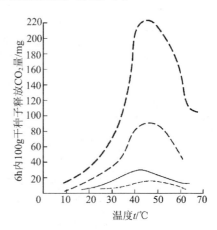

图 2-1 温度对不同含水量
种子呼吸强度的影响

对于耐干藏的种子保持低相对湿度是根据实际需要和可能而定的。种质资源保存时间较长，种子水分很干，要求相对湿度很低，一般控制在30%左右；大田生产用种贮藏时间相对较短，要求相对湿度不是很低，只要达到与种子安全水分平衡的相对湿度即可，大致在60%~70%。从种子的安全水分标准和目前实际情况考虑，仓库内相对湿度以65%以下为宜。

③通气状况：空气中除含有氮气、氧气和二氧化碳等各种气体外，还含有水汽和热量。如果种子长期贮藏在通气条件下，由于吸湿、增温使其生命活动由弱变强，很快会丧失生活力。干燥种子以贮藏在密闭条件下较为有利，但也不是绝对的，当仓内温度、湿度大于仓外时，就应该打开门窗进行通气，必要时采用机械鼓风加速空气流通，使仓库内温度、湿度尽快下降。

任务实施

1 采集时间的确定

园林树木种实的采集时间应根据种实的成熟期特征和种实的脱落特点来确定，部分树种开花和种子成熟期见表2-4。

表2-4　部分树种开花和种子成熟期

树　种	地　区	开花期	种子成熟期	种实成熟的简要特征
紫叶小檗	华　北	4~5月	10~11月	果实深红色
紫　荆	北　京	4月初	10月	荚果深褐色
紫　珠	北　京	4月中下旬	10~11月	浆果深紫色
紫　薇	北　京	5~6月	10月下旬	圆锥果序深褐色
紫　藤	北　京	5~6月	10~11月	荚果黄色
金银木	华　北	5月	10~11月	果实圆球形，深红色
小叶黄杨	北　京	5月	10~11月	果实褐色
海洲常山	北　京	5月	11月	果实深红色
国　槐	北　京	6月	11月	荚果黄绿色
银　杏	北　京	5~6月	10~11月	果实圆球形，黄色
千头椿	北　京	5月中下旬	10~11月	果实褐色
山　桃	北　京	3~4月	7月中下旬	果实黄绿色
山　杏	北　京	3~4月	7月中下旬	果实黄色
黄　栌	北　京	4月	6月中下旬	果实黄褐色
冷　杉	华　北	4~5月	10月	球果紫黑色
云　杉	华　北	4月下旬	9~10月	球果浅紫色或褐色
白皮松	华　北	4~5月	翌年9~10月	球果黄绿或褐色

续表

树　种	地　区	开花期	种子成熟期	种实成熟的简要特征
华山松	西　南	4月	翌年9~10月	球果青褐色
油　松	华　北	5月	翌年9~10月	球果黄褐色
侧　柏	华　北	3~4月	8月下旬至9月	果实深黄褐色
桧　柏	北　京	3~4月	11月至翌年1月	果实紫黑色
椴　树	华　北	6~7月	9~10月	果实褐色
梧　桐	西　南	4月	8~9月	种皮黄褐色,有皱纹
合　欢	华　北	6月	10月	荚果黄褐色
皂　荚	华　北	5月	10月	荚果紫黑色
杜　仲	中　南	4月	9~10月	果实褐色
杨　树	华　北	3~4月	4月下旬至5月	果穗褐色
板　栗	北　京	5~6月	10月上旬	壳斗黄褐色
栓皮栎	华　北	5月	翌年9月	壳斗黄褐色
榆　树	华　北	3~4月	5月	果实浅褐色
桑　树	华　北	4~5月	6月	桑葚紫黑色
沙　棘	华　北	3~4月	9~10月	果实橘黄色
臭　椿	华　北	5月中旬	9月	果实黄褐色
栾　树	北　京	6~7月	9~10月	果实黄褐色,种子黑色
元宝枫	北　京	5月	9~10月	果实黄褐色

1.1　成熟特征与采种时间

判断种子成熟与否,可用解剖、化学分析、比重测定等方法。虽然这些方法可靠,但是手续繁杂。生产上一般以形态成熟的外部特征来确定种子成熟期和采种期。

（1）浆果类(浆果、核果、仁果等)。成熟时果实变软,颜色由绿变红、黄、紫等色,有光泽。如蔷薇、冬青、枸骨、火棘、南天竹、小檗等变为朱红色;樟、紫珠、檫木、金银花、小蜡、女贞、楠木等变红、橘黄、紫等颜色,并具有香味或甜味,多能自行脱落。

（2）干果类(荚果、蒴果、翅果)。成熟时果皮变为褐色,并干燥开裂,如刺槐、合欢、相思树、皂荚、油茶、海桐、卫矛等。

（3）球果类。果鳞干燥硬化变色,如油松、马尾松、侧柏等变成黄褐色;杉木变为黄色,并且有的种鳞开裂,散出种子。

1.2　种子的脱落和采种期

种子进入形态成熟期后,种实逐渐脱落。不同树种的脱落方式不同,有些树种整个果实脱落,如浆果、核果类及壳斗科的坚果类等;有的则果鳞或果皮开裂,种子散落,而果实并不一同脱落,如松柏类的球果。因此,其采种期要因种而异,一般有以下几种情况:形态成熟后,果实开裂快的,应在未开裂前进行采种,如杨、柳等;形态成熟后,果实虽不马上开裂,但种粒小,一经脱落则不易采集,也应在脱落前采集,如杉木、桉树等;形态成熟后挂在树上长期不开裂、不会散落者,可以延迟采种期,如槐、女贞、樟、楠等。成熟后立即脱落的大粒种子,可在脱落后立即由地面上收集,如壳斗科的种实。

2 种实采集

优良种实应从种子园和母树林中采集。我国种子法规定,主要林木商品种子生产实行许可证制度。省级以上政府的农业、林业行政主管部门可以设立林木良种审定委员会,负责林木良种的审定工作。因此,为了获得良种,应尽可能从种实基地采集,在采集过程中,必须能够识别种实的形态特征,了解种子成熟和脱落的规律,掌握种实采集的时期,并根据不同的类别,应用适当的方法调制和贮藏。

根据种实的大小、种实成熟后脱落的习性和时间不同,可有以下几种采集方法:

2.1 地面采收

某些大粒种实,可以从地面上捡拾,如板栗、核桃、栎类、红松、油茶等。采收前需将地面杂草等清除干净,以便拾取。

2.2 从植株上采收

小粒种或脱落后易被风吹散的种子及成熟后虽不立即脱落但不宜于从地面收集的种实,都应在植株上采收,如针叶树类种实。可借助采种工具直接采摘或击落后收集,交通方便且有条件时,也可进行机械化采集。多数针叶树种,常用树上采集方法,针叶树的球果可用振动式采种器采收球果或用齿梳梳下球果。比较矮小的母树,可直接利用高枝剪、采种耙、采种镰等各种工具采集或击落种实,或地面铺以席子、塑料布等,用竹竿、木棍击落种实,进行收集。通过振动敲击容易脱落种子的树种,可敲打果枝,使种实脱落;高大的母树,可利用采种软梯、绳套、踏棒等上树采收,也可用采种网,把网挂在树冠下部,将种实摇落在采种网中。在地势平坦的种子园或母树林,可采用装在汽车上能够自动升降的折叠梯采集种实。对果实集中于果序上而植株又较高的树种,如栾树、白蜡树等,可用高枝剪、采种钩、采种镰等采收果穗,国外大多采用各种采种机采种。

2.3 伐倒木上采集

在种实成熟期和采伐期相一致时,可结合采伐作业,从伐倒木上采集种实,简便且成本低。这种方法对于种实成熟后并不立即脱落的树种(如水曲柳、云杉和白蜡树等)非常便利。

我国的采种机具种类不多,常见的工具见图2-2。

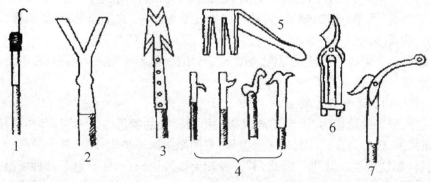

1. 采种钩　2. 采种叉　3. 采种刀　4. 采种钩镰　5. 采种耙　6. 剪枝剪　7. 高枝剪

图2-2　采种工具

3　种实调制

种实调制是指种实采集后,为了获得纯净而质优的种实并使其达到适于贮藏或播种的程度所进行的一系列处理措施。多数情况下,采集的种实含有鳞片、果荚、果皮、果肉、果翅、果柄、枝叶等杂物,必须经过及时晾晒、脱粒、清除夹杂物、去翅、净种、分级、再干燥等处理工序,才能得到纯净的种实。新采集的种实一般含水量较高,为了防止发热、霉变对种实质量的影响,采集后要在最短的时间内完成种实调制。种实调制的内容包括:脱粒、净种、干燥、去翅、分级等。不同类别和特性的种实,具体调制时要采取相应的调制工序。种实采集后应尽快调制,以免发热、发霉而降低种子品质。调制的方法因种实的类型不同而不同,但方法必须恰当,方可保证种实的品质。

3.1　干果类种实的调制

干果类的调制工序主要是使果实干燥,清除果皮、果翅、碎屑、泥土和夹杂物。干果类含水量低的可用"阳干法",即在阳光下直接晒干,有的晒干后可自行开裂,有的需要在干燥的基础上进行人为加工处理;而含水量高的种类一般不宜在阳光下晒干,而要用"阴干法"。

（1）蒴果类种实:如丁香、紫薇、泡桐、白鹃梅、金丝桃等含水量很低的蒴果,采集后即可在阳光下晒干脱粒净种。而含水量较高的蒴果,如杨、柳等种实采集后,应立即避风干燥,风干3~5d后,可用柳条抽打,使种子脱粒,过筛精选。

（2）坚果类种实:如板栗、麻栎、栓皮栎等坚果类种实一般含水量较高,在阳光曝晒下易失去发芽力,采集后应立即进行粒选或水选,除去蛀粒,然后放于通风处阴干,当种实湿度达到要求的安全含水量时即可贮藏。

（3）翅果类种实:如三角枫、鸡爪槭、白蜡、杜仲、榆树等树种的种实,在处理时不必脱去果翅,用"阴干法"干燥后清除混杂物即可。

（4）荚果类种实:一般含水量低,多用"阴干法"处理,其荚果采集后,直接摊开曝晒3~5d,用棍棒敲打进行脱粒,清除杂物即得纯净种子。

3.2　肉果类种实的调制

肉果类包括核果、仁果、浆果、聚合果等,其果实或花托为肉质,含有较多的果胶及糖类,容易腐烂,采集后必须及时处理。一般多浸水数日后直接揉搓,再脱粒、净种、阴干、晒干后贮藏。少数具胶质种子,如桧柏、三尖杉、女贞、榧树、紫杉的种实,可用湿沙或苔藓加细石与种实一同堆起,然后揉搓,除去假种皮后再干藏。

一般能供食用加工的肉质果类,如苹果、梨、桃、樱桃、李、梅、柑橘等可从果品加工厂中取得种子。一般在45℃以下冷处理加工的条件下所得的种子才能供育苗使用（表2-5）。

表2-5　主要园林树种采种、种子加工精选和种子品质

树　　种	种实成熟期	种实成熟特征	种实加工精选	贮藏方法	出种率/%	千粒重/g	发芽率/%
紫叶小檗	10月下旬	浆果红色	搓碎水选	干藏	50~60	5.3~7.2	70~80
金银木	10月下旬	浆果红色	搓碎水选	干藏	10~15	3.0~3.5	60~70
杉　　木	10月中旬	球果黄褐色	摊晒脱粒筛选	干藏	3~5	5.9~9.7	30~40
柳　　杉	11月上中旬	球果黄褐色	摊晒脱粒筛选	干藏	5~6	3.9~4.2	20

续表

树　种	种实成熟期	种实成熟特征	种实加工精选	贮藏方法	出种率/%	千粒重/g	发芽率/%
水　杉	10月下旬	球果黄褐色	摊晒脱粒筛选	干藏	6~8	1.7~2.3	5~11
池　杉	10月中下旬	果实栗褐色	摊晒脱粒筛选	干藏	9~12	74~118	30~60
红　松	9月下旬	球果黄褐色	摊晒脱粒筛选	干、湿藏	10	430~480	75~85
华山松	9月中旬至10月下旬	球果黄褐色	摊晒脱粒筛选	干藏	7~10	259~320	90以上
白皮松	9月中旬	球果黄褐色	摊晒脱粒筛选	干藏	5~8	148	60~70
马尾松	11月	球果黄褐色	脱粒筛选	干藏	3	8.5~13.4	64~85
油　松	9月下旬至10月上旬	球果黄褐色	摊晒脱粒筛选	干藏	3~5	34~49	90以上
樟子松	9月中下旬	球果灰绿色	摊晒脱粒筛选	干藏	1~2	5.4~11.0	80以上
云南松	11~12月	球果黄褐色	摊晒脱粒筛选	干藏	1.0~1.7	15~17	70~90
思茅松	12月	球果黄褐色	摊晒脱粒筛选	干藏	1.5~2.0	16~19.5	70~90
黄山松	11月	球果黄褐色	脱脂脱粒筛选	干藏	2.5~3.0	10~12	80~85
湿地松	9月中下旬	球果黄褐色	脱粒去翅筛选	密封干藏	3~4	1.4~1.6	
火炬松	10月上旬	球果黄褐色	脱粒去翅筛选	密封干藏		30	80以上
黑　松	10月上中旬	球果黄褐色	摊晒脱粒筛选	干藏	3左右	16~20	85
落叶松	8月下旬至9月	球果黄褐色	摊晒脱粒筛选	密封干藏	3~6	3.1~6.3	50~70
金钱松	10月中下旬	球果淡黄色	摊晒脱粒筛选	干藏	12~15	1.0~1.2	
核桃楸	8~9月	果皮黄褐色	沤皮淘洗阴干	干、湿藏		7000~7200	
木麻黄	8~11月	果实灰褐色	摊晒脱粒筛选	密封干藏	3~4	0.97左右	50左右
木　荷	9月下旬至10月	蒴果黄褐色	摊晒脱粒筛选	干藏	4~6	4~6	40左右
紫　椴	9月	坚果褐多毛	摊晒脱粒筛选	干、湿藏	80	28左右	60~90
黄波罗	8月下旬至9月	浆果黑紫色	捣烂冲洗阴干	湿藏		约13	约80
臭　椿	9~10月	翅果棕褐色	摊晒筛选	干藏		28~32	70以上
元宝枫	10月	翅果黄褐色	摊晒风选	干藏	50	125~175	约75
黄连木	9~10月	核果铜绿色	浸泡脱蜡淘洗	湿藏	60	约92	50~60
水曲柳	9月下旬至10月上旬	翅果黄褐色	摊晒风选水选	干、湿藏	50~64.5		60~80
白　蜡	9月下旬至10月	翅果黄褐色	摊晒风选筛选	干藏		29~34	约75
核　桃	9月中旬	果实黄棕色	沤果脱皮	干、湿藏		12475	90以上

续表

树种	种实成熟期	种实成熟特征	种实加工精选	贮藏方法	出种率/%	千粒重/g	发芽率/%
文冠果	8月上中旬	果实黄褐色	阴干开裂风选	干、湿藏		600~1250	85以上
油桐	10~11月	果实黄褐色	捣烂水选	干、湿藏	20~30	2600~4000	80以上
乌桕	11月中下旬	果实黄褐色	摊晒脱粒筛选	干藏			70~80
板栗	9月下旬至10月上旬	栗蓬开裂	地面收集阴干	湿藏	35~60	约3067	85以上
山桃	7月中旬	果实黄绿色	剥除果肉阴干	干、湿藏	30	2996~5000	90以上
山杏	6月下旬	果实橙黄色	剥除果肉阴干	干、湿藏	25	560~1093	85以上
海棠	10月中下旬	果实红色	捣烂淘洗阴干	干、湿藏	0.6	约17	
杜梨	10月中下旬	果实赭褐色	捣烂淘洗阴干	干、湿藏	6	15~34.4	86~90
山丁子	9月中旬至10月中旬	果实红色	捣烂淘洗阴干	干、湿藏	3	3.7~5.0	75~80
山楂	10月上中旬	果实红色	捣烂淘洗阴干	湿藏	20	约0.59	
黑枣	10月下旬	果实棕黄色	捣烂淘洗阴干	干、湿藏	13	约137	85
花椒	9月中下旬	果实紫红色	阴干脱粒筛选	密封干藏	25	12.5~22.0	
桑树	6月至7月上旬	果实紫黑或乳白	揉搓淘洗阴干	密封干藏	2~3	1.2~1.48	95
漆树	8月中下旬	果实黄褐灰	摊晒筛选	干、湿藏	90(果)	47~50	
杜仲	10~11月	翅果栗褐色	阴干筛选	干、湿藏		50~130	80以上
合欢	9月下旬至10月中旬	荚果黄褐色	摊晒脱粒筛选	干藏	20	约36	70以上
黄栌	6月上中旬	果实黄褐色	摊晒筛选	干、湿藏	20~30	约9.4	85
七叶树	9月上旬至10月下旬	果实棕褐色	除去外壳	湿藏	60		
紫荆	9月中下旬	果实黄褐色	摊晒脱粒筛选	干藏	25		
小叶女贞	10月中旬	果实紫褐色	捣烂淘洗阴干	干、湿藏	60		
雪松	10月中下旬	球果褐色	摊晒脱粒筛选	干藏		约125	90以上
云杉	9~10月	球果浅紫或褐色	摊晒脱粒筛选	干藏	3~5	3.6~4.6	30~70
冷杉	10月	球果紫褐色	摊晒脱粒筛选	干藏	约5	8.3~16.0	
侧柏	9~10月	球果黄褐色	摊晒脱粒筛选	干藏	约10	20~24	70~85
桧柏	10~11月	果实紫色具白霜	捣烂淘洗筛选	湿藏	25	47~50	70
银杏	9~10月	果实橙黄色	捣烂淘洗阴干	干、湿藏		2584	90左右
小叶杨	7月上旬至8月中旬	蒴果黄绿色	脱粒筛选	干藏	0.5~1.0	约0.35	95以上

续表

树 种	种实成熟期	种实成熟特征	种实加工精选	贮藏方法	出种率/%	千粒重/g	发芽率/%
胡 杨	7月上旬至8月中旬	蒴果黄绿色	摊晒脱粒筛选	密封干藏		0.08~0.2	85~99
泡 桐	9月下旬至10月中旬	蒴果黄绿色	摊晒脱粒筛选	干藏		0.2~0.4	70~90
麻 栎	9~10月	坚果黄褐色	水选粒选	湿藏		约4560	约90
栓皮栎	8月下旬至10月上旬	坚果棕褐色	水选粒选	湿藏		3845~4807	80以上
白 榆	4~5月	翅果黄白色	阴干筛选	密封干藏		7~8.15	65~85
楸 树	9月	果实黑褐色	摊晒脱粒筛选	干藏	约10	4~10	40~50
苦 楝	11月上旬	果皮黄褐色	捣烂淘洗阴干	湿藏	2~45		80~90
香 椿	9~10月	蒴果黄褐色	摊晒脱粒筛选	干藏		约7	40~50
国 槐	10月	果荚黄绿色	捣烂淘洗阴干	湿藏	约20	119~144	约80
刺 槐	8~9月	荚果赤褐色	脱粒风选	干藏	10~20	19~23	80~90
皂 荚	10月	荚果黑褐色	脱粒风选	干藏	约25	约450	约65
悬铃木	9~10月	坚果黄褐色	脱粒筛选	干藏		4.8~5.0	10~20
桤 木	11月中下旬	果穗暗褐色	摊晒脱粒筛选	密封干藏	4.0~5.5	0.7~1	40~70
枫 杨	9月	翅果灰褐色	摊晒脱粒筛选	干、湿藏		7~100	80~90
山樱桃	5月中下旬	果实红或白色	捣烂淘洗阴干	干、湿藏	约8	约0.70	
丁 香	8~9月	果实黄褐色	摊晒脱粒筛选	干藏	约40	约10	70
紫穗槐	9~10月	果实赭色	摊晒脱粒筛选	干藏	70	10~12	80
胡枝子	10月中上旬	荚果黄褐色	摊晒脱粒筛选	干藏	28	8~9	65
枸 杞	6月中旬至10月中旬	果实红色	捣烂淘洗阴干	干藏			
沙 枣	10月中下旬	果实黄褐色	捣烂淘洗阴干	干、湿藏	12~14		

从肉质果中取得的种子含水量一般较高，应放入通风良好的室内或荫棚下晾干4~5d，期间要注意经常翻动，不可在阳光下曝晒或雨淋。当种子含水量达到一定要求时，即可播种、贮藏或运输。

3.3　球果类种实的调制

针叶树种子多包含在球果中，从球果中取出种子的关键是使球果干燥。油松、柳杉、云杉、雪松、侧柏、水杉、落叶松、金钱松等球果采集后曝晒3~10d，果鳞失水后反曲开裂，大部分种子可自然脱粒，其余未脱落的可用木棍敲击球果，种子即可脱出。

现代化的种子干燥器可保证球果干燥的速度快，脱粒尽，从球果中取出种子到净种、分级等均采用一整套自动化设备，大大提高了种子调制的速度。

4　净种与分级

4.1　净种

净种就是除去种子中的夹杂物,如鳞片、果柄、果皮、枝叶、碎片、空粒、土块以及异类种子等。净种的方法因种子和夹杂物的比重大小而不同。

(1)筛选:用不同大小孔径的筛子将大于和小于种子的夹杂物除去,再用其他方法将与种子大小等同的杂物除去。

(2)风选:适用于中小粒种子,利用风或簸扬机净种,少量种子可用簸箕扬去杂物。

(3)水选:一般用于大而重的种子,利用水的浮力使杂物及空瘪种子漂出,良种留于水下。水选的时间不宜过长,水选后不能日光曝晒,要阴干。

4.2　种子分级

种子分级主要是把整批种子按大小进行分类。通常大粒种子活力高,发芽率高,幼苗生长好,因此分级也是体现种子优质优价的必要环节。分级通常与净种同时进行,也可采用风选、筛选及粒选法进行。国外种子公司采用电子分级设备对种子进行数粒分级(图2-3)。

为了合理地使用种子并保证质量,应将处理后的纯净种子分批进行登记,作为种子贮藏、运输、流通时的重要依据。采种单位应有总册备案,种子贮藏、运输、流通时的种子登记卡如表2-6所示。

图2-3　种子电子数粒分级设备

表2-6　种子登记卡

树　种		科名	
学　名			
采集时间		采集地点	
母树情况			
种子调制时间、方法		种子数量	
种子贮藏	方法		
	条件		
采种单位		填表日期	

5　种子的贮藏

从种子呼吸特性及影响种子呼吸的因素看,环境相对湿度小、低氧、低温、高二氧化碳及黑暗无光条件下有利于种子贮藏。具体的种子贮藏方法依种实类型和贮藏目的而定,最主要的是依据种子安全含水量的高低来确定,应用较多的是干藏法和湿藏法。含水量低的种子一般适宜干藏,含水量高的种子一般适宜湿藏。

5.1　干藏法

种子本身含水量相对低,计划贮藏时间较短的种子,尤其是秋季采收且准备来年春季进行播种的种子可采用干藏法。适于干藏的树种有侧柏、杉木、柳杉、水杉、云杉、油松、马尾松、落叶松、白皮松、红松、合欢、刺槐、白蜡、丁香、连翘、紫薇、紫荆、木槿、蜡梅、山梅花等。干藏的方法是:先将种子进行干燥,达到气干状态,然后装入麻袋、布袋、缸、瓦罐、木桶或其他容器内,置于常温下,相对湿度保持在50%以下;或置于0℃~5℃低温、相对湿度50%~60%且通风良好的种子库贮藏。贮藏时注意容器内要稍留空隙,严密防鼠、防虫,注意及时观察,防止潮湿。计划贮藏时间超过1年以上时,为了控制种子的呼吸作用,减少种子体内贮藏养分的消耗,保持种子有较高的生活力,可进行密封干藏。例如,柳、桉、榆等种子,将种子装入容器内,然后将盛种容器密闭,于5℃低温条件下保存。密封干藏时,种子的含水量一般应干燥到5%左右,使用的容器不宜太大,以便于搬运和堆放。容器可用瓦罐、铁皮罐和玻璃瓶等,也可用塑料容器。种子不要装得太满。密闭容器中充入氮和二氧化碳等气体,有利于降低氧气的浓度,适当地抑制种子的呼吸作用。另外,容器内要放入适量的木炭、硅胶和氯化钙等吸湿剂。

5.2　湿藏法

湿藏法又称沙藏法,即把种子置于一定湿度的低温(0℃~10℃)条件下进行贮藏。这种方法适于安全含水量(标准含水量)高的种子,如栎类、银杏、樟、四照花、七叶树、紫楠、忍冬、黄杨、紫杉、椴树、女贞、海棠、木瓜、山楂、火棘、玉兰、鹅掌楸、大叶黄杨等树种。贮藏种子可采用挖坑埋藏、室内堆藏和室外堆藏等方法。

室外挖坑埋藏最好选地势较高、背风向阳的地方,通常坑深和坑宽为0.8~1m,坑长视种子多少而定。坑底先垫10cm厚的湿沙,然后种子与湿沙按容积1∶3的比例混合后放入坑内。坑的最上层铺20cm厚的湿沙。贮藏坑内隔一段距离插一通气筒或作物秸秆或枝条,以利通气。地表之上堆成小丘状,以利排水(图2-4)。珍贵树种或量少的种子,可将种子和沙子混合或层积,置入木箱内,然后将木箱埋藏在坑中,效果良好。室内混沙湿藏,可保持种子湿润,且通气良好。湿沙体积为种子的2~

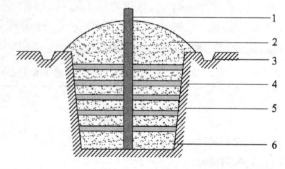

1. 秸秆　2. 沙土　3. 排水沟
4. 种子　5. 细沙　6. 粗沙

图2-4　坑藏种子示意图

3倍,沙子湿度视种子而异。银杏和樟树种子,沙子湿度宜控制在15%左右;栎类、槭、椴等种子,可采用30%。如果湿度太大,容易引起种子发芽,一般以手握成团,一碰即散为宜。温度以0℃~3℃为宜,太低易造成冻害,但温度较高又会引起种子发芽或发霉。

5.3　种子超低温贮藏

超低温贮藏是利用液态氮为冷源,将种子置于-196℃的超低温下,使其新陈代谢活动基本处于停止状态,不发生异常变异和劣变,从而达到长期保持种子寿命的贮藏方法。这种方法适合对稀有珍贵种子进行长期保存。目前,超低温贮藏种子的技术仍在发展研究中。许多研究发现,温度在 -40℃以下易使榛、李、胡桃等树种的种子的生活力受损。有些种子与液氮接触会发生爆裂现象等。因此,贮藏中包装材料的选择、适宜的种子含水量、合适的降温和解冻速度、解冻后种子发芽方法等许多关键技术还需进一步完善。

评分标准

序号	项目与技术要求	配分	检测标准	实测记录	得分
1	采集种实的种类与时间选择	10	不符合每个扣2分,扣完为止		
2	采集方法及种实种类	10	不符合每个扣2分,扣完为止		
3	种实类别与调制方法	20	不符合每个扣4分,扣完为止		
4	净种与分级	10	不符合每个扣2分,扣完为止		
5	种实及种子的识别	30	不符合每个扣3分,扣完为止		
6	种子贮藏	20	不正确全扣		
合　计		100	实际得分		

知识链接

1　种子休眠

园林植物种子的休眠是在植物生命周期中胚胎阶段的一种休眠现象,它是指种子由于内因或所处的外界环境(温度、水分、氧气、光照)的影响而不能立即发芽的现象。

1.1　自然休眠

自然休眠又称生理休眠。有些种子成熟以后,即使给予一定的发芽条件也不能很快发芽,需要经过较长时间或经过特殊处理才能发芽,如银杏、圆柏、红松、厚朴、刺槐、对节白蜡、山楂等(表2-7)。

表2-7　我国部分树种休眠时间

树　种	休眠时间/d	树　种	休眠时间/d	树　种	休眠时间/d
油　松	30~40	山定子	60~90	紫　薇	30~40
樟子松	40~60	海　棠	60~90	小　檗	40~60
侧　柏	15~30	沙　枣	90	泡　桐	30~40
黄菠萝	50~60	山　桃	80	池　杉	60~90
元宝枫	20~30	山　杏	80	板　栗	60~90
绿　楠	30~40	女　贞	60	白皮松	120~130
杜　仲	40~60	紫穗槐	30~40	杜　松	120~150
核　桃	60~70	沙　棘	30~60	椴　树	120~150
花　椒	60~90	杜　梨	40~60	水曲柳	150~180

树　种	休眠时间/d	树　种	休眠时间/d	树　种	休眠时间/d
文冠果	120~150	黄栌	60~120	朴树	180~200
落叶松	50~90	枫杨	60~70	桧柏	150~250
白蜡	80	车梁木	100~120	山楂	240
复叶槭	80	核桃楸	150~180	漆树	150~180
栾树	100~120	红松	180~300	乌柏	150~180

导致种子自然休眠的因素主要有:

(1) 种皮的机械障碍:种皮致密、坚硬或具有蜡层、油脂,不易透气透水,因而种子不能发芽,如皂角、刺槐、核桃楸、杏等种子。此类种子,用物理的或化学的方法破坏其种皮的障碍就能发芽,用低温贮藏也能取得良好效果。

(2) 种胚后熟:种胚发育不全影响发芽,如银杏在种实脱落后种胚还很小,贮藏中种胚不断生长发育,经4~5个月后才获得发芽能力。

(3) 含有抑制物质:由于种子本身(果皮或种皮、胚、胚乳等)含有发芽抑制物质,只有在外界环境作用下,通过自身的生理、生化过程,改变性质,解除抑制作用,种子才能发芽。例如,红松种皮含有单宁约5.5%,其他部位也含有抑制物质,因此影响种子发芽。

1.2　被迫休眠

一些植物种子成熟后,由于种胚得不到它发芽所必需的水分、温度、氧气等环境条件而引起休眠,一旦具备了这些条件,就能很好发芽,如杨、桦、榆、落叶松、侧柏等。

2　种子的包装

经精选干燥和精选加工的种子加以合理包装,可防止种子混杂、病虫害感染、吸湿回潮、种子劣变或受机械伤害等,以提高种子商品特性,保持种子旺盛活力,保证安全贮藏运输以及便于销售等。种实的运输实质上是在一个特定条件下的短期贮藏,必须做好包装工作。

2.1　种子包装的要求

(1) 防湿包装的种子必须达到包装所要求的种子含水量和净度等标准,确保种子在包装容器内,在贮藏和运输过程中不变质,保持原有质量和活力。

(2) 包装容器必须防湿、清洁、无毒、不易破裂、重量轻等。种子是一个活的生物体,如无防湿包装,在高温条件下种子会吸湿回潮,有毒气体也会伤害种子,导致种子丧失活力。

(3) 按不同要求确定包装数量。应按不同种类、苗床或大田播种量,不同生产面积等因素确定合适的包装数量,以利使用或销售。

(4) 确定保存期限。保存时间长,则要求包装种子水分更低,包装材料更好。

(5) 确定包装种子贮藏条件。在低湿干燥气候地区,包装条件要求较低;而在潮湿温暖地区,则要求严格。

(6) 包装容器外面应加印或粘贴标签纸,写明作物和品种名称、采种年月、种子质量指标和高产栽培技术要点等,并最好绘上醒目的作物或种子图案,引起农民的兴趣。

2.2 包装材料的种类特性及选择

（1）包装材料的种类和性质。

目前应用比较普遍的包装材料主要有麻袋、多层纸袋、铁皮罐、聚乙烯铝箔复合袋等。

麻袋强度好，透湿容易，但防湿、防虫和防鼠性能差。

金属罐强度高，防湿、防光、防有害烟气、防虫、防鼠性能好，并适于高速自动包装和封口，是最适合的种子包装容器。

聚乙烯铝箔复合袋强度适当，透湿率极低，也是最合适的防湿袋材料。该复合袋由数层组成。因为铝箔有微小孔隙，最内及最外层为聚乙烯薄膜，有充分的防湿效果。一般认为，用这种袋装种子，1 年内种子含水量不会发生变化。

纸袋多用漂白亚硫酸盐纸或牛皮纸制成，或用多层纸袋。多层纸袋因用途不同而有不同结构。普通多层纸袋的抗破力差，防湿、防虫、防鼠性能差，在非常干燥时会干化，易破损，不能保护种子生活力。

纸板盒和纸板罐（筒）也广泛用于种子包装。多层牛皮纸能保护种子的大多数物理品质，很适合于自动包装和封口设备。

（2）包装材料和容器的选择。

包装容器要按种子种类、种子特性、种子水分、保存期限、贮藏条件、种子用途和运输距离及地区等因素来选择。

多孔纸袋或针织袋一般用于通气性好的种子包装或数量大、贮存在干燥低温场所、保存期短的批发种子的包装。

小纸袋、聚乙烯袋、铝箔复合袋、铁皮罐等通常用于零售种子的包装。

钢皮罐、铝盒、塑料瓶、玻璃瓶和聚乙烯铝箔复合袋等容器可用于价值较高或少量种子的长期贮存或品种资源保存的包装。

在高温、高湿的热带和亚热带地区应尽量选择严密防湿的包装容器，并且将种子干燥到安全包装保存的水分，封入防湿容器以防种子生活力的丧失。

（3）包装标签。

要求在种子包装容器上必须附有标签。标签上的内容主要包括种子公司名称、种子名称、种子净度、发芽率、异作物和杂草种子的含量，种子处理方法和种子净重或粒数等项目。种子标签可挂在麻袋上，或贴在金属容器、纸板箱的外面，也可直接印制在塑料袋、铝箔复合袋及金属容器上，要图文醒目，以吸引顾客选购。

2.3 包装种子的保存

虽然包装好的种子已具备一定防湿、防虫或防鼠特性，但仍然会受到高温和潮湿环境的影响，发生劣变。所以，包装好的种子仍须放在防湿、防虫、防鼠、干燥、低温的仓库或场所，按种子种类和品种分开堆垛。为了便于进行适当通风，种子袋堆垛之间应留有适当的空间。还须做好防火和检查等工作，以确保已包装种子的安全保存，真正发挥种子包装的优越性。

3 种子的运输

种子运输可认为是一种短期的贮藏。如果包装和运输不当，则运输过程中很容易导致种子品质降低，甚至使种子丧失生活力。

种子运输之前，包装要安全可靠，并进行编号，填写种子登记卡，写明树种的名称和种子各项品质指标、采集地点和时间、每包重量、发运单位和时间等，卡片装入包装袋内备查。一般含水量低且干藏过的种实，如云杉、红松、落叶松、樟子松、马尾松、杉木、桉、椴、白蜡和刺槐等树木的种实，可直接用麻袋或布袋装运。包装不宜太紧太满，以减少对种子的挤压，同时也便于搬运。对于樟、楠、檫等含水量较高且容易失水而影响生活力的种子，可先用塑料布或油纸包好，再放入箩筐中运输。对于栎类等需要保湿运输的种子，可和湿苔藓、湿锯末和泥炭等一起放入容器中保湿。对于杨树等极易丧失发芽力且需要密封贮藏的种子，在运输过程中可用塑料袋、瓶和筒等器具，使种子保持密封条件。运输前要根据种实类型进行适当干燥，或保持适宜的湿度。

运输途中防止高温或受冻，防止过湿发霉或受机械损伤，确保种子的生活力。大批运输必须指派专人押运，到达目的地要立即检查，发现问题及时处理。有些树种如樟、玉兰和银杏的种子，虽然能耐短时间干运，但到达目的地后要立即进行湿沙埋藏。

 课后任务

课后各学习小组采集校园树木种实用于种实的识别，并自选 2 种种源较多的树种采集 500g 以上，按不同类型种实调制方法进行调制，利用自备容器对含水量高的种子采用混沙贮藏的方法进行贮藏，为下一步开展种子品质检验和播种做好准备。

任务 2 | 种子的品质检验

 任务目标

了解种子品质的内涵，掌握种子播种品质主要指标的测定方法；能够熟练进行园林树木种子的抽样与品质测定。

 任务提出

园林植物种子的品质检验，是指应用科学、先进和标准的方法对种子样品的质量进行正确的分析测定，判断其质量的优劣，评定其种用价值的一门科学。

园林植物种子检验要采用科学、先进和标准的方法，应该执行中华人民共和国标准局颁布的《林木种子检验规程》（GB 2772—1999）的有关规定。在国际种子交流和贸易中，还应该执行国际种子检验协会（ISTA）的有关规程。1996 年 ISTA 秘书处正式颁布的《1996 国际种子检验规程》从 1996 年 7 月 1 日起在世界范围内实施。

 任务分析

种子品质主要从种子净度、种子重量、含水量、发芽率、发芽势、生活力等方面描述。在检验时先对种子批正确抽样,然后对各测定样品按不同指标的要求进行正确测定,得到可靠的种子品质指标。

 相关知识

1 种子品质的内涵

种子品质是种子的不同特性的综合,通常包括遗传品质和播种品质两个方面。遗传品质是种子固有的品质,种子品质检验主要是检验种子的播种品质。优良种实是培育优质苗木的前提,良种是遗传品质和播种品质都优良的种实。遗传品质优良是指用某一树种的种实繁殖的后代,具有该树种的优良性状,如树干通直、树冠圆满、抗病性强等;播种品质优良是指种实饱满、发芽率高、生活力强等。前者主要取决于母本树的遗传性状,而后者还与母本树的生长环境、种实生产水平如采种时间、调制方法、贮藏条件等有关。

园林植物种子的品质优劣状况,直接影响苗木的产量和质量。因此,在种子采收、贮藏、调运、贸易和播种前通过种子的品质检验,选用优良种子,淘汰劣质种子,是确保所播种的种子具有优良品质的重要环节。通过检验,可确定种子的使用价值,制定针对性的育苗措施;通过检验,可以防止伪劣种子播种,避免造成生产上的损失;通过检验,加强种子检疫,可以防止病虫害、杂草蔓延;通过检验,对种子品质做出正确评价,有利于按质论价,促进种子品质的提高。

2 抽样种子批的限量

抽样正确与否对种子品质检验分析十分关键。如果抽取的样品没有充分的代表性,无论检验工作如何细致、准确,其结果也不能说明整批种子的品质。为使种子检验获得正确结果并具有重演性,必须从供检的一批种子(或种批)随机提取具有代表性的初次样品、混合样品和送检样品,尽力保证送检样品能准确地代表该批种子的组成成分。

种批指来源和采集期相同、加工调制和贮藏方法相同、质量基本一致并在规定数量之内的同一树种的种子。不同树种种批最大限量见表2-8。

表2-8 常见树种一个种子批的最大限量

树 种	最大限量/kg
特大粒种子(核桃、板栗、油桐等)	20000
大粒种子(麻栎、山杏、油茶等)	10000
中粒种子(红松、华山松、樟树、沙枣等)	7000
小粒种子(油松、落叶松、杉木、刺槐等)	2000
特小粒种子(桉、桑、泡桐、木麻黄等)	500

任务实施

1 抽样

初次样品是指直接从盛装同一批种子的不同容器中提取的每一份种子。混合样品是指从一个种批中抽取的初次样品充分混合而成的样品。送检样品是指从混合样品中分取,送往检验机构,检验种子质量各项指标用的种子样品。测定样品是指从送检样品中随机抽取一部分直接供某项品质测定用的样品。

抽样的步骤：

（1）用扦样器或徒手从一个种批中取出若干份初次样品。

（2）将全部初次样品充分混合组成混合样品。

（3）从混合样品中按照随机抽样法、"十"字区分法等分取送检样品，送到种子检验室。

（4）在种子检验室，按照"十"字区分法从送检样品中分取测定样品，进行各个项目的测定。

2 种子品质检验

2.1 净度分析

种子净度（纯度）是指纯净种子的重量占测定样品中各成分（如纯净种子、废种子和夹杂物）的总重量的百分比。净度愈高，说明种子品质愈好。种子净度是确定播种量和划分种子等级的重要依据。

测定方法和步骤为：① 试样分取，用分样板、分样器或采用四分法分取试样品；② 称量测定样品；③ 分析测定样品，将测定样品摊在玻璃板上，把纯净种子、废种子和夹杂物分开；④ 把组成样品的各个部分称重；⑤ 计算净度。

纯净种子包括：完整的、没有受伤害的、发育正常的种子；发育不完全的种子和难以识别的空粒；虽已破口或发芽，但仍具发芽能力的种子。带翅的种子中，凡加工时种翅容易脱落的，其纯净种子是指除去种翅的种子；凡加工时种翅不易脱落的，其纯净种子包括种翅。

废种子包括：能明显识别的空粒、腐坏粒、已萌芽因而显然丧失发芽能力的种子；严重损伤（超过原大小一半）的种子和无种皮的裸粒种子。

夹杂物包括：不属于被检验的其他植物种子；叶片、鳞片、苞片、果皮、壳斗、种翅、种子碎片、土块和其他杂质；昆虫的卵块、成虫、幼虫和蛹等。

计算种子净度的公式为：

净度（%）=［纯净种子重量/（纯净种子重量 + 废种子重量 + 夹杂物重量）］×100%

送检样品的重量至少应为净度测定样品的 2～3 倍，大粒种子重量至少应为 1000g，特大粒种子至少要有 500 粒。净度测定样品一般至少应含 2500 粒纯净种子。各树种送检样品的最低数量可参见表2-9。

表2-9 各树种送检样品的最低数量

树 种	送检样品最低量/g	树 种	送检样品最低量/g
核桃、核桃楸	6000	杜仲、合欢、水曲柳、椴	500
板栗、栎类	5000	白蜡、复叶槭	400
银杏、油桐、油茶	4000	油 松	350
山桃、山杏	3500	臭 椿	300
皂荚、榛子	3000	侧 柏	250
红松、华山松	2000	锦鸡儿、刺槐	200
元宝枫	1200	马尾松、杉木、黄檗、云南松	150
白皮松、国槐、樟	1000	樟子松、柏木、榆、桉、紫穗槐	100
黄连木	700	落叶松、云杉、杉、桦	50
沙枣	600	杨、柳	30

2.2　种子重量的测定

种子重量主要指千粒重,通常指气干状态下1000粒种子的重量,以克为单位。千粒重能够反映种粒的大小和饱满程度,重量越大,说明种粒越大越饱满,贮藏的营养物质多,发芽迅速整齐,出苗率高,幼苗健壮。种子千粒重测定有百粒法、千粒法和全量法。

（1）百粒法:通过手工或用数种器从待测样品中随机数取8个重复,每个重复100粒,分别称重。根据8个重复的称重读数,求算出100粒种子的平均重量,再换算成1000粒种子的重量。

（2）千粒法:适用于种粒大小、轻重极不均匀的种子。通过手工或用数种器从待测样品中随机数取1000粒种子,共数两组,分别称重,计算平均值,求算千粒重。大粒种子每个重复数500粒,小粒种子每个重复数1000粒。

（3）全量法:珍贵树种的种子数量少,纯净种子粒数少于1000粒的,可将全部种子称量,换算千粒重。目前,电子自动种子数粒仪(electronic seed counter)是种子数粒的有效工具,可用于千粒重测定。

2.3　含水量的测定

种子含水量是种子中所含水分的重量与种子重量的百分比。通常将种子置入烘箱用105℃温度烘烤8h后测定种子前后重量之差来计算含水量。

种子含水量(%) =(干燥前供检种子重量 − 干燥后供检种子重量)/干燥前供检种子重量 ×100%

测定种子含水量时,桦、桉、侧柏、马尾松、杉木等细小粒种子,以及榆树等薄皮种子,可以原样干燥;红松、华山松、槭树和白蜡等厚皮种子,以及核桃、板栗等大粒种子,应将种子切开或弄碎,然后再进行烘干。

2.4　发芽测定

发芽测定的目的是测定种子批的最大发芽潜力,评价种子批的质量。种子发芽力是指种子在适宜条件下发芽并长成植株的能力。种子发芽力是种子播种品质最重要的指标,用发芽势和发芽率表示。

发芽势是种子发芽初期(规定日期内)正常发芽种子数占供试种子数的百分率。通常以发芽实验规定的期限的最初1/3时间内的发芽数占供试种子总数的百分比表示。发芽势高,表示种子活力强,发芽整齐,生产潜力大。

发芽率也称实验室发芽率,是指在发芽试验终期(规定日期内)正常发芽种子数占供试种子数的百分率。种子发芽率高,表示有生活力的种子多,播种后出苗多。

种子发芽率(%) =供检种子发芽粒数/供检种子总数 ×100%

（1）发芽实验设备和用品。

种子发芽实验中常用的设备有电热恒温发芽箱、变温发芽箱、人工气候箱、光照发芽箱、发芽室,以及活动数种板和真空数种器等设备。发芽床应具备保水性好、通气性好、无毒、无病菌等特性,且有一定强度。常用的发芽床材料有纱布、滤纸、脱脂棉、细沙和蛭石等。

（2）发芽实验方法。

① 器具和种子灭菌。为了预防霉菌感染,发芽试验前要对准备使用的器具灭菌,发芽

箱可在实验前用福尔马林喷射后密封2～3d再使用,种子可用过氧化氢(35%,1h)、福尔马林(0.15%,20min)等进行灭菌。

② 发芽促进处理。置床前通过低温预处理或用CA3等处理种子,可破除休眠。对种皮致密、透水性差的树种,如皂荚、台湾相思、刺槐等,可用45℃的温水浸种24h,或用开水短时间烫种(2min),促进发芽。

③ 种子置床。种子要均匀放置在发芽床上,使种子与水分良好接触,每粒之间要留有足够的间距,以防止种子受霉菌感染并蔓延,同时也为发芽苗提供足够的生长空间。每个发芽皿放置100粒种子,重复3～4次。

④ 贴标签。种子放置完后,须在发芽皿或其他发芽容器上贴上标签,注明树种名称、测定样品号、置床日期、重复次数等,并将有关项目在种子发芽试验记录表上进行登记。

(3)发芽实验管理。

① 水分。发芽床要始终保持湿润,切忌断水,但不能使种子四周出现水膜。

② 温度。多数树种以25℃为宜。白榆、大叶榉和栎类为20℃,华山松、落叶松和白皮松为20℃～25℃,银杏、火炬松、乌桕、刺槐、核桃、杨和泡桐为20℃～30℃,桑、喜树和臭椿为30℃。

③ 光照。多数种子可在光照或黑暗条件下发芽。但国际种子检验规程规定,对大多数种子,最好加光培养,可抑制霉菌繁殖,有利于正常幼苗鉴定,区分黄化和白化等不正常苗。

④ 通气。用发芽皿发芽时,要常开盖,以利通气,保证种子发芽所需的氧气。

⑤ 处理发霉现象。发现轻微发霉的种子,应及时取出洗涤去霉。发霉种子超过5%时,应调换发芽床。

(4)持续时间和观察记录。

① 种子放置发芽的当天,为发芽实验的第一天。各树种发芽实验需要持续的时间不一样,如表2-10所示。

表2-10 主要树种发芽终止天数

树种	发芽势终止时间/d	发芽率终止时间/d	树种	发芽势终止时间/d	发芽率终止时间/d
薄壳山核桃	20	45	雪松、栎类、悬铃木	17	28
铅笔柏	14	42	金钱松	7	28
樟树	20	40	柳杉	16	25
华山松	15	40	云南松、思茅松	14	25
柏木	24	35	日本落叶松、黄山松	10	21
白皮松	14	35	银杏、梓树、皂荚	7	21
乌桕	10	30	枫杨、臭椿	7	21
竹柏	8	30	相思树、黑荆、锥栗	7	21
槐	7	29	杉木、马尾松、大叶榉	10	20
毛竹、檫树、池杉	12	28	侧柏	9	20

树种	发芽势终止时间/d	发芽率终止时间/d	树种	发芽势终止时间/d	发芽率终止时间/d
云杉、黄连木、白蜡	5	15	桉树	5	14
胡枝子、紫穗槐	7	15	油茶、茶树	8	12
水杉	9	15	杜仲	7	12
长白落叶松	8	15	刺槐	5	10
木麻黄	8	15	樟子松	5	8
桑	8	15	白榆	4	7
红杉	6	15	杨	3	6
泡桐	9	14	板栗	3	5

② 鉴定正常发芽粒、异状发芽粒和腐坏粒并计数。正常发芽粒为长出正常幼根,大、中粒种子幼根长度应该大于种粒长度的1/2,小粒种子幼根长度应该大于种粒长度。异状发芽粒为胚根形态不正常,畸形、残缺等;胚根不是从珠孔伸出,而是出自其他部位;胚根呈负向地性;子叶先出等。腐坏粒为内含物腐烂的种子,但发霉的种子不能算作腐坏粒。

（5）计算发芽试验结果。

发芽试验到规定结束的日期时,记录未发芽粒数,统计正常发芽粒数,计算发芽势和发芽率。

2.5　生活力的测定

种子生活力是指种子发芽的潜力或种胚所具有的生命力。测定种子生活力的必要性在于快速地估计种子样品尤其是休眠种子的生活力。有些树种的种子休眠期很长,需要在短时间内确定种子品质时,必须用快速的方法测定生活力。有时由于缺乏设备,或者经常是急需了解种子发芽力而时间很紧迫,不可能采用正规的发芽试验来测定发芽力,也必须通过测定生活力,借此预测种子发芽能力。

种子生活力常用具有生命力的种子数占试验样品种子总数的百分率表示。测定生活力的方法:常用化学溶液浸泡处理,根据种胚(和胚乳)的染色反应来判断种子生活力,主要有四唑染色法、靛蓝染色法、碘-碘化钾染色法。此外,也可用射线法和紫外荧光法等进行测定。但是最常用的且列入国际种子检验规程的生活力测定方法是生物化学(四唑)染色法。

（1）四唑染色法。

四唑全称为2,3,5-氯化(或溴化)三苯基四氮唑,简称四唑或红四唑,是一种白色粉末状生物化学试剂。四唑的水溶液无色,在种子的活组织中被还原成红色而稳定的不扩散物质,而无生活力的种子则没有这种反应。即染色部位为活组织,而不染色部位则为坏死组织。可据坏死组织出现的部位及其分布状况判断种子的生活力。四唑的使用浓度多为0.1%~1.0%水溶液,常用0.5%水溶液。可将药剂直接加入pH为6.5~7的蒸馏水进行配制。如果蒸馏水的pH不能使溶液保持在6.5~7的范围,则将四唑药剂加入缓冲液中配制。

染色方法为:首先浸种,然后剥胚,放入四唑溶液中,以溶液淹没种胚为宜,置于25℃~30℃的黑暗环境中,时间至少3h。染色完毕,取出种胚,用清水冲洗,置于白色湿润滤纸上,逐粒观察胚(和胚乳)的染色情况,并进行记录。鉴定染色结果时因树种不同而判断标准有所差别,但主要依据染色面积的大小和染色部位进行判断。如果子叶有小面积未染色,胚轴仅有小粒状或短纵线未染色,均应认为有生活力,因为子叶的小面积损伤不会影响整个胚的发芽生长。胚轴小粒状或短纵线损伤不会对水分和养分的输导形成大的影响。但是,胚根未染色、胚芽未染色、胚轴环状未染色、子叶基部靠近胚芽处未染色,则应视为无生活力。

（2）靛蓝染色法。

该法适用于大多数针叶树和阔叶树种子。靛蓝胭脂红是一种苯胺染料,很容易透过种子的死细胞使其染上蓝色,而其不能透过活细胞,根据种胚着色情况,可以区别种子有无生活力。但有些种子如栎类的种胚含有大量的单宁物质,死种子也不易着色,所以不适用。溶液浓度为 0.05% ~0.1%,浸泡种胚 2~3h 即可。

根据鉴定记录结果,统计有生活力和无生活力的种胚数,计算种子生活力。

3　种子品质检验报告的撰写

在种子品质检验结束后,须完成种子检验结果报告单的填写,格式如表 2-11 所示。

表 2-11　种子检验结果报告单

送检单位			产地		
植物名称			代表数量(kg)		
品种名称			样品号		
净度分析	净种子(%)		其他植物种子(%)		杂质(%)
	其他植物种子的种类及数目： 杂质的种类：				完全检验
					有限检验
					简化检验
发芽试验	正常幼苗(%)	硬实(%)	新鲜不发芽种子(%)	不正常幼苗(%)	死种子(%)
	发芽床：_____　温度：_____℃　试验持续时间：_____ 发芽前处理和方法：_____				
纯度	品种纯度：_____%				
水分	水分：_____%				
其他	生活力：_____%；重量(千粒)：_____g；健康状况_____				
检验结果					
检验单位					
检验日期					

评分标准

序号	项目与技术要求	配分	检测标准	实测记录	得分
1	种子净度分析	10	不正确全扣		
2	种子重量测定	20	不正确全扣		
3	种子含水量测定	20	不正确全扣		
4	种子发芽率测定	30	不正确全扣		
5	种子生活力测定	20	不正确全扣		
合　计		100	实际得分		

 知识链接

种子质量管理

完成种子质量的各项测定工作后,要填写种子质量检验结果单。完整的质量检验结果单应该包括:签发站名称;扦样及封缄单位名称;种子批的正式登记号和印章;来样数量、代表数量;扦样日期;检验员收到样品的日期;样品编号;检验项目、检验日期。

评价植物种子质量时,主要依据种子净度分析、发芽试验、生活力测定、含水量测定和优良度测定等结果,进行植物种子质量分级。

《中华人民共和国种子法》规定,国务院农业、林业行政主管部门分别负责全国农作物和林木种子质量监督管理工作。县级以上地方人民政府农业、林业行政主管部门分别负责本行政区域内的农作物和林木种子质量监督管理工作。种子的生产、加工、包装、检验、贮藏等质量管理办法和标准,由国务院农业、林业行政主管部门制定。

承担种子质量检验的机构应当具备相应的检测条件和能力,并经省级以上农业、林业行政主管部门考核合格。处理种子质量争议,以省级以上种子质量检验机构出具的检验结果为准。

种子质量检验机构应当配备种子检验员。种子检验员应当经省级以上农业、林业行政主管部门培训,考试合格后颁发"种子检验员证"。

课后任务

在进行种子含水量的测定时,需将种子置于烘箱内8h才能完成烘干,各学习小组在课后需对烘干后的种子进行称重,并计算出种子含水量;在种子发芽测定时应根据不同种子发芽终止时间,各学习小组在课后做好种子发芽管理工作,直至发芽结束,统计出种子发芽的时间和数量,计算出种子的发芽率和发芽势。

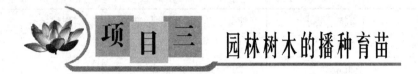

项目三 园林树木的播种育苗

任务1 露地播种育苗

任务目标

了解种子处理方法,能对种子进行催芽处理,准备播种床;能够正确计算播种量并运用适宜的播种方法进行播种操作;能够合理制订园林树木露地播种技术方案;熟悉播种苗生长发育规律,认真做好播后管理,培育壮苗。

任务提出

播种育苗是指利用园林植物的种子,对其进行一定的处理和培育,使其萌发生长,成为新的个体。植物的种子体积小,采收、贮运都很方便,在实际生产中播种繁殖应用最多,许多园林植物都是用种子繁殖培育的。因此,播种繁殖是苗木繁殖最基本的方法,在生产上广泛应用。

任务分析

要掌握露地播种育苗的基本知识,确定播种期、播种方法及苗期管理基本内容。了解播种育苗技术在整个生产过程中的应用,包括播种前种子处理、播种地的准备、播种期的选择和播种量的计算、播种方法的应用以及播种后的管理操作规程。

相关知识

1 园林树木播种育苗的特点

园林植物的播种育苗具有以下特点:① 种子体积小,容易获得,采收、贮运方便,在较短时间内一次可得到大量苗木;② 实生苗生长旺盛,有强大的根系,主根发达,有利生长;③ 实生苗对不良生长环境的抵抗力较强,如抗旱、抗风、抗寒等一般高于营养繁殖苗;④ 实生苗遗传性不稳定,易发生变异,优良性状不易保持,但同时由于可塑性强,有利于引种驯化和定向培育新品种;⑤ 实生苗开花结实较晚,寿命比营养繁殖苗长。

2　播种苗的年生长发育特点

播种苗从种子发芽到当年停止生长进入休眠期为止是其第一个生长周期。生产上常将播种苗的第一个生长周期划分为出苗期、生长初期、速生期和生长后期四个时期。不同时期地上部分和地下部分发育特点不同,对环境条件的要求也不同。了解和掌握苗木的生长发育特点和对外界环境条件的要求,采取切实有效的抚育措施,才能培育出优质壮苗。

2.1　出苗期

从种子播种开始到长出真叶、出现侧根为止的时期称为出苗期。此期长短因树种、播种期、当年气候等情况的不同而不同。春播者需3~7周,夏播者需1~2周,秋播则需几个月。播种后种子在土壤中先吸水膨胀,酶的活性增强,贮藏物质被分解成能被种胚利用的简单有机物;接着胚根伸长,突破种皮,形成幼根扎入土壤;最后胚芽随着胚轴的伸长破土而出,成为幼苗。此时幼苗生长所需的营养物质全部来源于种子本身。此期主要的影响因素有土壤水分、温度、通透性和覆土厚度等。如果土壤水分不足,种子发芽迟或不发芽;水分太多,通气不良,也会推迟种子发芽,时间一长会造成种子腐烂。土壤温度以20℃~26℃最为适宜出苗,温度太高或太低出苗时间都会延长。在其他条件满足时,温度往往是影响种子生根发芽的主导因素。一般种子在日平均温度5℃左右开始发芽,20℃~26℃时最适宜。覆土太厚或表土过于紧实,幼苗难出土,出苗速度和出苗率降低;覆土太薄,种子带壳出土;土壤过干也不利于出土。

这一时期育苗工作的要点是:采取有效措施,为种子发芽和幼苗出土创造良好的环境条件,满足种子发芽所需的水分、温度条件,促进种子迅速萌发,出苗整齐,生长健壮。为此要做到:种子要催芽,适期早播,下种均匀,提高播种技术,保持土壤湿度但不要大水漫灌,覆盖增温保墒,加强播种地的管理等。

2.2　生长初期

从幼苗出土后能够利用自己的侧根吸收营养和利用真叶进行光合作用维持生长,到苗木开始加速生长为止的时期称为生长初期。一般情况下,春播需5~7周后,夏播需3~5周后。幼苗的生长特点是地上部分的茎叶生长缓慢,而地下的根系生长较快。但是,由于幼根分布仍较浅,对炎热、低温、干旱、水涝、病虫等抵抗力较弱,易受害而死亡,对养分的需求虽不多,但很敏感,尤其对磷肥的需要量要适当增加。

此期育苗工作的要点是:采取一切有利于幼苗生长的措施,提高幼苗生存率。这一时期,水分是决定幼苗成活的关键因素。要保持土壤湿润,但又不能过湿,以免引起腐烂或徒长。要注意遮阳,避免温度过高或光照过强而引起烧苗。同时还要加强间苗、蹲苗、松土除草、施肥(磷和氮)、病虫防治等工作,为将来苗木快速生长打下良好基础。

2.3　速生期

从幼苗开始加速生长到生长速度明显下降的时期称为速生期。大多数园林植物的速生期是从6月中旬开始到9月初结束,持续70~90d。此期幼苗生长的特点是:生长速度最快,生长量最大,表现为苗高和茎粗增加迅速,根系加粗、加深。有的树种出现两个速生阶段,一个在盛夏之前,一个在盛夏之后。盛夏期间,因高温和干旱,光合作用受抑制,生长速度下降,出现暂缓生长现象。此期生长发育状况基本上决定苗木的质量。

这一时期育苗的工作重点是:在前期加强施肥、灌水、松土除草、病虫防治(防食叶害

虫)工作,以水肥管理为主,结合运用新技术,如生长调节剂、抗蒸腾剂等,促进幼苗迅速而健壮地生长。在速生期的末期,应停止施肥和灌溉,防止贪青徒长,使苗木充分木质化,以利于越冬。

2.4 生长后期

从幼苗速生期结束到落叶进入休眠为止的时期称为生长后期,又叫苗木硬化期或成熟期。此期一般持续 1~2 个月的时间。幼苗生长后期的生长特点是:幼苗生长渐慢,地上部分生长量不大,但地下部分根系的生长仍可延续一段时间,叶片逐渐变红、变黄,而后脱落,幼苗木质化并形成健壮的顶芽,植株体内营养物质进入贮藏状态,从而提高越冬能力。

此期育苗工作的要点是:停止一切促进幼苗生长的措施,如追肥、灌水等,设法控制幼苗生长,为幼苗越冬做好营养贮藏和休眠准备,有些不耐寒的树种要注意做好防寒工作。

3 苗木密度和播种量

3.1 苗木密度

苗木密度是单位面积(或单位长度)上苗木的数量。要实现苗木的优质高产,必须在保证每株苗木生长发育健壮的基础上获得单位面积(或单位长度)上最大限度的产苗量。密度过大,则营养面积不足,通风不良,光照不足,使光合作用的产物减少,影响苗木的生长;苗木高、径比值大,苗木细弱,叶量少,顶芽不饱满,根系不发达,根系的生长受到抑制,根幅小、侧根少,干物质重量小,易受病虫危害,移植成活率低。当苗木密度过小时,不但影响单位面积的产苗量,而且由于苗木稀少,苗间空地过大,土地利用率低,易滋生杂草,同时增加了土壤中水分、养分的损耗,不便于管理。因此,苗木的密度对保证苗木的产量和质量、苗圃的生产率和经济效益起着相当重要的作用。

确定苗木的播种密度要依据树种的生物学特性、生长的快慢、圃地的环境条件、育苗的年限以及育苗的技术要求进行综合考虑,对生长快、生长量大、所需营养面积大的树种,播种时应稀一些,如山桃、泡桐、枫杨等。幼苗生长缓慢的树种可播密一些,对于播后一年移植的树种可密;而直接用于嫁接的砧木宜稀,以便于嫁接时的操作。苗木密度的大小取决于株、行距,尤其是行距的大小。播种苗床的一般行距为 8~25cm;大田育苗一般行距为 50~10cm。行距过小不利于通风透光,不便于管理(如机械化操作)。单位面积的产苗量一般范围为:针叶树一年生播种苗为每平方米 150~300 株,速生针叶树可达每平方米 600 株;阔叶树一年生播种苗,大粒种子或速生树为每平方米 25~120 株,生长速度中等的树种为每平方米 60~100 株。

3.2 播种量的计算

播种量是指单位面积或长度上播种种子的重量。适宜的播种量既不浪费种子,又有利于提高苗木的产量和质量。播种量过大,浪费种子,间苗也费工,苗木拥挤和竞争营养,易感病虫,苗质下降;播种量过小,产苗量低,易长杂草,管理费工,也浪费土地。计算播种量的公式如下:

$$X = C \times (A \times W)/(P \times G \times 1000^2)$$

式中:

X—单位面积或长度上育苗所需的播种量(kg);

A—单位面积或长度上产苗数量(株);

W—种子千粒重(g)；

P—种子的净度(%)；

G—种子发芽率(%)；

C—损耗系数；

1000^2—常数。

损耗系数因自然条件、圃地条件、树种、种粒大小和育苗技术水平而异。一般认为：种粒越小，损耗越大，如大粒种子(千粒重在700g以上)，$C=1$；中小粒种子(千粒重在3～700g)，$1<C<5$；极小粒种子(千粒重在3g以下)，$C=10～20$。例如，生产一年生香樟播种苗1hm²，每平方米计划产苗100株，种子纯度95%，发芽率90%，千粒重150g，每平方米所需种子量为：

$$100 \times 150/(0.95 \times 0.90 \times 1000^2) = 0.0175(\text{kg})$$

采用床播1hm²的有效作业面积约为6000m²，则1hm²地播种量为：$0.0175 \times 6000 = 105(\text{kg})$。

这是计算出的理论数字，由生产实际出发应再加上一定的损耗，如$C=1.5$，则1hm²香樟共需用种子160kg左右。

3.3　单位面积总播种行的计算

(1)垄作的计算方法。

计算单位面积(hm²)的播种行总长度(m)：

$$X = L \cdot 100/(B \cdot n)$$

式中：

X—每公顷播种行总长度；

L—每垄长度(100m)；

n—每垄行数；

B—垄宽(m)。

(2)床作的计算方法。

$$X = 100^2 \cdot K \cdot C/[(K+B) \cdot (C+B) \cdot G]$$

式中：

X—每公顷苗床播种行的总长度(m)；

K—苗床宽度(m)；

C—苗床长度(m)；

B—步道宽度(m)；

G—行距(m)。

4　播种方法

生产上常用的播种方法有撒播、条播和点播。

4.1　撒播

将种子均匀地撒于苗床上称为撒播。撒播单位面积出苗率高，可以经济利用土地，小粒种子如杨、柳等常用此法。畦上施腐熟肥料，与土壤充分混合后，将畦压平，灌水再播种，然后覆土，并覆稻草。为使播种均匀，可在种子里掺上细沙。由于出苗后不成条带，不便于

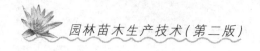

进行锄草、松土、病虫防治等管理，且小苗长高后也相互遮光，最后起苗也不方便，因此，最好改全面撒播为条带撒播，播幅为10cm左右。

4.2 条播

按一定的行距将种子均匀地撒在播种沟内称为条播。中粒种子如侧柏、刺槐、黑松、海棠等常用此法。播幅为3~5cm，行距为20~35cm，采用南北行向。条播比撒播省种子，且行间距较大，便于抚育管理及机械化作业，同时苗木生长良好，起苗也方便。

4.3 点播

对于大粒种子，如板栗、银杏、核桃、杏、桃、油桐、七叶树等，按一定的株、行距逐粒将种子播于圃上称为点播。一般最小行距不小于30cm，株距不小于10~15cm。为了利于幼苗生长，种子应侧放，使种子的尖端与地面平行。

一般情况下，播种深度以种子直径的2~3倍为宜。具体播种深度取决于种子的发芽势、发芽方式和覆土等因素。小粒种子和发芽势弱的种子覆土宜薄，大粒种子和发芽势强的种子覆土宜厚；黏质土壤覆土宜薄，沙质土壤覆土宜厚；春夏播种覆土宜薄，秋播覆土可厚一些。如果有条件，覆盖土可用疏松的沙土、腐殖土、泥炭土、锯末等，有利于土壤保温、保湿、通气和幼苗出土。此外，播种深度要均匀一致，否则幼苗出土参差不齐，影响苗木质量。

▮▮▮ 任务实施

1 播种地的准备

1.1 育苗方式的选择

园林苗圃中的育苗方式可分为苗床育苗和大田育苗两种。

（1）苗床育苗。

用于生长缓慢且需要细心管理的小粒种子以及量少或珍贵树种的播种，如金钱松、油松、侧柏、落叶松、马尾松、杨、柳、连翘、紫薇、山梅花等多种园林树种一般均采用苗床播种。

高床：床面高于地面的苗床称为高床，整地后取步道土壤覆于床上，使床一般高于地面15~30cm，床面宽100~120cm，可促进土壤通气，提高土温，增加肥土层的厚度，并便于灌水及排水，适用于我国南方多雨地区、黏重土壤、易积水或地势较低、条件差的地区，以及要求排水良好的树种，如油松、白皮松、木兰等。

低床：床面不高于地面，而使床埂高于地面15~20cm，床埂宽30~40cm，床面宽100~120cm，便于灌溉，适用于温度不足和干旱地区育苗。对于喜湿的中、小粒种子的树种如悬铃木、太平花、水杉等适用。我国华北、西北地区多采用低床育苗。

（2）大田育苗。

大田育苗又称农田育苗，不作苗床，将树木种子直接播于圃地，便于机械化生产和大面积的连续操作，工作效率高，节省人力。由于株距、行距较大，光照通风条件好，苗木生长健壮而整齐，可降低成本、提高苗木质量，但苗木产量略低。为了提高工作效率，减轻劳动强度，实现全面机械化，在面积较大的苗圃中多采用大田育苗。常采用大田播种的树种有山桃、山杏、海棠、合欢、枫杨、君迁子等。

大田育苗分为平作和垄作两种。平作在土地整平后即播种，一般采用多行带播，能提高土地利用率和单位面积产苗量,便于机械化作业,但灌溉不便,宜采用喷灌。垄作目前使用较多,高垄通气条件较好,地温高,有利于排涝和根系发育,适用于怕涝树种如合欢等。高垄规格,一般要求垄距 60 ~ 80cm,垄高 20 ~ 50cm,垄顶宽度 20 ~ 25cm(双行播种宽度可达 45cm),垄长 20 ~ 25m,最长不应超过 50m。

1.2　播种前的整地

播种前的整地为种子的发芽、幼苗出土创造良好条件,以提高场圃发芽率,便于幼苗的抚育管理。整地要求如下:

(1)细致平坦。

播种地要求泥土细碎,在地表 10cm 深度内没有较大的土块。种子小,其土粒也应细小,否则种子落入土壤缝隙中吸不到水分影响发芽,也会因发芽后的幼苗根系不能和土壤密切结合而枯死。播种地还要求平坦,这样灌溉均匀,降雨时不会因低洼处积水而影响苗木生长。

(2)上松下实。

播种地整好后,应为上松下实。上松有利于幼苗出土,减少下层土壤水分的蒸发;下实可使种子处于毛细管水能够达到的湿润土层中,以满足种子萌发时所需要的水分。上松下实为种子萌发创造了良好的土壤环境。为此,播种前松土的深度不宜过深,应等于大、中、小粒种子播种的深度,土壤过于疏松时,应进行适当的镇压。在春季或夏季播种,土壤表面过于干燥时,应播前灌水(俗称洇床)或播后进行喷水。

2　种子的预处理

播种前进行种子处理是为了提高种子的场圃发芽率,使出苗整齐,促进苗木生长,缩短育苗期限,提高苗木的产量和质量。

2.1　种子精选和晾晒

为提高种子的纯度,播种前按种粒的大小加以分级,分别播种,使发芽迅速、出苗整齐,便于管理。种子精选一般选用水选、筛选、风选等方法。

对欲播种的种子进行晾晒消毒,可以激活种子的生活力,提高发芽率,并使苗木生长健壮、出苗整齐。

2.2　种子消毒

播种前对种子进行消毒,既可杀虫防病,又能预防保护。杀虫防病是指杀死种子本身所带的病菌和害虫,使种子在土壤中免遭病虫的危害。种子消毒一般采用药剂拌种或浸种的方法。

(1)硫酸铜、高锰酸钾溶液浸种。

此法适用于针叶树及阔叶树种子杀虫消毒。用硫酸铜溶液进行消毒,可用 0.3% ~ 1% 的溶液,浸种 4 ~ 6h;若用高锰酸钾消毒,则用 0.5% 溶液浸种 2h,或用 5% 溶液浸种 30min。但对催过芽的种子以及胚根已突破种皮的种子,不能用高锰酸钾消毒。

(2)甲醛(福尔马林)浸种。

一般用于针叶树及阔叶树种子消毒。在播种前 1 ~ 2h,用 0.15% 的甲醛溶液浸种 15 ~ 30min,取出后密闭 2h,再将种子摊开阴干即可播种。

(3)药剂拌种。

赛力散(磷酸乙基汞)拌种:此法适用于针叶树种子,一般于播种前 20d 进行拌种,每千

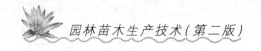

克种子用药2g,拌种后密封贮藏,20d后进行播种,既有消毒作用,也起防护作用。

西力生(氯化乙基汞)拌种:此法适用于松柏类种子,消毒效果好,且有刺激种子发芽的作用,用法及作用与赛力散相似,每千克种子用药1~2g。

(4)升汞(氯化汞)浸种。

此法适用于松柏类及樟树等种子,用升汞进行种子消毒,一般用0.1%溶液浸种15min。

(5)五氯硝基苯混合剂施用或用敌克松拌种。

目前常以五氯硝基苯和敌克松(对二甲氨基苯重氮磺酸钠)以3:1的比例配合,结合播种施用于土壤,施用量为2~6g/m²,也可单用敌克松粉剂拌种,用药量为种子重的0.2%~0.5%,对防止松柏类树种的立枯病有较好效果。

(6)石灰水浸种。

用1%~2%的石灰水浸种24~36min,对于杀死落叶松种子病菌有较好效果。

种子消毒过程中,应特别注意药剂浓度和操作安全,对胚根已突破种皮的种子进行消毒易使其受伤。

2.3 接种工作

(1)根瘤菌剂。

根瘤菌能固定大气中的游离氮以满足苗木对氮的需要。豆科树种或赤杨类树种育苗时,需要接种根瘤菌剂。方法是将根瘤菌剂撒在种子上,充分搅拌后随即播种。

(2)菌根菌剂。

菌根菌能供应苗木营养,代替根毛吸收水分和养分,促进生长发育,这在苗木幼龄期尤为重要。通过接种可以促进吸收,从而提高苗木质量。菌剂的使用方法是将菌剂加水拌成糊状,拌种后立即播种。

(3)磷化菌剂。

幼苗在生长初期很需要磷,而磷在土壤中易被固定,因此可用磷化菌剂拌种后再行播种。

2.4 种子催芽

为了播种后能达到出苗快、齐、匀、全、壮的标准,最终提高苗木的产量和质量,一般在播种前需要进行催芽处理。种子的催芽就是通过人为的调节和控制种子发芽所必需的外界环境条件,促进酶的活动,以满足种子内部所进行的一系列生理生化反应,增加呼吸作用,转化营养物质,促进种胚的营养生长,达到使种子尽快萌发的目的。通过催芽处理可大大提高种子发芽率,缩短发芽时间,使种子出苗整齐;同时可减少播种量,节约种子成本;还有利于种苗的统一抚育管理。常用催芽方法有:

(1)清水浸种。

催芽原理:种子吸水后种皮变软,种体膨胀,打破休眠,刺激发芽。生产上有冷水、温水或热水浸种三种方法。

① 冷水浸种:经过干藏的种子,在播前或其他处理前要浸种。杨、柳、泡桐、榆等小粒种,浸种24~48h;种皮坚硬的如核桃要浸种1周左右。浸种宜用流水。

② 温水浸种:适用于种皮不太坚硬、含水量不太高的种子,如桑、悬铃木、泡桐、合欢、油松、侧柏、臭椿等。浸种水温以40℃~50℃为宜,用水量为种子体积的5~10倍。种子浸

入后搅拌至水凉,每浸12h后换一次水,浸泡1~3d,种子膨胀后捞出晾干。

③热水浸种:适用于种皮坚硬的种子,如刺槐、皂荚、元宝枫、枫杨、苦楝、君迁子、紫穗槐等。浸种水温以60℃~90℃为宜,用水量为种子体积的5~10倍。将热水倒入盛有种子的容器中,边倒边搅,一般浸种约30s(小粒种子5s),很快捞出放入4~5倍凉水中搅拌降温,再浸泡12~24h。

(2)机械损伤法。

对于种皮致密坚硬的种子,置于机械中或用其他方法使种皮擦伤,增加种子的透水透气能力,从而促进发芽。常将种子与粗沙、碎石等混合搅拌(大粒种子可用搅拌机进行),以磨伤种皮。例如,将油橄榄种子顶端去除后播种,可以获得较好的发芽率。种子数量多时,最好用机械破种。

(3)酸、碱处理。

把具有坚硬种壳的种子浸在有腐蚀性的酸、碱溶液中,经过短时间处理,使种壳变薄,增加透过性,促进发芽。常用的药品有浓硫酸、氢氧化钠等,生产上常用95%的浓硫酸浸10~120min,或用10%的氢氧化钠溶液浸24h左右。浸泡时间依不同种子而定,浸后必须用清水冲洗干净,以防影响种胚萌发。

(4)层积处理。

层积处理又称层积沙藏(方法见本书项目二的任务1中任务实施部分5)。当种子裂嘴露白达30%以上时即可播种。

(5)其他处理。

除以上常用的催芽方法外,还可用微量元素或无机盐处理种子进行催芽,使用药剂有硫酸锰、硫酸锌等,也可用有机药剂和生长素处理种子,如酒精、胡敏酸、酒石酸、对苯二酚、萘乙酸、吲哚乙酸、吲哚丁酸、2,4-氯苯氧乙酸、赤霉素等(表3-1)。有时也可用电离辐射处理种子,进行催芽。

表3-1　赤霉素溶液浸种及效果

树　　种	浓　　度	效　　果
落叶松、松树	0.001%溶液浸种24h	苗木生长比对照提高29.15%;根重为9.7mg,对照为6.9mg
黄菠萝、紫椴	0.01%~0.02%溶液浸种24h	提高发芽率
红松、水曲柳	0.01%~0.02%溶液浸种24h	提高发芽率,且发芽整齐
桑、美国白蜡	0.02%溶液浸种24h	提高发芽率,且提高了抗性
欧洲落叶松	0.005%溶液浸种24h	提高发芽率

2.5　防鸟防鼠处理

播前用磷化锌、敌鼠钠盐拌种,以防鸟类及鼠类危害。采用鼠鸟忌食剂附在植物种子或小树苗上,可驱避鼠鸟取食种子,防鼠咬小树苗,并能促进种子发芽。该方法成本低,药效稳定,环境污染小。

3 播种

播种工作包括画线、开沟、播种、覆土、镇压五个环节。这些工作的质量和配合的好坏，直接影响播种后种子的发芽率、发芽势以及苗木生长的质量。

3.1 画线

播种前画线定出播种位置，目的是使播种行通直，便于抚育和起苗。

3.2 开沟与播种

开沟与播种两项工作必须紧密结合，开沟后应立即播种，以防播种沟干燥，影响种子发芽。播种沟宽度一般为 2～5cm，如采用宽条播种，可依其具体要求来确定播种沟宽度，播种沟的深度与覆土厚度相同（见"覆土"部分）。在干旱条件下，播种沟底应镇压，以促使毛细管水的上升，保证种子发芽所需的水分。在下种时一定要使种子分布均匀。对极小粒种子（如杨、柳类）可不开沟，混沙直接播种。

3.3 覆土

覆土是播种后用土、细沙等覆盖种子，以保护种子能得到发芽所需的水分、温度和通气条件，又能避免风吹、日晒、鸟兽等的危害，播后应立即覆土。为保持适宜的水分与温度，促进幼苗出土，覆土要均匀，厚度要适宜。一般覆土厚度为种子直径的 1～3 倍，过深、过浅都不适宜，过深幼苗不易出土，过浅土层易干燥。

覆土的厚度对幼苗的出土有着明显的影响，不同覆土厚度，其种子发芽情况不同，因此，要正确确定覆土厚度，主要依据下列条件：

（1）树种生物特性：大粒种子宜厚，小粒种子宜薄；子叶出土的可厚，子叶不出土的宜薄。

（2）气候条件：干旱条件宜厚，湿润条件宜薄。

（3）覆土材料：疏松的宜厚，否则宜薄。

（4）土壤条件：沙质土壤略厚，黏重土壤略薄。

（5）播种季节：一般春、夏播种的覆土宜薄，北方秋播宜厚。

3.4 镇压

为使种子与土壤紧密结合，保持土壤中水分，播种后用石磙轻压或轻踩一下，尤其对疏松土壤很有必要。

以上各项操作程序目前一般均为人力手工操作，采用机械进行播种是今后大面积育苗的方向。机械化播种具有以下优点：工作效率高，节省劳力，降低成本，能保证适时早播，不误农时；可使开沟、播种、覆土、镇压等工序同时完成，减少播种沟内水分的损失；覆土厚度适宜，种子分布均匀，出苗整齐，提高了播种质量。

4 播种后的管理

为了给苗木生长发育提供良好的栽培环境，使苗木生长健壮，及早达到苗木规格，促使苗木提前出圃和提高出圃率，必须对苗期实行科学、有效的管理。

4.1 出苗前圃地的管理

从播种时开始到出土为止，这期间播种地的管理工作主要是：覆盖保墒、灌溉、松土、除草、防鸟兽等。

（1）覆盖保墒。

播后对播种地要进行覆盖，可防止表土干燥、板结，减少灌溉次数，并防鸟害。特别对小粒种子,覆土厚度在1cm以内的树种都应该加以覆盖。

覆盖材料应就地取材、经济实用,以不妨碍幼苗出土、不给播种地带来病虫害和杂草种子为前提。现用的覆盖材料有塑料薄膜、秸秆、竹帘、锯末、苔藓以及松树、云杉的枝条等。播种后及时覆盖,在种子发芽、幼苗大部分出土后,要分期、分批撤除,同时适当灌水,以保证苗床中的水分。

(2)灌溉。

播种后由于气候条件的影响或出苗时间较长,易造成床面干燥,妨碍种子发芽,应适当补充水分。对不同树种,覆土厚度不同,灌水的方法和数量也不同。在土壤水分不足的地区或季节,对覆土厚度不到2cm又不加任何覆盖的播种地要进行灌溉。播种中、小粒种子,最好在播前灌足底水,播后在不影响种子发芽的前提下尽量不灌水或减少灌水次数。要注意的是:水分过多易使种子腐烂;灌溉用细雾喷水,以防冲走覆土或冲倒幼苗。

(3)松土、除草。

土壤板结会大大降低场圃发芽率,因此要及时松土。如发生杂草,应及时用除草剂或人工除草。除草与松土应结合进行。

4.2　苗期管理

苗期管理是从播种后幼苗出土,一直到冬季苗木生长结束,对苗木及土壤进行管理,如遮阴、间苗、截根、灌溉、施肥、中耕、除草、病虫害防治等。

(1)遮阴。

遮阴可使苗木不受阳光直接照射,可降低地表温度,防止幼苗遭受日灼危害,保持适宜的土壤温度,减少土壤和幼苗的水分蒸发,同时起到了降温保墒的作用。一般树种在幼苗期都不同程度地喜欢庇荫环境,特别是喜阴树种,如云杉、红松、白皮松等松柏类及小叶女贞、椴树、含笑等阔叶树种都需要遮阴,防止幼苗灼伤。一般可用苇帘、竹帘设活动阴棚,帘子的透光度依当地条件和树种的不同而异,透光度以50%～80%较宜,阴棚一般高40～50cm,每日上午9时至下午5时左右进行放帘遮阴,其他早晚弱光时间或阴天可把帘子卷起。苗木受弱光照射,可增强光合作用,提高幼苗对外界环境的适应能力,促使幼苗生长健壮。也可采用插荫枝或间种等办法进行遮阴。

(2)间苗和补苗。

间苗是为了调整幼苗的疏密度,使苗木之间保持一定的间隔距离,保持一定的营养面积、空间位置和光照范围,使根系均衡发展,苗木生长整齐健壮。间苗次数应依苗木的生长速度确定,一般间苗1～2次即可。速生树种或出苗较稀的树种,可行一次间苗,即为定苗,一般在幼苗高度达10cm时进行间苗。对生长速度中等或慢长树种,出苗较密的,可行两次间苗,第一次间苗在幼苗高达5cm时进行,当苗高达10cm时再进行第二次间苗,即为定苗。间苗的数量应按单位面积的产苗量的指标进行留苗,其留苗数可比计划产苗量增加5%～15%,作为损耗系数,以保证产苗计划的完成。但留苗数不宜过多,以免降低苗木质量。间苗时,应间除有病虫害的、发育不正常的、弱小的、徒长的劣苗以及过密苗。补苗工作是补救缺苗断垄的一项措施,是弥补产苗数量不足的方法之一。补苗时期越早越好,以减少对根系的损坏,早补不但成活率高,且后期生长与原来苗无显著差别。补苗可结合间苗同时进行,最好选择阴天或傍晚,以减少强光的照射,防止萎蔫。

（3）截根和幼苗移栽。

一般在幼苗长出 4~5 片真叶，苗根尚未木质化时进行截根。截根深度以 10~15cm 为宜，可用锐利的铁铲、斜刃铁片进行，将主根截断。目的是控制主根的生长，促进苗木的侧根、须根生长，加速苗木的生长，提高苗木质量，同时也提高移植后的成活率。截根适用于主根发达、侧根发育不良的树种，如核桃、橡栎类、梧桐、樟树等。

结合间苗进行幼苗移栽，可提高种子的利用率。对珍贵或小粒种子的树种，可进行苗床育苗或室内盆播等，待幼苗长出 2~3 片真叶后，再按一定的株、行距进行移植，移栽的同时也起到了截根的效果，促进了侧根的发育，提高了苗木质量。幼苗移栽后应及时进行灌水和给以适当遮阴。

（4）中耕除草。

中耕即为松土，其作用在于疏松表土层，增加土壤保水蓄水能力，减少水分蒸发，促进土壤空气流通，加速微生物的活动和根系的生长发育，加速苗木生长，提高苗木质量。中耕和除草二者相结合进行，但意义不同，操作上也有差异。一般除草较浅，以能铲除杂草、切断草根为度；中耕则在幼苗初期浅些，以后可逐渐增加达 10cm。在干旱或盐碱地，雨后或灌水后都应进行中耕，以保墒和防止返碱。

（5）灌水与排水。

灌水和排水就是调节土壤湿度，使之满足不同树种在不同生长时期对土壤水分的要求。

出土后的幼苗组织嫩弱，对水分要求严格，略有缺水即易发生萎蔫现象，水大又会发生烂根涝害，因此幼苗期间灌水工作是一项重要的技术措施。灌水量及灌水次数应根据不同树种的特性、土质类型、气候季节及生长时期等具体情况来确定。一些常绿针叶树种，性喜干、不耐湿，灌水量应小；也有些阔叶落叶树种，水量过大易发生黄化现象，如山楂、海棠、玫瑰及刺槐等。在土质和季节上，沙质土比黏质土灌水量要大，次数要多；春季为多风季节，气候干旱，比夏季灌水量要大，次数要多。

幼苗在不同的生长时期对水的需求量也不同。生长初期，幼苗小、根系短浅，需水量不大，只要经常保持土壤上层湿润，就能满足幼苗对水分的需要，因此灌水量宜小，但次数应多。在速生期，苗木的茎、叶急剧生长，蒸腾量大，对水量的吸收量也大，故灌水量应大，次数应增多。生长后期，苗木生长缓慢，即将进入停止生长期，正是充实组织、枝干木质化、增加抗寒能力阶段，应抑制其生长，要减少灌水、控制水分、防止徒长。

灌水方法目前多采用地沟灌水，床灌时要注意防止冲刷，灌水时进水量要小，水流要缓；高垄灌水让水流入垄沟内，浸透垄背，不要使水面淹没垄面，防止土面板结。有条件的地区可采用喷灌。喷出的水点要细小，防止将幼苗砸倒、根系冲出土面或将泥土溅起，污染叶面，妨碍光合作用的进行，致使苗木窒息枯死。

（6）施肥。

肥料的种类很多，可分为有机肥料和无机肥料两大类。有机肥料如人粪尿、绿肥、堆肥、饼肥、垃圾废弃物等，一般营养元素全面，故称完全肥料。无机肥料包括各种化肥、微量元素肥（铁、硼、锰、镁等），一般成分单纯、含量高、肥效快，又称矿质肥料。另外，有一些细菌和真菌在土壤中活动或共生，供给植物所需的营养元素，刺激植物生长，与其他肥料具有同样的效能,这些被称为细菌肥料,如根瘤剂、固氮菌剂、磷化菌剂等。

施肥的时间分基肥和追肥两种。基肥多随耕地时施用,以有机肥料为主,适当配合施用不易被土壤固定的矿质肥料如硫酸铵、氯化钾等。也可在播种时施用基肥,称种肥。种肥常施用腐熟的有机物或颗粒肥料,撒入播种沟中或与种子混合在播种时一并施入。苗木在生长初期对磷敏感,用颗粒磷肥作种肥最为适宜。施用追肥的方法有土壤追肥和根外追肥两种。根外追肥是利用植物的叶片能吸收营养元素的特点而采用液肥喷雾的施肥方法。对需要量不大的微量元素和部分化肥用根外追肥的效果较好,既可减少肥料流失,又可收效迅速。在根外追肥时,应注意选择适当的浓度,一般微量元素浓度采用0.1%~0.2%,一般化肥采用0.2%~0.5%。

不同的树种在不同的生长时期所需肥料的种类和肥量差异很大。苗木的生长期中氮的吸收比磷、钾都多,所以应在速生期施大量氮肥;在秋初以后,为了防止苗木徒长,应停止施氮肥,以利安全越冬。

（7）病虫害防治。

对苗木生长过程中发生的病虫害,其防治工作必须贯彻"防重于治"和"治早、治小、治了"的原则,以免扩大成灾。

① 栽培技术上的预防:实行秋耕和轮作;选用适宜的播种时期;适当早播,提高苗木抵抗力;做好播种前的种子处理工作。合理施肥,精心培育,使苗木生长健壮,增强对病虫害的抵抗能力。施用腐熟的有机肥,以防病虫害及杂草的滋生。在播种前,使用甲醛等对土壤进行必要的消毒处理。

② 药剂防治和综合防治:苗木的病害常见的有猝倒病、立枯病、锈病、褐斑病、白粉病、腐烂病、枯萎病等,虫害主要有根部害虫、茎部害虫、叶部害虫等,当发现后要注意及时进行药物防治。

③ 生物防治:保护和利用捕食性、寄生性昆虫和寄生菌来防治害虫,可以达到以虫治虫、以菌治病的效果,如用大红瓢虫可有效地消灭苗木中的吹绵介壳虫,效果很好。

（8）御寒防冻。

苗木的组织幼嫩,尤其是秋梢部分,入冬时不能完全木质化,抗寒力低,易受冻害;早春幼苗出土或萌芽时,也最易受晚霜的危害,要注意苗木的防冻。

适时早播,可延长苗木生长期,促使苗木生长健壮;在生长后期多施磷、钾肥,减少灌水,促使苗木及时停长,枝条充分木质化,可提高组织抗寒能力。冬季用稻草或落叶等把幼苗全部覆盖起来,次春撤除覆盖物;入冬前将苗木灌足冻水,增加土壤湿度,保护土壤温度。注意灌冻水不宜过早,一般在土壤封冻前进行,灌水量也要大。另外,可结合翌春移植,将苗木在入冬前掘出,按不同规格分级埋入假植沟或在地窖中假植,可有效防止冻害。

（9）轮作换茬。

在同一块圃地上,用不同的树种,或用苗木与农作物、绿肥等按照一定的顺序和区域划分进行轮换种植的方法称为轮作,又称换茬。轮作可以充分利用土壤的养分,增加土壤中的有机质,提高土壤肥力,加速土壤熟化,同时有利于消除杂草和病虫害的中间寄主,有利于控制病虫害的滋生蔓延。所以,在制订育苗计划时,应尽可能合理调换各树种的育苗区,或轮作一些绿草,或种植豆科作物,以提高圃地的土壤肥力。

 评分标准

序号	项目与技术要求	配分	检测标准	实测记录	得分
1	播种量计算正确	20	不正确全扣		
2	播种地准备	10	平整、细碎,不符合每个扣5分,扣完为止		
3	种子预处理	10	不符合每个扣2分,扣完为止		
4	播种过程	30	不符合每个扣5分,扣完为止		
5	播后管理	30	不符合每个扣3分,扣完为止		
	合　计	100	实际得分		

📖 **知识链接**

1　播种时期

确定播种时期是育苗工作的重要环节之一。播种时期直接影响到苗木的质量、幼苗对环境条件的适应能力、土地的利用效率、苗木的养护管理措施以及出圃年限和出圃质量。适宜的播种时期能促使种子提早发芽,提高发芽率,使种子出苗整齐,生长健壮,增强抗逆能力,节省土地、人力和财力,提高生产效率和经济效益。播种期主要根据树种的特性和育苗地的气候特点确定。我国南方全年均可播种,北方因冬季寒冷,露地育苗则受到一定限制,确定播种期应以保证幼苗能安全越冬为前提。生产上,播种季节常在春、夏、秋三季,以春季和秋季为主。如果在设施内育苗,北方也可全年播种。

1.1　春季播种

绝大多数园林植物都可在春季播种。春播应做好种子的贮藏和催芽工作,以保证出苗。春播时间宜早,但以幼苗出土后不受晚霜和低温的危害为前提,当土壤解冻后,及时进行整地播种,在生长期较短或干旱地区更为重要。实践证明,春季早播可增加生长时间,使出苗早而整齐,生长健壮,在炎热的夏季到来之前苗木可木质化,增加抗病、抗旱的能力,提高苗木的产量和质量。但对晚霜危害比较敏感的树种,如刺槐、臭椿等则不宜过早播种,应考虑使幼苗在晚霜后出土,以防晚霜危害。

各地的春播时间,一般在气候较暖的南方地区多在3月进行,很多地方2月即可开始播种;在华北、西北地区多在3月下旬至4月中旬为好。要根据当时当地的具体气候条件来确定播种的适宜起止时间。

1.2　秋季播种

秋季是一个重要的播种季节,一般除种粒很小和含水量大而易受冻害的种实之外,多数园林树木种子都可以在秋季播种,尤其是白蜡、红松、水曲柳、椴树等一些休眠期比较长的种子或栎类、板栗、胡桃楸、文冠果、山桃、山杏、榆叶梅等大粒种子或种皮坚硬、发芽较慢的种子,都可进行秋播。秋播可使种子在圃中通过休眠期,完成播种前的催芽阶段,翌年春天幼苗出土早而整齐,幼苗生长健壮,成苗率高,增加抗寒能力,不仅减免了种子的贮藏和催芽处理,又减缓了春季作业繁忙、劳力紧张的矛盾。由于秋播出苗早,要注意防止晚霜的危害。

适宜秋播的地区很广,特别是华北、西北、东北等春季短而干旱且有风沙的地区更宜秋播。但是鸟兽危害严重或冬季极度寒冷地区应避免秋播。秋播的时间依树种特性和当地的气候条件的不同而异。对长期休眠的种子应适当地早播,可随采随播;一般树种秋播时间不宜过早,多于晚秋进行,以防播后当年秋季发芽,幼苗遭受冻害。

1.3 夏季播种

夏季播种适合在春夏成熟而又不宜贮藏或者生活力较差的种子,如杨、柳、桑、榆、桦木、玉兰、蜡梅等,一般在种子成熟后随采随播。夏季气温高,土壤水分易蒸发,表土干燥,不利于种子的发芽,尤其是在夏季干旱地区更为严重,因此覆草保墒,在雨前进行播种或播后灌一次透水,这样浇透底水有利于种子的发芽。播后要加强管理,适时灌水,保持土壤湿润,降低地表温度,促进幼苗生长。因此,播种后的遮阴和保湿工作是育苗能否成功的关键。

1.4 冬季播种

冬播实际上是春播的提前,秋播的延续。在我国南方冬天气候温暖,雨量充沛,适宜冬播。例如,福建、两广地区的杉木、马尾松等常在初冬种子成熟后随采随播,这样发芽早、扎根深,可提高苗木的生长量和成苗率,幼苗的抗旱、抗寒、抗病等能力强,生长健壮。

另外,有些植物如非洲菊、报春、大岩桐、蜡梅、白玉兰、广玉兰、枇杷等,因种子含水量高,失水后容易丧失发芽力或寿命缩短,采种后最好随即播种。部分园林树木播种期如表3-2所示。

表3-2 部分园林树木播种期

播种时期	植 物 名 称
春季	红松、华山松、白皮松、落叶松、马尾松、水杉、柳杉、冷杉、云杉、侧柏、泡桐、楠木、香椿、国槐、刺槐、合欢、椴木、臭椿、黄连木、女贞、七叶树、栾树、元宝枫、栎类、银杏、山桃、山杏、沙枣、梧桐、蜡梅、杜鹃、苏铁、木槿、蒲葵、天目琼花等
夏季 (随采随播)	杨、柳、榆、桑、枇杷等
秋季 (及初冬)	圆柏、银杏、栎类、枫杨、核桃、蜡梅、棕榈、黄连木、七叶树、栾树、海棠、山桃、山楂、玉兰、广玉兰、梧桐、沙枣、南天竹、牡丹、茶花、天目琼花等

2 乐昌含笑(*Michelia chapensis* Dandy)播种育苗技术

2.1 种子的准备

乐昌含笑开花期为4月,果熟期从9月下旬至10月上旬,聚合果呈紫红色,长约10cm,种子呈卵形或长椭圆状卵形,外种皮为红色。采种宜选择20~40年生的健壮母树,采下的聚合果摊在阴凉通风的室内后熟,待果壳自然开裂后取出种子;或把采下的果实放在室外摊晒数天再移放室内,开裂后取出种子。当种子外的红色假种皮软化后,放在清水中擦洗干净,放在室内摊放数天后用湿沙贮藏。如发现有霉烂变质种子,应立即翻沙消毒,捡去坏种子。乐昌含笑种子的千粒重一般为104~121g。

2.2 播种土地的准备

有条件的可在室内苗床上播种,也可在室外排灌条件较好的苗圃地上播种,以深厚、肥

沃的沙质壤土为好。播种前应进行细致整地,疏松表土,清除杂草,平整土地。同时可加入迟效性有机肥料如堆肥、厩肥、绿肥等作基肥,也可加入少量氮肥和部分磷、钾肥。

2.3　播种方法

在室内或温暖地区,可于早春2月播种。在室外或寒冷地区,一般在3月土壤解冻后播种。播种前可用40℃以下温水将种子浸泡12～24h,使其吸足水分,加快种子萌芽速度,并可使出苗整齐。

根据种植者育苗目的不同,可采用不同的播种方法。如果种植者准备在幼苗期出售种苗或分床移植,可采用撒播法,即在苗床上全面均匀地进行播种。如果种植者不准备出售种苗或不准备当年移植,可采取条播法,即在苗床上按一定距离开沟,将种子均匀撒在沟内。一般条宽5cm,条距25cm,播种沟深1.5～2.0cm,种子播下后覆土1～2cm,并浇透水。苗床上加盖一层稻草以保持苗床湿度,以后根据种子出土的先后采取分次揭草。

2.4　苗木抚育管理技术

（1）出苗期抚育管理。

乐昌含笑播种后20～30d就可萌发,出苗期持续15～20d。育苗的关键是要为种子发芽和幼苗出土提供良好的环境条件,满足种子发芽所需的水分和通气条件。但苗床不可过湿或积水,否则会造成通气不良,影响种子发育,并造成种子腐烂。此时不需要施肥。

（2）幼苗期抚育管理。

幼苗期持续时间约为20d,此时苗木仍很幼嫩,对外界不良条件抵抗能力弱,死亡率很高。要采取措施防止干旱、水涝、高温、低温等不良现象,适当遮阴,及早除草松土,注意防治病虫害。幼苗期对养分的需要量不多,但如果能适量追施稀薄的氮、磷肥,则能提高苗木质量。早春播种的乐昌含笑,幼苗期一般在4～5月,此时的气候条件优良,比较合适苗木移植。苗床上撒播的种苗现已比较密,需在这一时期进行销售或分床移植。在大田苗圃条播的也要利用有利的气候条件,及时做好间苗和定苗工作,利用一部分间拔幼苗进行移植和补苗。间苗后需进行灌溉。

（3）生长盛期抚育管理。

乐昌含笑的生长盛期从5月中旬开始到10月中旬止,其中5～7月初有一生长高峰,苗木高度可达20～25cm;7～8月处于夏季高温干旱期,生长缓慢;9～10月又出现一个生长高峰,平均高度可长至30cm左右。乐昌含笑生长盛期的苗木发育状况基本上决定了苗木质量。期间影响苗木生长发育的外界因素主要是气温、土壤水分和养分。可搭建阴棚以防叶片被强烈的阳光灼伤。干旱炎热时要及时灌溉,梅季多雨时要及时排涝。乐昌含笑忌土壤积水,如涝害持续1d以上,会引发苗木高死亡率。另外,要做好松土、除草、防治病虫害等工作,除7～8月的生长缓慢期外,前后两个高速生长期应追肥。

（4）生长后期抚育管理。

在生长后期,苗木生长缓慢并最终停止,但粗生长仍将持续一段时间。苗木的地上和地下部分木质化程度增加,对低温和干旱的抵抗力提高。这一时期要停止一切促进苗木生长的措施,如追肥、除草、松土等,防止苗木徒长,促进木质化,以形成健壮的顶芽,提高苗木越冬能力。乐昌含笑大苗抗冻能力较强,但一年生苗抗低温能力较弱,易受霜冻,需要采取一些防寒保暖措施,如用稻草、麦秆或塑料薄膜把苗木覆盖起来。

2.5　主要病虫害及其防治

应以预防为主,做好土壤及覆盖物的消毒,防止苗床积水,提高育苗技术,加强苗圃经营管理。一旦发生病虫害,要及时用药物治理。乐昌含笑育苗期间主要有猝倒病和地老虎危害。

（1）猝倒病。

又称立枯病,主要发生在幼苗出土两个月内,或幼苗期移植后半个月内。病菌自根部侵入,产生褐色斑点,病斑扩大,呈水渍状,组织坏死,使苗木迅速倒伏。当圃地积水、覆土过厚、表土板结、地表温度过高时容易发病。防治时,可用0.5%波尔多液喷射苗木茎叶,喷后用清水洗苗。

（2）地老虎。

主要是夜蛾类或蝼蛄类的幼虫,白天潜伏土中,夜间出土活动,咬食未出土的种芽,或将幼苗从地面基部咬断,也会爬至苗木上部咬食嫩茎和幼芽,影响幼苗生长。防治时,要清除杂草,杀灭虫卵,防止杂草上的幼虫转移到幼苗上危害。早晨可在苗圃地缺苗或断苗的周围,将土扒开捕捉幼虫;用90%敌百虫1000倍稀释液或20%乐果乳油300倍稀释液喷雾杀虫。

 课后任务

各学习小组在完成课上播种任务后,在课后按种子播后管理工作要求做好苗木抚育管理,促进优质健壮苗木的形成。

任务 2　容器播种育苗

 任务目标

了解各类基质的性能,能够正确配制基质;熟悉各类容器的特点,能够利用穴盘、美植袋、控根容器等进行育苗;掌握苗木栽后管理要点,能够进行上盆后的管理。

 任务提出

容器育苗就是将培养土或培养基质装入器皿内繁育苗木的方式。很早以前,我国的园林苗圃就使用瓦盆、木桶、木箱等容器进行珍贵花木的繁育工作。现代意义上的容器育苗始于20世纪50年代中期,在北欧等发达国家最先推广使用。我国目前的容器育苗占育苗总量的比例仍远低于发达国家,有着很大的发展空间。尤其是近几年容器育苗的推广与设施育苗的发展相结合,为提高我国育苗工作的科技含量与苗木品质发挥了巨大的作用。特别在反季节绿化施工工程中容器苗具有不可替代的优势。

任务分析

容器育苗。

相关知识

1 容器育苗的特点

1.1 容器育苗的优点

（1）容器育苗的生产不受土壤条件的限制，能够利用盐碱地、低洼地、荒滩等不适合地栽的土地资源进行苗木生产，因而降低了苗圃的土地使用成本。

（2）容器育苗常与设施栽培相结合，使苗木生长的环境条件经人为调控后更符合苗木的需要，苗木的培育周期更短、品质更好，在市场竞争中更有利于创立苗圃的品牌。

（3）容器育苗移植时不需修剪，是全根全苗，苗木移植成活率更高，缓苗时间短，能更快地表现绿化及景观效果。

（4）容器育苗的出圃不受季节限制，特别适于工期紧张的绿化项目。

（5）在容器育苗的培育过程中，不需进行截根、起苗等工作，节省了人工；移植后，成活率高，养护费用低，降低了绿化成本。

（6）容器育苗的出圃不会造成苗圃耕作层土壤的大量损失，更有利于苗圃生产的可持续发展。

（7）容器育苗的培育，有利于无土栽培的推广，可以解决苗木出口的带土问题和苗木检疫问题，因而有利于发展外向型、出口型的苗木生产。

1.2 容器育苗的缺点

（1）容器育苗技术复杂，管理更为精细、费工。

（2）苗木的根系受到容器的限制，不如大田育苗舒展，有时会形成畸形根系。

（3）容器育苗的基质总量少，温度变化快，更容易受到高温或低温的伤害。

2 常用的育苗容器

2.1 单体容器

生产上单独使用，主要用作播种或育苗。常见的有：瓦盆、木桶、竹编容器、塑膜钵、塑料钵、纸钵、营养钵及铁丝编织的容器等。其中，瓦盆、木桶和竹编容器是传统的育苗容器，价格便宜，目前仍然应用广泛。由于瓦盆口径越大越容易破碎，一般用于播种和培育小规格苗木。木桶和竹编容器可以用来培育大规格苗木。

塑膜钵由聚乙烯薄膜压制而成，是目前培育小规格苗木广泛应用的容器。

塑料钵、纸钵、营养钵既可进行无土栽培，也可进行容器育苗（图3-1）。

铁丝编织的容器是美国近几年发展起来的一种培育大规格苗木的容器。上口径大于下口径，直径为30～60cm，高20～40cm。其由3～4个在水平方向上错落分布的同心铁丝圈和两到三个倒"U"形铁丝焊接而成。使用时，在容器内铺上麻布片，装填基质后种植苗木。

近年来，又有不少新型的容器出现，如轻基质无纺布育苗容器、美植袋、控根容器等（图3-2、图3-3）。

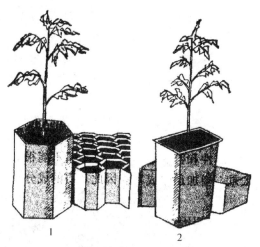

1. 蜂窝纸杯　2. 塑料容器

图 3-1　单体容器

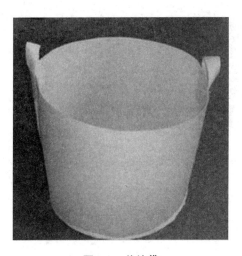

图 3-2　美植袋

图 3-3　控根容器

　　无纺布育苗袋采用比较薄的纺粘无纺布制作而成,厚度一般在 0.5mm 以下,具有透气透水的特点,可以防止幼苗烂根,还能保肥、保湿,育出来的苗不需要经过处理就能直接种植,幼苗出土后会爆发性生根,同时地上部分直接猛长。容器底面最好摆放到架空托盘里,以便底部空气修根,同时便于集约化管理。

　　美植袋又称环保植树袋(planting green bag)、澳洲非编织聚丙烯(non woven polypropylene)。该材料具有最佳的透水透气性,并能有效地控制植株根系的生长,能够自然断根。美植袋规格:直径有 10 英寸(25cm)、12 英寸(30cm)、14 英寸(35cm)、16 英寸(40cm)、18英寸(45cm)、21 英寸(53cm)、24 英寸(60cm)等;高度有 25cm、29cm、31cm、33cm、36cm、38cm、42cm 等;成株树干直径有 3～5cm、4～6cm、5～8cm、6～9cm、8～12cm、9～14cm、10～16cm 等;土球重量有 15kg、22kg、40kg、50kg、70kg、110kg、140kg 等。

　　控根容器由聚乙烯材料制作,由侧壁、插杆(或螺栓)和底盘 3 个部件组成。使用时将各部件组装起来即可,在大规格苗木生产实践中一般情况下不使用底盘。底盘为筛状构造,独特的设计形式对防止根腐病和主根的盘绕有独特的功能。侧壁为凹凸相间状,外侧顶端有小孔。当苗木根系向外生长时,由于"空气修剪"作用,促使根尖后部萌发更多新根继续向外向下生长,极大地增加了侧根数量。

2.2　连体容器

每个连体容器由若干个单体容器构成,包括塑料连体育苗盘、泥炭连体育苗盘及纸质连体育苗盘等。育苗盘内单体容器的数量越多,每个单体容器容积就越小,因而容器数量不等的育苗盘适合培育不同规格的苗木(图3-4)。

图3-4　连体容器

3　育苗基质

容器育苗是离地培育,苗木的根系受到容器的限制,培养基质是苗木获得水和营养元素的主要途径。因此,培育基质的品质直接影响到苗木的生长发育。

营养基质应具备以下条件:

(1)基质本身不带有病原体、杂草种子、害虫,不含对苗木生长产生毒害的物质。

(2)密度以0.7kg/L左右为好,重量轻,适于搬运。

(3)总孔隙度在60%～80%为宜,吸水性能好,仍能保持空气孔隙。

(4)不会因温度的变化或水分的干湿交替发生变形、变质或开裂。

(5)本身有一定的肥力,但总的盐分含量低,不会与肥料、农药发生化学反应而改变自身的理化性质。

(6)使用前应进行高温或蒸汽消毒,杜绝土传病害的发生。

目前,国内苗木生产企业所使用的基质大致有以下两种类型:

纯无土基质:使用的原料有泥炭、蛭石、沙、珍珠岩等,不含土壤成分,常见于生产管理较先进的苗木生产企业、保护设施内进行的机械化生产。培育的苗木整齐一致,质优价高。

培养土:以耕作过的熟土或园土为主要原料,添加一些堆肥及人工的基质以改良土壤性状。我国目前的大多数苗木生产企业都属于此类。

任务实施

1 人工育苗

人工操作管理,苗木的品质和整齐度相对较差,但设备投资少,育苗成本低。

育苗开始前,做好准备工作,对育苗用具和基质提前进行消毒。播种前,应将基质填入育苗容器,进行种子预处理,以减少苗期病害的发生。

播种时,先用清水喷湿基质。利用条播或点播方式播种,覆盖一定的基质以保温、保湿,喷水后覆盖塑料薄膜保持基质湿润。

幼苗长出 1~2 片真叶后,进行间苗和补苗,将幼苗移植到较大的种植容器内继续抚育。

2 机械化穴盘育苗

以泥炭、蛭石等轻基质材料进行育苗,利用机械化精量播种,一次成苗。机械化穴盘育苗要求装备自动滴灌、喷水、喷药的设备,自动控温、调湿、通风的设施以及进行基质消毒、搅拌、装填、播种、覆盖、镇压、浇水等一系列作业的机械。

（1）基质消毒机:是一种小型蒸汽锅炉,将蒸汽引入基质后覆盖薄膜熏蒸一定时间,以达到消毒效果。

（2）基质搅拌机:将基质中各种成分混合均匀。

（3）自动精量播种生产线:由穴盘摆放、送料及基质装填、精量播种、覆土和喷淋五个步骤完成播种。

（4）恒温催芽室:具有良好隔热保温性能的箱体,内设加温和摆放穴盘的装置。

3 容器育苗的管理

苗木的生产与环境因素的调控是分不开的。容器育苗是离地栽培方式,生产上常进行保护设施栽培。因此,容器育苗的管理主要是调控保护设施的环境。

容器育苗时有以下几点需要注意:

（1）基质的配制。

配制基质时,应将各种原料充分混合,使之分布均匀、性状一致,以免造成不同容器内干湿程度不同的现象。

（2）播种。

容器育苗的播种一般采用条播或点播方式。种子发芽能力强的或者已经进行预处理的每种植穴内插入 1 粒种子;反之,每穴插入 2~3 粒种子。

（3）施肥。

容器育苗的施肥一般采用基肥为主、追肥为辅的方式。基肥是在配制基质时添加适量的有机肥,以增加土壤中的有机质含量并改善土壤的理化性质。追肥常以结合灌水施用速效肥料的方式进行。

某些微量元素通过土壤追肥效果较差,可配合使用施叶面肥的方法。生物肥料促进苗木生长、提高苗木品质和产量的作用十分明显,施用生物肥料的实质是人工接种菌根真菌。其方法有森林菌根土接种和施用商品菌根肥料。森林菌根土接种是使用已培育过该种苗木的土壤,按容器大小,施入 20~30g;商品菌根肥料应在出苗后施入,随着根系的发育,形成共生关系。

（4）容器苗的安全越冬。

与大田育苗方式相比，容器苗没有土壤保温，如果管理措施不当，就容易受冻害。

苗木根系（而非茎部）的临界温度是苗木能够耐受的最低温度。在很大程度上，这个临界温度是由栽培基质决定的。幼根处于容器的边缘，最容易受冻害。幼根死亡后，老根还可以成活，但苗木生长缓慢，容易发生病害。

生产上，为提高苗木的耐寒能力，常在稍高于受冻害的温度下进行耐寒锻炼。低温季节到来前，应将苗木搬入保温设施内进行越冬养护。春季苗木搬出设施前，也应注意对苗木进行适当的锻炼，以便苗木逐步适应外界的环境。

 评分标准

序号	项目与技术要求	配分	检测标准	实测记录	得分
1	容器选择正确	10	不正确全扣		
2	基质配制	20	比例合理，不正确全扣		
3	育苗用具和基质消毒	10	不正确全扣		
4	播种过程	30	不符合每个扣5分，扣完为止		
5	播后管理	30	不符合每个扣5分，扣完为止		
	合　计	100	实际得分		

知识链接

控根容器育苗

控根容器育苗是在一定条件下，用装有基质的控根容器来栽植苗木的一种快速培育技术。该技术适用于大规格苗木培育与移栽，具有育苗周期短、苗木生根量大、苗木移栽方便、移栽成活率高、可反季节全冠移植等优势。

（1）栽植地的整理。

栽植前需要平整栽植地，并建设取水源，在降雨量较大的区域，相隔一定距离需挖排水沟。

（2）基质配置。

栽培基质分为营养土、无土基质和混合基质。可参考以下配方：火烧土67%、堆肥33%；泥炭土、火烧土、黄心土各1/3；黄心土50%、火烧土48%、过磷酸钙2%。先将按配方准备好的材料粉碎，必要时进行过筛；然后按比例将各种材料混合均匀；配置好的基质放置一段时间，使其中的有机物进一步腐熟；最后进行基质消毒。

（3）苗木栽植前处理。

宜选用名、特、新且价格较高的苗木种类品种。苗木栽植前应进行枝条和根系修剪，把内膛枝、弱枝、病虫枝、老根剪去。苗木的土球规格应根据树种特性、规格大小、土壤条件等具体考虑。要做到适时适树，保持苗木的新鲜度，尽量减少苗木暴露在阳光下的时间，必要时要搭遮阴网。

（4）栽植。

根据土球大小和苗木规格等情况确定控根容器的规格。一般情况下,控根容器的直径要比土球直径大40～50cm。栽植时容器底部先填部分基质,再把苗木放入,边栽边提动,然后压实,确保根系与基质结合紧实。基质不要过满,离容器上边缘5cm左右,以便浇水。华东地区包扎常用的草绳在移植时应去除后再入穴,若不解草绳直接将土球入穴,易因草绳腐烂导致根系受腐。

（5）支撑固定。

容器苗的根系主要集中于容器内,且高出地平面,根系自身不足以固定苗木,特别是有大风的地方。固定苗木一般有以下两种方式:一种是在每排苗木的两端各栽一钢管立柱,中间拉钢丝绳,树干即可固定在钢丝绳上;另一种是在每株苗木的四个角各栽一个立柱(相邻两排苗木可共用立柱),苗木树干上套一环套,用四条钢丝拉向四个方向固定。

（6）灌溉。

用水量一般要大于地栽苗。控根容器苗浇水次数、浇水量要随季节、天气、基质类型、苗木生长情况等灵活掌握。浇水要浇透,避免上湿下干。新栽苗木需水量较大,由于容器四周有通气孔,且基质透水性强,要连续数天浇水,夏天每天早晚各浇一次,必要时进行叶面、树干喷水,但要避免根部积水。灌溉方式一般用喷灌和滴灌两种,若大规模种植,最好采用滴灌或微喷方式。

（7）施肥。

苗木根系在受限的体积内生长,从外部土壤中吸收到的养分较少,主要靠人工施肥来补充营养。日常养护中要及时供给植物需要的养分,有机肥和无机肥要相互结合。在使用化肥的同时,使用一些腐熟的有机肥,不仅能平衡营养,还可提高土壤的肥力和疏松度。对于长势差的苗木,可适当施用叶面肥;对于名优苗木,也可适量补充一些微量元素。

（8）其他管理措施。

控根容器苗木病虫草害与大田苗木基本相同,可按常规方法防治。病虫害防治坚持"预防为主,综合防治"的原则;杂草防治本着"除早、除小、除了"的原则,有条件的情况下可考虑地面铺地布、基质覆盖等措施防草。在有风沙害的地区应设风障;在干旱寒冷地区,不耐霜冻的容器苗要有防寒措施,如树体包裹、根部覆盖等。育苗期若发现容器内基质下沉,须及时补填,以防根系外露及积水。控根容器苗木不要长时间放在土地上,以免根系从容器长出至地下,失去控根作用。

 课后任务

各学习小组在完成课上容器播种任务后,在课后按容器育苗播后管理要求做好苗木抚育管理,促进优质健壮苗木的形成。

项 目 四　园林树木的扦插育苗

任务1 嫩枝扦插育苗

任务目标

能够通过扦插育苗苗床的准备、插穗的采集与处理、扦插及扦插后的管理完成园林树木的嫩枝扦插育苗。

任务提出

扦插繁殖是保持园林树木良种优良性状的重要繁育手段,也是现代种苗生产中快速繁育方法之一。由于遗传特性决定,有些优良树种不能结实,无法用种子繁育;还有的用种子繁育变异较大,容易失去优良性状。新培育得到的良种无性系或优良类型等,采用嫩枝扦插繁育技术,时间短,成苗快。特别是对一些难生根树种和数量少的新品种繁育具有明显的优势,可以使许多珍贵树种和优良品种得以快速繁育和推广。

任务分析

园林苗木嫩枝扦插育苗技术包括:扦插育苗苗床的准备;采用科学的采穗与处理方法;扦插时选用适宜的生根药剂和浓度处理插穗,提高生根率;扦插后采取适时适量地遮阴、通风、调节喷水量、消毒灭菌等措施控制插床生根环境;生根后的营养管理;生根苗的移植、假植或留床越冬等。

相关知识

1　扦插生根的原理与生理基础

1.1　植物的再生能力与不定根的形成

取植物的枝条扦插繁殖的主要任务是诱导不定根。不定根的形成快慢主要取决于植物的再生能力:再生能力强的植物,枝条在生长期内即能形成大量的不定根原基,脱离母体后,遇到适宜的环境条件,短时间内就可形成不定根;再生能力弱的植物,扦插的枝条需在适宜的环境条件下先形成愈伤组织,然后在愈伤组织的基础上进行不定根诱导,促其生根。

1.2　生长素与生根

植物的生长活动受植物体内专门的生长物质控制,植物伤口愈伤组织的形成及扦插生根会受到生长素的控制和调节。

生长素根据其来源可分为以下两种:

内源生长素:植物体内产生的激素,现已发现的有5类,即生长素、赤霉素、细胞分裂素、脱落酸和乙烯。这些激素在植物体内含量很少,只有百万分之一,但对植物的生理活性起很大作用。与不定根的形成有关的主要是生长素,另外,细胞分裂素和脱落酸也与其有一定的关系。枝条本身所合成的生长素可以促进根系的形成。由于生长素在枝条幼嫩的芽和叶中合成,然后向基部运行,参与根系的形态建成,因此幼嫩的芽与叶对扦插不定根的形成起很大作用。例如,泡桐嫩枝扦插成功,主要是利用内源生长素含量最高的幼嫩枝条。

外源生长素:非植物产生,而是人工合成的各种生长素,如萘乙酸(NAA)、吲哚乙酸(IAA)、吲哚丁酸(IBA)等。嫩枝扦插促进产生不定根是依据植物体内源生长素含量高的特点,硬枝扦插时没有幼嫩部分提供生长素,体内生长素含量极低,所以需要补充外源生长素促进生根。试验证明,用人工合成的外源生长素处理插条基部后,枝条内养分及其他物质加速集中在切口附近,为插条生根提供了物质基础,因而提高了生根率,取得了一定效果。根据扦插实验分析,应用生长素,不仅促进了生根,而且根长、根粗、根数均比对照枝有明显的优越性,生根时间也缩短了。利用激素处理的扦插枝条形成的根系强大,苗木生长健壮,因此对扦插育苗有着多、快、好、省的意义。应用人工合成激素配制成的 ABT 生根粉处理植物扦插部分,不但能补充外源生长素,而且能促进内源生长素的合成。

(1)生长促进物质对不定根形成的影响。

生长素对插条生根的影响在许多试验和生产实践中都已证实,但同时也发现,生长素不是唯一促进扦插枝条生根的物质。生长素处理,对于很多难生根的植物往往难以达到预期的效果。这表明除生长素外,另需一类物质辅助,才能导致不定根的发生,这类物质即是生根辅助因子。这类生根辅助因子在易生根的植物中含量较高,但单独使用这类物质对插条生根没有影响,只有与生长素结合,才能有效地促进生根。

目前的研究结果表明,生根促进物质主要是吲哚与酚类物质的化合物,生长素在酚类物质的辅助下,通过植物体内酶的作用,有效地促进生根。

(2)生长抑制剂与生根。

生长抑制剂是植物体内一种对生根有妨碍作用的物质,在植物体内与生长激素呈拮抗反应。很多研究结果证明:在一些生根植物体内,存在含量较高的生根抑制物质,而且不同的植物种、不同的年龄阶段、不同的采条时间以及枝条的不同部位,抑制物质含量都不相同。一般地说,随着母树年龄的增长,体内抑制物质的浓度不断增高(由此说明老龄树插条难以成活的原因之一是插条内抑制物质含量较高)。在树木年周期中抑制物质含量呈现一定的规律性的变化:在休眠期内,可溶性物质转换成固体物质,且体内水分少,抑制物质含量相对高;在生长期内,植物处于生长过程中,水分运输量大,抑制物质含量相对少;休眠枝扦插,靠近梢部剪取的插条中的抑制物质含量较树木基部枝条的含量高。

对于含有生长抑制物质的树种,为了提高生根率,通常采取相应的措施,如流水洗脱、低温处理、黑暗处理等，使抑制物质发生转化后再进行扦插，如板栗、毛白杨等，可采用"浸水催根"提高生根率。

2 影响插条生根成活的主要因素

植物进行扦插育苗能否成活，除以上的生理基础作用外，整个扦插过程是一个复杂的生理过程，影响因素不同，成活状况也不同，有难有易，即使同一植物种，品种不同也能造成生根情况的差异。这表明，插条的生根成活，既与植物种本身的一些特性有关，也与外界环境条件有关。

2.1 影响插条生根的内在因素

插条能否生根，植物的遗传特性、采条母体的年龄、插条在母体上的部位、枝条的发育状况、插条的叶面积等是植物材料本身的内在影响因素。

（1）植物的遗传特性。

不同的植物种有着不同的遗传特性，插条生根的难易与这些植物的遗传特性有关。不同植物扦插生根成活的难易差别很大，即使是同一科、同一属、同一种的不同单株，其生根能力也不一样。木本植物中，根据插条生根的难易，可分为四类，如表4-1所示。

表4-1 木本植物插条生根特点

分类	代表树种	生根特点
极易生根的植物	柳树、北京杨、紫穗槐、连翘、迎春、葡萄、地锦、木槿等	插条扦插后极易生根
较易生根的植物	刺槐、国槐、毛白杨、泡桐、侧柏、茶、山茶、罗汉松、珍珠梅、杜鹃等	插条扦插后较易生根
较难生根的植物	臭椿、苦楝、梧桐、小叶赤杨、光叶赤杨、日本五针松、美洲五针松等	扦插需要一定的技术措施方能生根
极难生根的植物	松类、板栗、核桃、栎类、桦树、柿树、鹅掌楸等	插条扦插后极难生根，即使经过特殊处理，生根率仍非常低

（2）母体及枝条的年龄。

插条的年龄对扦插成活主要有两个方面的影响。

一是枝条的再生能力。扦插较困难的树种以1年生枝的再生能力为最强，枝条年龄愈大，再生能力愈弱，生根率愈低；多年生植物新陈代谢强度、生活力的变化都受植物年龄的影响。据报道，湖北省潜江县林业研究所进行水杉扦插试验，取不同年龄母体1年生枝条扦插，在同等环境条件、同等技术措施下，1～2年生母体枝条扦插成活率达90%以上，3～4年生母体扦插成活率在60%～70%，7～9年生母体扦插成活率则仅为30%左右。由此可见，母体年龄增大，插条生根率降低。主要是由于随着树龄的增大，细胞分生能力降低，植物体内抑制物质不断增加，使枝条再生能力减弱。从幼龄母体上采取的枝条，其生活力、分生能力较强，生根快，生长也好。所以，进行木本植物扦插育苗时，采取幼龄母体的插条是一项有效提高扦插生根率的技术措施，如雪松、杉木、水杉等树种多以此法进行扦插，以提高生根成活率。

二是枝条的营养状况。受枝条粗细不同，营养物质贮存有多有少。枝条粗，贮藏营养较充分；枝条细，营养物质含量少。多数植物以1年生枝条插条育苗为好，再生能力强、生长快。2 年生以上的枝条极少能单独进行扦插育苗,因为本身芽量很少,除像柳树这类树多年生茎干以不定芽方式萌生,多数生长缓慢,当年生枝条细弱。生产中,对有些 1 年生枝条比较细弱、体内营养物质含量少的木本植物进行扦插时,为了保证营养物质充足,插穗可以带部分 2、3 年生的枝条,如圆柏、龙柏、铺地柏等。

(3) 枝条的部位及其发育状况。

枝条的部位主要包括两方面:一方面是枝条在母体上着生的部位;另一方面是指一个枝条的不同部位,这两方面部位上的变化,都不同程度地影响插条成活率的高低。

同一株母体,在不同部位着生大量枝条,着生部位不同,这些枝条生活力的强弱也不同。一般根颈处萌发的枝条再生能力强,着生在主干上的枝条再生能力也较强;相反,树冠部和多次分枝的侧枝插穗成活率低。据报道,河北农学院森林系进行毛白杨扦插试验,采树木基部萌生的枝条扦插,生根数可达 21~25 根;而采树冠部的枝条进行扦插,生根数仅为 6~9 根,且树木生长较差。因此,生产上多采用播种苗的平茬条或营养繁殖苗的平茬条扦插,以保持其较强的生活力。

同一枝条的不同部位,在不同的时间生长状况不同,但具体哪一段好,则要看植物的生根类型、枝条成熟状况、生长时期及扦插方法。例如,池杉在不同时期用枝条的不同部位进行嫩枝或硬枝扦插的结果表明:嫩枝扦插以梢段成活率最高,而硬枝扦插则以基部插条效果为好。

一般常绿树种一年四季可插,但以中上部枝条较好,主要是由于常绿树种中上部枝条生长健壮,代谢旺盛,营养较为充足,而且中上部新生枝光合作用也强,对生根有利。落叶树种的休眠枝以中下部枝条较好,因为中下部枝条发育充足,贮藏的养分多,为根原基的形成和生长提供了有利因素。而且对具有根原基类型的植物,由于根原基多集中在中下部,也为生根提供了有利因素。若落叶树种嫩枝扦插,则中上部枝条较好。例如,毛白杨的嫩枝扦插,以梢部成活最好,主要是由于在幼嫩枝条的中上部生长素含量最高,而且细胞分生能力旺盛,为生根提供了有利因素。

枝条粗细、充实与否,直接影响着枝条内营养物质含量的多少,进而影响插穗能否生根成活。插条扦插后到生根前的一段时间内,主要靠插条体内的营养物质维持生命,体内营养物质的多少与插穗的成活或成活后苗木的生长有着密切的关系。凡是粗壮、发育充实、营养物质丰富的枝条容易成活,且生长较好;而较细、不充实、营养物质少的枝条不易成活,即使成活,生长也较差。所以采条扦插时,多选择生长健壮、发育充实、营养物质丰富的枝条作插条,以提高成活率,确保育苗质量。一些树种的 1 年生枝多较纤细,营养物质含量少,虽然有的能成活,但生长速度较慢,苗木较弱。

为保证这类树种扦插繁殖的成活率和生长效果,插条带部分 2 年生枝扦插,以提高插条内营养物质含量,保证插条体内的生理活动,提高苗木的成活率。

(4) 插穗的长度。

在扦插繁殖生产中,插穗长短不但对扦插成活、幼苗的生长有影响,而且还影响繁殖的有效系数。从扦插质量看,大多数植物用长插穗扦插,能保证插穗体内的营养充足,提高生根成活的数量。但扦插繁殖数量取决于插穗来源,在插穗较少的情况下,为提高苗木产量,应根据树种的生物特性,找出既经济又生根效果好的最适宜的插穗长度,既不浪费插穗,又能保证成活。目前,园林苗圃扦插生产的插穗长度范围为:一般草本植物 7～10cm,落叶木本植物休眠枝 15～20cm,常绿阔叶木本植物 10～15cm。

由于扦插技术的提高,插穗长度向短插穗方向发展,有的甚至一芽一叶扦插。

（5）插穗的叶面积。

植物带叶扦插,插穗上的叶面积对插穗的生根成活有两方面的影响:一方面,在不定根形成的过程中,插穗上的叶片能够进行光合作用,补充营养,供给根系生长发育所需的养分和生长激素,促进愈合生根;另一方面,当插穗的新根系未形成时,叶片过多,蒸腾量过大,易造成插穗失水而枯死。因此,带叶扦插到底保留多少叶片,应根据具体情况而定,如插穗 10～15cm 长,留叶 4 片左右;若有喷雾装置,定时保湿,则可多留些叶片,有利于加速生根。

2.2　影响插穗生根成活的外界因素

影响插穗生根的外界因素主要有温度、湿度、光照和扦插基质等。各种因素之间都有着相互影响、相互制约的关系。为了保证扦插成活,需使各种环境因素合理地协调,以满足插穗生根的不同要求。

（1）温度。

温度对插穗的生根成活及生根速度有极大影响,是扦插育苗中的一个限制因素。温度的变化影响到扦插植物生根的难易、成活率的高低。适宜的生根温度范围因树种、扦插材料不同而有所差异。一般植物休眠枝扦插时,切口愈伤组织和不定根的形成速度与温度变化有关:8℃～10℃时少量愈伤组织形成;10℃～15℃时愈伤组织形成较快;10℃以上开始生根;15℃～25℃时生根最适宜;25℃以上时生根率开始下降;36℃以上时插条难以成活。由此可见,大多数树种休眠枝扦插的生根最适宜温度范围为 15℃～25℃,20℃为最适温度。不同树种由于生态习性不同,适宜的温度范围略有不同,最低、最高温度也不相同。例如,美国的 H. Malisch 认为温带植物在 20℃左右合适,而热带植物在 23℃左右合适;苏联学者则认为温带植物的适宜温度为 20℃～25℃,热带植物的适宜温度为 25℃～30℃。通常在一个地区内,萌芽早的植物要求的温度比较低,萌芽晚的植物则要求的温度较高,如小叶杨、柳树在 7℃左右,而毛白杨则为 12℃以上。

不同的扦插材料对温度的要求不同。嫩枝扦插消耗的养分有一部分取自插穗上叶片光合作用所生成的营养物质,有利于枝条内部生根促进物质的利用,有利于不定根的生成。若温度过高,超过 30℃时,则抑制生根而导致扦插失败,因此,需通过遮阴和喷灌方法降低扦插的环境温度。扦插的地温与气温有一定差距。休眠枝扦插要求地温与气温有适宜的温差,且地温高于气温。研究表明:对嫩枝扦插来说,在 30℃以下,气温高有利于光合作用,为扦插成活提供营养物质;地温适当低一些有利于插条愈合生根。因此,嫩枝扦插多采用遮阴、喷灌等措施,以起到降温作用。

温度的变化受太阳辐射热能变化的影响。为了提高扦插效率,现多采取一些育苗设施控制温度变化,如塑料大棚、温室、地热线及全光间歇式弥雾扦插设备等。

（2）水分和空气。

在插穗扦插至成活的过程中,插穗体内水分平衡是幼苗成活的保证,而氧气则是插穗呼吸代谢的必要条件。水分因素主要涉及空气湿度、基质（或土壤）湿度及插穗的水分含量。而基质中氧气含量多少则与基质湿度有关。

① 空气的相对湿度。插穗扦插的过程中,为了防止插穗失水,尤其对一些难生根或生根时间很长的树种,保持较高的空气湿度是扦插生根的重要条件之一。

插穗扦插是枝条脱离母体后进行的,在不定根形成之前,没有根系从土壤中吸收水分,只能从切口处吸收一些水分,但由于插穗及其叶片的蒸腾作用仍在进行,极易造成插穗体内水分失衡,导致插穗死亡。因此,通过增加空气湿度,减少插穗蒸腾量,有利于保持插穗的体内水分平衡。扦插繁殖的空气相对湿度应控制在90%左右为宜。嫩枝扦插因需保留叶片进行光合作用,其空气相对湿度应控制在90%以上,方可使枝条、叶片蒸腾强度最低。苗圃生产中为减少插穗内的水分损失,针对嫩枝扦插,可采用喷水、控制间隔喷雾等方法提高空气相对湿度。

② 基质湿度。基质的湿度也是影响插穗成活的一个重要因素。插穗可以通过切口、皮孔从基质中获取水分,适宜的基质湿度可以保护插穗在基质中的部分避免水分消耗。一般基质湿度保持干土重的20%~25%即可。基质空隙不但要保留水分的空间,而且要有适当的空气孔隙,即保持良好的持水性和透水性,才能保证不定根的形成。基质湿度过高不利于不定根的形成。

③ 插穗自身的含水量。插穗内的水分含量直接影响扦插成活。插穗的水分既可保持插条体内的活力,还可加强叶组织的光合作用,促进不定根的生成。体内水分充足时,叶片光合作用强,不定根形成快;体内水分不足时,不但影响叶片的光合作用,而且影响不定根的形成。

对插穗含水量的多少与扦插成活的关系,很多学者进行了大量研究。如苏联学者对几种植物研究后发现:小檗插穗中原始含水量失去37%以上,八仙花插穗失水35%以上,桑树插穗失水17%以上,日本杜鹃失水46%以上时,都将完全失去生根能力。可见,插穗失水量将直接影响不定根的形成,而且不同植物的插穗失水程度对生根的影响也不相同。因此,扦插繁殖的插穗水分充足是生根的保证,保持插穗中充足的水分,才能保持插穗的活力,达到促进生根成活的目的。扦插前可将插穗进行浸泡补水,扦插后采用喷水、喷雾、温室、大棚等设备提高空气湿度,防止插穗失水。

④ 空气。空气对插穗成活的影响主要是指扦插基质中的空气状况、氧气含量对插穗成活的影响。插穗成活要求空气湿度较高,但土壤或基质中的水分不宜过高,浇水量过大,不但降低土壤温度,还因土壤含水量过大,造成土壤通气条件变差,因缺氧而影响插穗生根成活。插穗生根率与插壤中的含氧量成正比。不同植物需氧量不同,如杨、柳对氧气的需求较少,插入较深的土层中仍能生根;而蔷薇则要求较多的氧气,要求疏松透气的插壤或浅插方有利生根,扦插过深会造成通气不良而抑制生根。

插壤中的水分与空气条件既是互补的,也是相互矛盾的。为了协调两者关系,提高插穗的成活率,扦插繁殖生产中现多通过两种办法解决:一是选择疏松透气的沙土作插壤,既能保持稳定湿度,又不积水,还无成本投入;二是用蛭石、膨体珍珠岩等为扦插基质,保水性好、通透性强,能调节水与气的矛盾,但无植物所需的营养物质,不利于植物长期生长,故生根成活后,应及时移植于苗床中培养。

(3)光照。

光照对插穗成活既有有利作用,也有不利作用。充足的光照能够增加土壤温度,促进插穗生根,对一些带叶的嫩枝插穗,可保证一定的光合强度,增加插穗中的营养物质,并且利用在光合作用中产生的内源生长素促进生根,缩短生根时间,提高成活率。但光照强度过大,会增大土壤蒸发量及插穗、叶片的蒸腾量,造成插穗体内失水而枯萎死亡。因此,在光照过强时,需通过喷水、遮阴等措施维持插穗体内水分代谢平衡。

（4）扦插基质。

插壤中的水分与空气对插穗的成活的影响很大。无论哪类扦插基质,只要无危害物质,并满足水、空气这两个条件,就有利于生根。目前扦插繁殖中基质基本有三种状态,即固态、液态、气态。

① 固态。将插穗插于固体物质(或称为插壤)之中使其生根成活,这种插法是扦插繁育使用最普遍、应用最广泛的方法。目前国内使用的固体扦插基质如沙壤土、泥炭土、苔藓、蛭石、珍珠岩、河沙、石英砂、炉灰渣、泡沫塑料等材料。前两种既有保湿、通气、固定作用,还能提供养分;第三、四、五种主要起着保湿、通气、固定作用;后四种只能起着通气、固定作用。在使用中,通常采用混合基质使用的方法,以给扦插插穗提供较好的透气保水条件。有些基质(如蛭石、炉灰渣等)在反复使用过程中往往破碎,粉末成分增多,不利于透气,须进行更换或将其筛出,并补进新的基质。使用基质时,应注意进行更换,避免使用过的基质中携带病菌造成插穗感染,或采取药物消毒,如0.5%的福尔马林和高锰酸钾等,另外还可用日光消毒、烧蒸消毒等。

② 液态。将插穗插于水中或营养液中,使其生根成活,这种方法称为液插或水插。营养液易造成病菌增生,导致插穗腐烂,所以多用水而少用营养液。此法主要用于易生根的植物扦插繁殖。

③ 气态。加大空气湿度,将空气湿度造成雾状,把枝条吊于迷雾之中,使其成活,此种插法称为雾插或气插。这种方法能够充分利用营养空间,插穗愈合生根快,能缩短育苗周期。但这种方法需在高温、高湿中进行,产生的根系较脆,所以雾插育苗需通过炼苗方能提高成活率。

3 促进插穗生根的措施

3.1 机械处理

在植物生长季中,用利刃、铁丝、绳索等对插穗采用环剥、刻伤、缢伤等方法阻止插穗上部的光合作用产物和生长激素向下运输,营养物质在伤处积累集中,使插穗伤处膨大,到休眠期时将插穗剪下进行扦插,插穗因养分充足而能显著提高生根成活率,有利于苗木生长。

3.2 生长素及生根促进剂处理

扦插常用的生长激素有 α-萘乙酸(NAA)、β-吲哚乙酸(IAA)、吲哚丁酸(IBA)、2,4-D(二四滴,即氯苯酚代乙酸)等,这些生长激素对大多数植物的插穗都能起到促进生根的作用,使用时水剂、粉剂均可。

用生长激素水剂进行插穗处理时,先将已剪好的插穗按一定数量扎成一捆,下部切口在一个平面上,然后将插穗基部浸泡于溶液中2cm深即可。处理时间与溶液的浓度随树种和插穗种类不同而异。生根比较困难的树种,溶液浓度要高一些,或处理时间长一些;易生根的树种,溶液浓度宜低一些,或处理时间可短一些。硬枝的处理溶液浓度要高一些,时间长一些;嫩枝则相反。生长激素配制时,若为水剂,则须先用少量酒精溶解后再加水稀释,必要时略微加温促进溶解。

粉剂处理插穗较水剂方便,将粉剂按使用浓度配好后,用剪好的插穗下部切口蘸上粉剂(下端过干可先蘸水),使粉剂粘上插穗后插入基质中,当插穗吸收基质水分时,生长激素溶解并被吸入插穗体内。粉剂处理的生长激素溶解后才吸收,容易流失,故粉剂浓度应高于水剂。

生产上常用生根促进剂处理,目前使用较为广泛的有中国林业科学院王涛研究员研制的"ABT生根粉"系列、华中农业大学研制的广谱性"植物生根剂"、山西农业大学研制的"根宝"、昆明园林科研所研制的"系列促根粉"等,它们能提高多种树木的生根率。

3.3 化学药剂处理

一些化学药剂也能有效地促进插穗生根,如醋酸、高锰酸钾、硫酸锰、硝酸银、硫酸镁、磷酸等。用0.1%的醋酸浸泡卫矛、丁香等插穗,用0.1%~0.5%的高锰酸钾溶液浸泡水杉,都能够促进插穗的生根。

3.4 营养处理

有些植物体内营养不足,可用维生素、糖类及尿素等物质处理插穗,达到促进生根的目的,如用4%~5%的糖溶液处理黄杨、白蜡及松柏类插穗效果良好。但单用营养物质促进生根效果不佳,有的甚至造成病菌感染,若与生长激素并用,效果可显著提高。嫩枝扦插时,可采取叶片上喷洒0.1%尿素溶液的方法促进养分吸收。

3.5 黄化处理

此法也称软化处理或变白处理。在插穗未剪之前的生长期中,用黑布、黑塑料布或泥土包裹插穗,使其在黑暗中生长,由于无光刺激,激发了激素的活性,加速代谢活动,使组织幼嫩,延迟芽组织的发育,促进根组织的生长,为生根创造条件。一些含有油脂、樟脑、松脂、色素等抑制物质的树种采取这种处理效果好。

4 扦插时期

在条件允许的情况下,植物扦插繁育一年四季皆可以进行,但因地区气候、植物特性不同,扦插方法也不同。

4.1 春季扦插

适于大多数植物,落叶树种多利用此季进行。春插是利用前一年生的休眠枝直接进行或在冬季低温贮藏后进行扦插,此时插穗中营养物质丰富,生根抑制物质有的已经转化。为防止地上、地下部分发育不协调造成养分消耗、代谢失衡,春季扦插宜早,并需创造条件,打破插穗下部休眠,保持上部休眠,待不定根形成后,芽再萌发生长,以提高成活率。

4.2 夏季扦插

夏插是采用植物当年生长旺盛的嫩枝或半木质化的插穗进行扦插。针叶树种的扦插在第一次生长封顶、第二次生长开始前进行,采用半木质化的插穗。阔叶树种可用生长旺盛时期的嫩枝。夏季扦插是利用插穗处于旺盛生长期、细胞分生能力强、代谢作用旺盛、内源生长激素含量高等方面的优势,从而有利于生根。但夏季气温较高,易造成嫩枝、嫩叶失水死亡,因此,应采取措施提高空气相对湿度,减少插穗的蒸腾,维持体内的水分代谢平衡,提高扦插成活率。

4.3 秋季扦插

秋插是在插穗已停止生长,但还未进入休眠期,叶片营养回输贮藏、插穗营养物质丰富的时期进行扦插。此时扦插,一是利用插穗抑制物质还未达到高峰,可促进愈伤组织提前形成,以利生根;二是利用秋季气候变化,地温较气温高,有利于插穗根原基及早形成。秋插宜早,以利物质转化完全,安全越冬,来春迅速生根,及时萌芽,提高插穗成活率。

4.4 冬季扦插

冬插是用休眠枝插穗进行扦插,由于地区不同,采取的技术措施也相应不同。北方冬插在塑料棚及温室中进行,需进行低温处理,打破休眠后进行扦插,插壤采取增温措施促进插穗生根成活。南方冬季可直接在苗圃地扦插,插穗在圃地里经过休眠处理,当气温逐渐上升时,插穗开始生根萌芽,扦插苗生长较春季扦插成活的苗木旺盛、健壮。

嫩枝扦插的时期,在南方春、夏、秋三季均可进行,在北方则主要在夏季进行。

任务实施

1 扦插育苗苗床的准备

扦插床建在温室或塑料大棚中,上部加盖遮阴网或草帘,温室或大棚能随时通风(通风部位最好在苗床上部10cm处)调节温度。喷雾设施是扦插育苗必不可少的设备。目前,用于扦插育苗的喷雾设施种类很多,不管使用哪种设备,只要雾化程度好,能满足嫩枝插穗对温度和湿度的需求均可选用。扦插前要把供水系统、喷雾设施及控制系统调试好。另外,喷雾用水直接抽自地下,水温低(一般5℃~7℃),插穗生根的效果差,最好是先把水抽入水箱或水池,经日晒加温或其他方法升温后再使用,插穗生根的效果会更好。

扦插床的形状与大小要与所选设备的规格和使用要求相适应。扦插基质可根据经济条件和当地情况选用珍珠岩、河沙、煤渣或二者的混合基质等,基质的厚度在15cm左右。在扦插前要对苗床进行消毒,一般用0.5%的高锰酸钾溶液或2%~3%的硫酸亚铁溶液喷洒,每平方米喷洒5kg左右,2~3d后扦插。

2 插穗的采集与处理

2.1 插穗的采集

插穗的质量取决于母体的遗传特性和生长状况。采穗的时间、采穗的部位则因种类不同而各异。

母体的遗传特性影响扦插苗的品质,应根据培植目的选择母体。例如,乔木树种,要求生长迅速、干形通直、少病虫害的树种、品种;花灌木则要求花量大、开花整齐、色艳等;草本花卉则根据花色、花形、叶色、叶形、植株形态有选择地保留母体的遗传特性。

不同部位的插穗成活率不同,如木本植物采取位于根部或树干基部发育充实的萌生枝条,1~2年生插穗最好。采集时间过早、过晚对插穗成活不利。嫩枝插穗的采集因植物不同而异,一般针叶植物如松、柏、桧等,于夏末剪取中上部半木质化的插穗较好,采后注意保持插穗的水分。而阔叶树种的嫩枝插穗一般在生长最旺盛期剪取幼嫩的插穗。大叶植物应在叶未展成大叶时采条为宜,采后注意喷水保湿。在采穗圃培育的生长健壮母树上采集半木质化枝条,枝条粗度一般为0.3~0.8cm。采穗应在阴天或早上露水未干时进行,将穗条放入水桶中用湿布、塑料薄膜包裹,并迅速运到穗条加工地,边采条,边制穗,穗条制作加工在室内或在室外阴凉的地方,干旱多风的天气应注意挡风和经常喷水。穗条加工前要用清水冲洗干净,并注意环境和制穗工具的洁净。

一些体内有抑制物质、生根困难的植物,需要扦插前进行黄化、环剥、刻伤、缢伤等预处理的,经过处理后方能采集。

2.2　插穗的截制

采集的扦插材料须及时进行截制。截制插穗主要考虑插穗长度、切口、形态、保留芽数等。插穗的长度,既影响扦插成活,也影响繁殖数量。因此,决定截制插穗的主要原则是:使插穗含有一定数量的根原基、营养及水分,插后深度适宜,扦插方便并节省扦插材料。插穗太长,入土过深,下层土温低,土壤紧实,通气不良,造成插穗切口愈合慢、生根少且细,还浪费植物材料。插穗过短,所含营养物质少,根原基少,不利生根。大量研究数据表明,嫩枝插穗长度一般宜为 10~15cm。

插穗截制的切口形态及截制部位不同,影响插穗的生根和体内水分平衡。上切口应为平面,距最上面一个芽节 1cm 为宜,如果太短,上部易干枯,影响发芽;如果太长,切口不易愈合,易形成死桩。下切口的位置一般在芽节附近,该部位薄壁细胞多,易形成愈合组织及生根。下切口的形态种类很多,如平切、斜切、双斜面切等(图4-1)。易生根的植物和嫩枝插穗多采取平切,愈合速度快,生根均匀,呈环状分布,伤口小,可以减少切口腐烂。生根较困难的植物采用斜切和双斜面切,由于切口与土壤接触面大,利于吸收水分和养分,但易形成偏根,根系集中于切面前端,且此法截制费工,不便于机械化截穗。

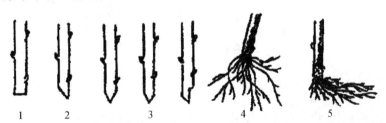

1. 平切　2. 斜切　3. 双面切　4. 下切口平切生根均匀　5. 下切口斜切根偏于一侧

图 4-1　插条下切口的形状与生根

在制穗过程中要将已制好的插穗放入水桶中保湿或直接用配制好的生根激素液处理,插穗处理后要及时扦插。

3　扦插

3.1　生根激素处理

植物生根激素对林木树种扦插生根的作用是非常明显的。试验表明:用药剂处理可以使生根率提高 20%~50%。对插穗进行植物生长激素处理,可以有效地提高扦插生根率,常用的植物生长激素主要有 ABT 生根粉系列、萘乙酸、吲哚丁酸等。大多数的花灌木和木质花卉用 ABT 生根粉 1#、6#低浓度浸泡效果很好。一些愈伤组织生根型树种,如四季玫瑰、重瓣黄刺玫、宁夏枸杞、国槐等使用吲哚丁酸效果更好。

处理方法主要有:生根激素高浓度溶液速蘸处理:将插穗基部 2cm 左右,在 500~1000mg/L 溶液中速蘸15s 取出扦插。低浓度浸泡法:处理浓度为 50~200mg/L,浸泡时间为 2~24h。浸泡的时间根据树种生根的难易程度和插穗的木质化程度选择。采穗母树树龄小的浸泡时间适当短,木质化程度低的插穗比木质化程度高的浸泡时间适当短一些,反之,时间可适当延长。针叶树浸泡时间比阔叶树长一些。

3.2 扦插

扦插的密度一般以插穗叶片相接但不重叠为宜,通常的扦插密度为每平方米 400 ~ 1600 株。扦插深度因不同的插穗和基质而定,总的原则是只要能固定插穗,扦插宜浅不宜深。一般扦插深度为 2 ~ 3cm。把处理好的插穗插入基质中,插后随手按实。一部分插穗插完后马上进行喷雾,以免枝条失水。

一般采用全光照自动间隔喷雾扦插设备、阴棚内小塑料棚扦插,也可采用大盆密插、水插等方法(图 4-2),以保证适宜的空气湿度。此类扦插在插床上插条密度较大,多在生根后立即移植到圃地。

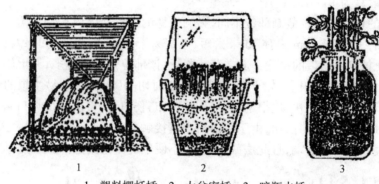

1. 塑料棚扦插　2. 大盆密插　3. 暗瓶水插

图 4-2　嫩枝扦插法

4　扦插后的管理

4.1　水分及温度管理

扦插后的管理是影响嫩枝生根的重要技术环节。其关键是控制好扦插池内基质的温度和湿度。插床所处环境的空气温、湿度对插穗的生根有较大的影响,空气温度与插床的温度相差越大,插穗越容易失水。根据插穗生根的过程,把扦插后到出池前的这段时间大致分为 3 个阶段。生根之前的这段时间为扦插初期,插穗刚离母体,仍具有较大的蒸腾强度,插穗基部下切口吸水能力极弱,保证插穗不失水主要依靠相对频繁的间歇喷雾。其相对湿度应控制在 90% 以上,温度(气温)控制在 33℃ 以下,地温控制在 18℃ ~28℃。插穗生根以后为第 2 个阶段,湿度要求逐渐降低,喷雾的次数相对减少,喷雾间歇的时间也相对延长。温度升高促进根系生长,根长到一定长度,小苗可以独立营养,这一阶段称为炼苗阶段,此时炼苗 5 ~7d,即可以移植。

由于树种生理特性的差异,不同树种嫩枝扦插生根的时间不同。针叶树(如沙地柏、桧柏)嫩枝生根需 30 ~40d,阔叶树需要 10 ~20d,难生根树种需要更长一些时间。针叶树愈伤组织的形成一般 20 ~30d,阔叶树一般 7 ~10d。所以不同树种愈伤组织形成后的温度管理非常重要,温度过高或过低愈伤组织都容易老化,影响生根。

将植物的营养器官进行扦插后,为提高成活率,嫩枝扦插时空气湿度更重要,应保持插壤和空气有较高的湿度,以调节插穗体内的水分平衡,保持插壤中良好的通气效果。

因此,无论哪种扦插环境,最初保证成活的管理措施是围绕温度和湿度这两个条件进行的。

在空气温度较高、阳光充足的生长季节,可采用全光照自动间歇式喷雾扦插床进行扦插,主要用于嫩枝扦插,插后利用白天阳光充足进行光合作用,以间歇喷雾的自动控制装置来满足插穗对空气湿度的要求,既保证插穗不萎蔫,又有利于生根。插壤以无营养、通气保水的基质为主,在扦插成活后,为保证幼苗正常生长,应及时起苗移栽。

4.2 喷药施肥

嫩枝扦插在高温高湿环境下容易感染细菌而腐烂,为了预防插穗被霉菌侵害,扦插当天及时喷施 800 倍多菌灵或甲基托布津,以后每隔 5~7d 喷施一次。喷药在傍晚停止喷雾时进行,插穗生根后可适当减少喷雾喷药次数。在插穗愈伤组织形成后要经常进行叶面追肥,一般每周追一次 0.2%~0.5% 的尿素和磷酸二氢钾溶液,以保证苗木正常生长。

4.3 移栽、假植、留床越冬

生根苗移栽是嫩枝扦插育苗的重要环节,生长季节幼嫩裸根苗移栽要十分注意,当根系颜色由浅变深,可吸收水分和养分时,限水炼苗,促进根系的迅速发育和提高苗木对外界高温干旱气候的适应能力,然后移入育苗地中进行管理。移栽起苗要保持根系完整,随起随栽随浇水,保证苗木移栽过程中不失水分,移栽后要及时遮阴。移栽应在傍晚或阴天进行,切忌在干旱多风天进行移栽。移栽后前几天仍要加强水分管理,逐渐揭去遮阴物。移栽成活后的管理与常规育苗相同。

扦插床中生根的小苗也可以留床越冬,还可留至入冬时挖出假植。不管哪种方式,都需覆土保护。移植苗和留床苗都需先打冻水,后覆土。也可在入冬时放入储苗窖,用沙埋根保存。留床(扦插床)苗和入冬时假植苗翌春可直接定植。

 知识链接

园林植物的种类繁多,习性各异。除了嫩枝扦插之外,还有其他一些扦插方法:

1 根插

一些用枝条扦插生根困难而根能萌生不定芽的植物可以用根插进行繁殖。在休眠期挖取植物的休眠根等作插穗,采后及时埋藏处理,到春季进行整地、灌足底水,将 15~20cm 的根系插穗插入土中,发芽生根前最好不要再灌水,以免降低地温或水分过多造成插穗腐烂。木本植物的根系有再生新梢的能力,如香椿、泡桐、凌霄、紫藤、玫瑰等。

2 叶插

一些植物能自叶上发生不定芽及不定根,可以进行叶插。此类植物具有粗壮的叶柄、叶脉和肥厚的叶片。在给予适宜的温度和湿度条件下,选取发育充实的叶片在插床中进行叶插,繁殖效果良好。此类植物以草本花卉、观叶草本植物为主,按萌芽的不同部位分为全叶插、片叶插。

评分标准

序号	项目与技术要求	配分	检测标准	实测记录	得分
1	准备插床	10	基质配制正确、排水良好,8～10分;基质配制比较正确、排水比较良好,6～7分;基质配制有误、排水不良,低于5分		
2	插条采集	10	插穗长度适宜,8～10分;插穗长度比较适宜,6～7分;插穗长度不适宜,低于5分		
3	插穗剪截与处理	20	上切口距离第一个芽1cm左右、平切,下切口距离下芽0.5cm左右、斜切,8～10分;上切口距离第一个芽接近1cm、平切,下切口距离下芽接近0.5cm、斜切,6～7分;上切口距离第一个芽过大或过小,下切口距离下芽过大或过小,切口有误,低于5分		
4	扦插	20	用木棍引洞,皮层无撕裂,与土壤密接,8～10分;用木棍引洞,皮层有少许撕裂,与土壤接触较紧密,6～7分;用木棍引洞,皮层有撕裂,与土壤接触不紧密,低于5分		
5	保湿	20	覆盖薄膜,空气湿度约90%,8～10分;覆盖薄膜,空气湿度接近90%,6～7分;未覆盖薄膜,空气湿度过高或过低,低于5分		
6	扦插成活率	20	按成活比例计算得分		
合　计		100	实际得分		

 课后任务

课后班级同学以小组为单位,定期进行嫩枝扦插苗的插后管理,观察并记录扦插苗的成活情况,待成活后进行移栽或上盆。

任务2　硬枝扦插育苗

 **任务目标**

在合适时期,选取园林树木的成熟休眠枝,通过一段时间的抚育管理,生产出符合要求的扦插苗。

任务提出

在园林树木的扦插繁殖中,如果时间和气候条件不能满足嫩枝扦插的要求,可以利用成熟休眠枝进行硬枝扦插。

任务分析

进行园林树木的硬枝扦插,可以通过扦插育苗地的准备、插穗的采集与处理、扦插及扦插后的管理完成扦插苗的生产。

相关知识

硬枝扦插是选取落叶后到早春萌芽前的成熟休眠枝的扦插方式。硬枝扦插所选取的插穗容易获得与保存,适合长距离运输,生根期间不需要特殊的设备。这种扦插方法操作简便,成本较低。硬枝扦插广泛应用于落叶木本植物和一些阔叶常绿树繁殖,很多落叶灌木也可以通过此法繁殖,如女贞、连翘、紫藤、金银花、桃金娘、绣线菊、月季等。

1 影响硬枝扦插生根的因素

由于与嫩枝扦插选取的材料不同,硬枝扦插生根的影响因素稍有不同。

1.1 温度

休眠枝扦插对温度的要求偏低。由于休眠枝为促进成活所用的营养物质是贮存物质,在未成活时,需要消耗养分,促使愈合生根,过高的温度只能加速物体内的营养物质消耗,导致扦插失败。插穗分生组织形成愈伤组织与根原基时,地温比适宜气温高3℃左右时,方有利于不定根形成而不利于芽的萌发,在不定根形成后芽再萌动则有利于插穗成活。可用马粪、地热线等升温措施提高地温,也可利用太阳能进行倒插催根。

1.2 空气的相对湿度

扦插繁殖的空气相对湿度应控制在90%左右为宜,休眠枝扦插的湿度要求可低一些。针对休眠枝扦插,除增加空气湿度的方法外,在空气湿度较低的情况下,适当深插也可减少插穗蒸腾。

2 硬枝扦插的时期

硬枝扦插的插穗剪取时间在植株的休眠季节,即晚秋、冬季或早春。一般从前一生长季长出的枝条上剪取插穗,有些树种也可以从二年生甚至更老的枝条上剪取。

3 促进硬枝扦插生根的措施

3.1 低温贮藏处理

将休眠插穗放入0℃~5℃的低温条件下冷藏一定时期(至少40d),使插穗内部抑制物质转化,以利于生根。

3.2 增温处理

在春季温度回升时气温高于地温,因此需要采取措施,人工创造地温高于气温的环境,使插穗先生根后发芽。现常采用的方法有在插床中埋入地热线(即电热温床法)、埋设暖气管道或放入生马粪(即酵热物催根法),均可起到提高地温、促进生根的作用。早春温床催

根时需要注意：一是要保证地温；二是催根过程中插穗上的芽不能萌动。

此外，还可用倒插催根处理，利用土层温度的差异达到催根作用。在冬末春初，将插穗倒放置入埋藏坑内，上部覆盖2cm厚沙层，利用春季地表温度高于坑内温度，使倒立的插穗基部的温度高于插穗梢部，有利于插穗基部愈合及根原基形成。

4　扦插方法

不同植物的习性不同，扦插方法也不同。生产实践中常用的方法有：

4.1　垂直插

这是扦插繁殖中应用最广的一种，多用于较短的插穗。在大田里可采取这种方法大面积育苗；对于嫩枝扦插，在全光照自动间歇喷雾扦插床上经常采取垂直插，可节省空间。花卉生产上，采用垂直扦插繁殖，在换盆培养时可省去换土的工序，直接埋入即可。

4.2　斜插

斜插适用于落叶植物，多在植物落叶后发芽前进行。将插穗（长15～20cm）斜插入土中，插入土部分向南，与地面成45°角，插后将土壤踩实，使插穗与土壤紧密接触，保持土壤的水分与通气条件。

4.3　船底插

蔓生植物枝条长，在扦插中将插穗平放或略弯成船底形进行扦插。

4.4　深层插

深层插即将长插穗（1m以上）深深插入土中，上部用松散土壤埋住，只露出梢部。此法由于插穗切口位于无菌的地层深处，可以充分利用适宜生根的深层土温（冬季可保持10℃，夏季可保持20℃左右）和深层土壤水分。此法成活率较高，可在较短的时间内培养成所需大苗，但使用扦插材料较多。由于插穗扦插较深，下部土壤紧实，通气不良，因此下部至切口生根少，而上层土壤空气流通良好有利生根，从而形成埋在土里的部位上部根系多、下部稀少的状况。此种方法由于插穗过长移植困难，所以具体扦插深度应根据扦插植物生根的难易、插穗的长度以及土壤的性质决定。有直接用此方法进行扦插植树绿化的。

▮▮▮▮ 任务实施

1　扦插育苗地的准备

扦插前，需要将育苗地翻松、整平。畦长根据圃地而定，畦宽1～1.5m，高0.3m，畦与畦之间留沟做好地块排水，沟宽0.4m，深0.3m。做好后稍加镇压，将畦面中耕耙平，准备扦插。

2　插穗的采集与处理

2.1　插穗的选择

用作硬枝扦插的插穗应该选取于全光照条件下健壮生长、养分充足的枝条，不能选取徒长枝、节间过长枝或生长衰弱的内生枝。要求有充足的养分满足扦插生根的需要，直到发育成完整植株。由于枝条顶部的养分含量少，一般采用中部和基部的枝条作为插穗。

插穗长度因植物种类和繁殖目的而异，一般10～20cm。在扦插砧木时，可采用长插穗，以便嫁接。

剪取插穗时，一般至少保留两个节，基部切口应留在节的下部，上部剪口应保持在节上

1.5~2.5cm处。但由于节间较短的插穗尤其是在处理大量插穗时,往往不在意基部的剪切位置,而由成捆插穗的绑带位置决定,有一些植物的枝条剪断以后,很难区分其极性即插穗的上下部,需要在剪取插穗时做好标记,常用的方法是将插穗的上端剪成平口,将下端剪成斜口。

插穗的粗度主要取决于植物种类,一般可参考一年生枝条的正常粗度。

2.2 插穗的处理

(1)冬季冷藏。

在休眠季节,剪取长度一致的插穗,捆成捆,放在低温、潮湿的环境下贮藏至春季,再挖出插穗进行扦插。一般将插穗埋藏在含有一定水分的沙壤、锯屑中,插穗可水平放置,也可竖直放置。竖直放置时,应使插穗基部向下,以使基部保持较高的温度,尽量诱导基部生根而延迟顶部芽的萌发。在冬季气温较高的地区,采取自然低温冷藏不能达到理想的效果,可将插穗放置有湿沙、锯屑、泥炭或刨花的容器中,贮藏在4℃~5℃左右的环境中,如冷藏室等,既可保证插穗安全冷藏,又可促进基部愈伤组织的形成。

插穗在贮藏过程中,需要经常检查。如发现插穗的芽开始萌动,需要立即降低贮藏温度,或者立即扦插。

(2)春季剪取插穗直接扦插。

对于易生根的植物,插穗不需冷藏,在春季枝条萌动前可以剪取大量插穗直接扦插。也可在休眠季节剪取插穗,用厚纸或聚乙烯薄膜并带有少量潮湿的泥炭藓包裹起来,在0℃~5℃下进行短期贮藏,直至春季栽植。在贮藏期间,要注意插穗不能风干,也不能过湿。

(3)秋季直接扦插。

在冬季温暖的地区,可以在秋季剪取插穗,立即扦插。插穗在休眠期来临之前有可能生根,也有可能形成愈伤组织,在春季根和芽同时产生。有些植物在秋季扦插效果较好。秋季扦插前可以使用化学药剂处理插穗,如桃花的硬枝扦插,在扦插之前用吲哚乙酸和克菌丹处理,可以促进生根。需要注意的是,秋季扦插的插穗易被啮齿动物侵害,杂草为害也较严重,应注意防除。

(4)暖温贮藏。

秋季采取插穗,在插穗上的芽尚未开始发育或处于休眠状态时,用生根剂处理插穗基部,再将处理过的插穗在18℃~21℃的潮湿环境下贮藏3~5周,待插穗诱导生根后栽植到温暖环境下。经过诱导生根处理,可以促进芽积累充足的养分,为生根后的芽的生长发育奠定基础。

3 扦插

硬枝扦插包括长枝插和短枝插两种方法。采用两个以上芽的插穗进行的扦插称为长枝插,采用一个芽的插穗进行的扦插称为短枝插或单芽插。

3.1 长枝插

通常有普通插、踵形插、槌形插等。

(1)普通插:是木本植物扦插繁殖中应用最多的一种,大多数树种都可采用这种方法。既可采用插床扦插,也可采用大田扦插,如平畦或起垄。一般插穗长度10~20cm,插穗上保留2~3个芽,将插穗插入土中或基质中,插入深度为插穗长度的2/3。凡插穗较短的宜直插,既避免斜插造成偏根,又便于起苗(图4-3之1)。

(2)踵形插:插穗基部带有两部分2年生枝条,形同踵足,这种插穗下部养分集中,容易发根,但浪费枝条,即每个枝条只能取一个插穗,适用于松柏类、木瓜、桂花等难成活的树种(图4-3之2)。

(3)槌形插:是踵形插的一种,基部所带的老枝条部分较踵形插多,一般长2~4cm,两端斜削,成为槌状(图4-3之3、4)。

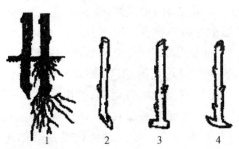

1.普通插及生根情况 2.踵形插 3、4.槌形插

图4-3 长枝插的方法

除以上三种按材料形态分出的扦插外,为了提高生根成活率,在普通插的基础上采取各种措施形成的几种插法如下:

(1)球插:将插穗基部裹在较黏重的土壤球中,再将插穗连带土球一同插入土中,利用土球保持较高的水分。此法多用于常绿树和针叶树,如雪松、竹柏等。

(2)劈插:插穗下部自中间劈开,夹以石子等,利用人为创伤的办法刺激伤口愈合组织产生,增加插穗的生根面积。此法多用于生根困难,且以愈伤组织生根的树种,如桂花、梅花、茶花等。

(3)干插:用长枝扦插,一般用长50cm以上的1年或多年生枝干作为插穗,多用于易生根的树种。用这种方法可在短期内得到有主干的大苗。

(4)瘤插:此法是在枝条未剪下树之前的生长季中以割伤、环剥、缢伤等办法造成插穗基部愈伤组织突起形成肉瘤状物,增大营养贮藏,然后切取进行扦插。此法程序较多,且浪费枝条,但利于生根困难的树种繁殖,因此多用于珍贵树种繁殖。

(5)水插:利用水为扦插基质,将插穗插于水中,生根后及时取出栽植于土中。水插的根系较脆、过长易断。

3.2 短枝插(单芽插)

用只具一个芽的枝条进行扦插,选用枝条短,一般不足10cm,较节省材料,但体内营养物质少,且易失水,因此,下切口斜切,扩大枝条切口吸水面积和愈伤面,有利于生根,并需要喷水来保持较高的空气相对湿度和温度,使插穗在短时间内生根成活。此法多针对一些常绿树种进行扦插繁殖。用此法插白洋茶,枝条长2.5cm左右,2~3个月生根,成活率可达90%;桂花扦插的成活率为70%~80%。

4 扦插后的管理

4.1 塑料薄膜覆盖插床

在遮光育苗室或温室中,保持室温在17℃~20℃,用聚乙烯塑料薄膜紧靠着插穗覆盖,可以为生根提供良好的环境,使插穗保持较高的湿度。扦插之后,当插穗生根展叶后方可逐渐开窗流通空气,降低空气湿度,使其逐渐适应外界环境。棚内温度过高,可通过遮阴网降低光照强度,减少热量吸收,或适当开天窗通风降温、喷水降温,保持室内、棚内适宜的环境条件,使插穗生根成活。当插穗成活并适应环境之后,逐渐移至栽植区栽培。

4.2　插穗生根期间的管理措施

大田扦插的植物多具备易生根、插穗营养物质充足这两个条件,且多为硬枝扦插,气候变化符合扦插成活要求。

(1)在剪取插穗和扦插生根过程中,必须保持插穗湿润。扦插之后,要充分浇水保证插穗和基质紧密接触。通常在扦插后立即灌足第一次水,使插穗与土壤紧密接触,做好保墒与松土。未生根之前地上部展叶,应摘去部分叶片,减少养分消耗,保证生根的营养供给。

(2)在室外进行的硬枝扦插,插穗生根期间只要给予常规养护即可。如果想要保持充足的土壤湿度、没有杂草竞争、控制病虫害的发生等,最好在向阳、没有树木遮阴的场所进行。

(3)采用基部加温时,需要注意经常检查基质温度。适宜的生根温度在24℃左右。尤其是开始时,更要注意基质温度的变化,基质温度过高在短时间内就会导致插穗死亡。

(4)及时清除脱落的叶片和死亡的插穗。在湿润、封闭、低光条件下最有利于病菌的生长,如果不采取控制措施,在极短的时间内就会对插穗造成很大的伤害。

4.3　插穗生根后的管理措施

当新苗长到15~30cm时,需培育主干的扦插苗应选留一个健壮直立的新梢,其余除去。除草配合松土进行,减少杂草对养分和水分的竞争。生根的硬枝插穗在休眠季节落叶后即可挖出。如果植株生长较快,插穗在经历一个生长季节后即可挖出移栽;如果生长较慢,插穗需生长2~3年,长到足够大的时候才能挖出移栽。

移栽之前需要对根系进行修整,剪掉过长、卷曲的根系,使其更紧凑、须根更多。

移栽生根插穗应选择无风、冷凉、多云的天气进行。阔叶或常绿针叶植物不能裸根移栽插穗,而落叶树木不带叶的插穗可以。

如果落叶植物的插穗数量较多,可在冬季冷凉黑暗的场所假植几个月,根系用湿润的木屑等材料覆盖保护。如果生根插穗在移栽之前需要长时间保存,应在2℃左右的低温下冷藏。

评分标准

序号	项目与技术要求	配分	检测标准	实测记录	得分
1	准备插床	10	基质配制正确、排水良好,8~10分;基质配制比较正确、排水比较良好,6~7分;基质配制有误、排水不良,低于5分		
2	插条采集	10	插穗长度适宜,8~10分;插穗长度比较适宜,6~7分;插穗长度不适宜,低于5分		

续表

序号	项目与技术要求	配分	检测标准	实测记录	得分
3	插穗剪截与处理	20	上切口距离第一个芽 1cm 左右、平切，下切口距离下芽 0.5cm 左右、斜切，8～10 分；上切口距离第一个芽接近 1cm，平切，下切口距离下芽接近 0.5cm，斜切，6～7 分；上切口距离第一个芽过大或过小，下切口距离下芽过大或过小，切口有误，低于 5 分		
4	扦插	20	用木棍引洞，皮层无撕裂，与土壤密接，8～10 分；用木棍引洞，皮层有少许撕裂，与土壤接触较紧密，6～7 分；用木棍引洞，皮层有撕裂，与土壤接触不紧密，低于 5 分		
5	保湿	20	覆盖薄膜，空气湿度约 90%，8～10 分；覆盖薄膜，空气湿度接近 90%，6～7 分；未覆盖薄膜，空气湿度过高或过低，低于 5 分		
6	扦插成活率	20	按成活比例计算得分		
合　计		100	实际得分		

 课后任务

课后班级同学以小组为单位，定期进行硬枝扦插苗的插后管理，待成活后进行移栽或上盆。

项 目 五　园林树木的嫁接育苗

任务1　芽接育苗

任务目标

利用欲繁殖植物的芽,通过芽接方式,将两株植物结合在一起,使之愈合,获得能独立生活的新个体。

任务提出

芽是多年生植物为适应不良环境、延续生命活动而形成的重要器官。由于植株上的芽数量较多,且易于获得,因此,利用园林植物的芽进行嫁接繁殖在园林植物的繁育中得到广泛应用。

任务分析

芽接需要准备嫁接所需的接芽、砧木,接合后进行一段时间的抚育管理,促进嫁接苗的成活。

相关知识

1　嫁接的意义和作用

嫁接繁殖是将欲繁殖母树的枝或芽接到另一株植物的茎或根上,使两者结合成为一个独立新植株的繁殖方法。供嫁接用的枝或芽称为接穗,承受接穗的带根植物部分称为砧木。以枝条作为接穗的称为"枝接",以芽为接穗的称为"芽接"。用嫁接方法繁殖所得的苗木称为"嫁接苗"。嫁接苗和其他营养繁殖苗所不同的特点是借助了另一株植物的根,因此嫁接苗也称"它根苗"。

嫁接繁殖虽然需要先培养砧木,在操作技术上也较为麻烦,但嫁接有着其他营养繁殖起不到的作用。在生产实践中,嫁接仍是园林植物和果树的重要繁殖方法之一。

1.1 保持品种的优良特性

嫁接所用的接穗均采自发育阶段较高的母树,遗传性稳定,在园林绿化、环境美化及观赏效果上优于种子繁殖的植物。虽然嫁接后不同程度受到砧木的影响,但仍能保持母树原有的优良性状。

1.2 增加抗性和适应性

通过嫁接,可以利用砧木对接穗的生理影响提高嫁接苗对环境的适应能力,如提高抗寒、抗旱、抗盐碱及抗病虫害的能力,甚至可以改良品质,达到丰收的效果。例如,柿子接在君迁子上能适应寒冷气候;梨接在杜梨上可适应盐碱土壤;苹果接在海棠上或接在苹果的实生苗上均可抵抗蚜虫等虫害。

在砧木的选择上,如选用矮化砧,接后所得的苗木即为矮化植株,选用乔化砧就获得高大植株,因此可以用嫁接繁殖的方法,利用不同的砧木,培育出不同株型的园林苗木,满足园林绿化对苗木的特殊需求。

1.3 提早开花结果

嫁接苗能促进苗木的生长发育,提早开花结果。因为嫁接苗利用了另一种植物的根系,对其幼小的接穗能够供给充足的养分,使其发育旺盛,而且在接穗和砧木的切口处积累了较多的糖类,促进开花结果。如果用花芽或花枝作为接穗,接后当年可开花结果。这种促进发育、提早开花结果的特性,不仅可用于栽培技术上,也可用于育种工作,从而缩短育种的年限。

1.4 克服不易繁殖现象

在园林树木中,有很多树种或品种具有优良性状,但没有种子或种子很少,如花木中的重瓣品种,果树中的无核葡萄、无核柑橘、无核柿子等,只能用嫁接等营养繁殖方法解决繁殖问题。对于扦插繁殖困难或扦插后发育不良的树种,使用嫁接繁殖更为有效。

1.5 扩大繁殖系数

嫁接所使用的砧木可采用种子繁殖获得大量的砧木,而接穗仅用一小段枝条或一个芽接到砧木上,即能形成一个新的植株,在选用植物材料上比较经济,且能在短期内繁殖大量苗木。

1.6 恢复树势、治救创伤、补充缺枝、更换新品种

园林中有很多古树,树势生长衰弱,一些树木也常因病虫害、人、兽的破坏等使树势生长衰弱,可用生长健壮的砧木进行桥接或寄根接等方法,促进生长,挽回树势。如树冠空裸、缺枝,可在树冠空裸处的枝上接上新的枝或芽,以充实树冠,使树冠丰满美观;如品种不良,影响果树的产量和园林绿化效果,则可用高接换头的嫁接方法,提高产量或满足园林绿化功能的要求。

通过选用新品种嫁接,能够保持优良性状,固定其优良特性,扩大繁殖系数。

2 芽接嫁接成活的原理

植物嫁接成活的前提主要决定于砧木和接穗之间的亲和力以及双方形成层细胞的再生能力。当两者接合后,形成层的薄壁细胞加速分裂,产生新的愈合组织,并逐渐分化产生新的输导组织,当砧木、接穗输导组织互相连通后,水分、养分得以输导,能够维持水分平衡时,才能表明砧木与接穗结合成一个整体,长成一个新的植株。

因此,在技术措施上,除了根据树种遗传特性考虑亲和力外,嫁接成活的关键在于接穗与砧木之间形成层紧密结合,结合面积大,接触面平滑,各部分嫁接时对齐、贴紧、绑紧,才易成活。

由于取芽的形状和结合方式不同,芽接分许多种,应用最广泛的是"T"字形芽接(图5-1)。

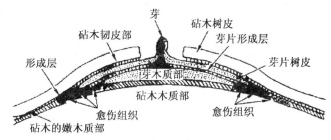

图5-1 "T"字形芽接示意图

3 芽接的时期

芽接可在树木整个生长季期间进行,但应依树种的生物学特性,选择适当的嫁接时期。除柿树等芽接时间以4月下旬至5月上旬为最适,龙爪槐、江南槐等以6月中旬至7月上旬芽接成活率最高外,北京地区大多数树种以秋季芽接最适宜,即8月上旬至9月上旬。此时嫁接,既有利操作,又愈合好,且接后芽当年不萌发,免遭冻害,有利于安全过冬。在这个时期进行芽接,还应根据不同树种的特点、物候期的早晚来确定具体芽接时间。樱桃、李、杏、梅花、榆叶梅等应早接,特别是在干旱年份更应早接,一般在7月下旬至8月上旬进行,因其停止生长早,若芽接时间稍晚,砧、穗不离皮,不便于操作。而苹果、梨、枣等在8月下旬进行较宜。但杨树、月季最好在9月上中旬进行芽接,过早芽接,接芽易萌发枝条,到停止生长前不能充分木质化,越冬困难。

4 砧木的利用方式

砧木的种类很多,性状不尽相同,在嫁接后生长中的反应也不同,因此砧木的利用方式也不同。现介绍几种常用的利用方式:

4.1 共砧

又称为本砧,即砧木与接穗品种同属一种。砧木可以是种子繁殖,也可以是无性繁殖的自根砧。自根砧遗传与亲本相同,但无主根,抗性差。种子繁殖的砧木因异花授粉的缘故,变异大。但共砧种源丰富,利用方便,为嫁接首选砧木,果树栽培上常应用,如应用在苹果、梨、桃、柑、柿、枣、荔枝、龙眼、枇杷等的栽培中,并在应用中选育出了一些较好的类型。

4.2 矮化砧和乔化砧

根据嫁接后砧木对植株高度及大小的影响,将砧木分为乔化砧和矮化砧两类。乔化砧是指嫁接后形成的树体大于标准树体,适应性强、嫁接亲和力强、根系发达、生长健壮、寿命长、种源丰富,但因树体高大,管理不便,开花结果晚;矮化砧是嫁接后树体小于标准树体的一类砧木,其特点是树冠紧凑、适于密植、经济利用土地、管理养护方便省力,但树木长势弱,易老化。园林观赏上常利用矮化砧盆栽观赏花类或观赏果类。

4.3 基砧和中间砧

基砧是指在双重或多重嫁接中位于苗木基部带根的砧木,也称根砧。位于基砧和接穗之间的一段砧木称为中间砧。双重嫁接的苗木由基砧、中间砧、接穗三部分组成。这样利用砧木的目的，一是利用多种砧木特性共同对接穗产生影响，或补充一种砧木的性状不足，控制植株生长或提高抗性、适应能力；二是调节基砧与接穗的亲和性或解决中间砧种源不足的矛盾。例如，榲桲是梨的矮化砧，但接东方梨亲和力较差，因此利用哈蒂（Hardy）或故园（Old Home）等西洋梨品种作中间砧，则有利于东方梨成活，并培育成矮化苗木。

5 嫁接前的准备工作

在选择好砧木和采集好接穗后，嫁接前应准备好嫁接所用的工具及包扎和覆盖材料。

5.1 嫁接工具

根据嫁接方法确定所需准备的工具，主要有刀、剪、凿、锯、撬子、手锤等。嫁接刀具可分为芽接刀、切接刀、劈接刀、根接刀、单面刀片等。为了提高工作效率，并使嫁接伤口平滑、接面密接，有利愈合，提高嫁接成活率，应正确使用工具，刀具要求锋利。

5.2 涂抹材料

涂抹材料实际为覆盖材料，通常为接蜡，用来涂抹接合处和刀口，以减少嫁接部分水分丧失，防止病菌侵入，促使愈合，提高嫁接成活率。接蜡可分为固体接蜡和液体接蜡。

（1）固体接蜡：由松香、黄蜡、猪油（或植物油）按 4：2：1 配成。先将油加热至沸，再将其他两种物质倒入充分熔化，然后冷却凝固成块，用前加热熔化。

（2）液体接蜡：由松香、猪油、酒精按 16：1：18 配成。先将松香溶入酒精，随后加入猪油，充分搅拌即成。液体接蜡使用方便，用毛笔蘸取涂于切口，酒精挥发后形成蜡膜。液体接蜡易挥发，需用容器封闭。

5.3 包扎材料

以塑料薄膜应用最为广泛。包扎材料将砧木与接穗密接，保持切口湿度，防止接口移动。湿度低的时候可套塑料袋起到保湿作用。

任务实施

1 准备工作

1.1 砧木的选择与培育

砧木是形成新植株的基础，其质量好坏对嫁接苗以后的生长发育、树体大小、花量、结实及品质、产量等具有很大影响，如使嫁接苗乔化或矮化，变丛生为单干生，变灌木低位开花为小乔木高位开花，变常绿灌木为常绿小乔木，增强繁育品种的抗寒性，增加花色品种等，而且砧木对嫁接成活关系重大。因此，嫁接时，选择适宜的砧木是保证嫁接达到理想目的的重要环节。选择砧木主要依据下列条件：

（1）与接穗树种具有良好的亲和力。

（2）砧木发育均衡，对接穗的生长、开花、结实和寿命等有良好的影响，并能保持接穗原有的优良品性，如能使接穗生长健壮、花大、花美、果形大、品质好。

（3）生长健壮，根系发达，对栽植地区的环境条件适应性强，抗性强，如能抗旱、抗涝、抗寒、抗风、抗盐碱等。

（4）对主要病虫害有较强的抗性。

（5）种源丰富，易于大量繁殖。

（6）能满足园林绿化对嫁接苗的高度要求，具备符合栽培目的的特殊性状，如选用直立性强的砧木，而一般月季可选用刺玫等作砧木。

砧木除要求对接穗具有良好的亲和性和生长影响外，更重要的是对环境的适应性。不同类型的砧木对环境适应能力不同，砧木选择适当，能更好地满足栽培的需要。

不同地区、不同生态环境都有着与之相适应的砧木种类，根据栽培要求及区域化原则，可从本地乡土树种中选择出适宜的砧木类型。当地的种源缺乏时，也可以就近引入砧木种类。引种地与当地生态条件愈相似，引种成功率愈大。砧木的培育，一般用实生苗最好，它具有根系发达、抗性强、寿命长、可塑性强又易于大量繁殖等优点。但对于种源不足或不宜种子繁殖的树种，也可用营养繁殖法培育砧木。砧木的年龄、大小及粗细对嫁接成活和接后嫁接苗的生长有很大影响。一般应根据所接树种的特性而定，除特殊目的外，一般繁殖砧木的年龄最好选用 1～2 年生的实生苗。培育砧木，除了正常管理外，可通过摘心控制苗木高生长，促进加粗生长。在进行插皮接或芽接时，为使砧木"离皮"，可于嫁接前 1 个月左右，在砧木基部进行培土和灌水，促进形成层活动，使其易于剥皮，提高嫁接成活率。

1.2　接穗的选择和贮藏

（1）接穗的选择。

① 采穗母体的选择。必须从栽培目的出发，选择品质优良纯正、观赏价值或经济价值高的优良植株为采穗母体。

② 采穗的部位。从树冠的外围采健壮的发育枝，最好选向阳面光照充足、发育充实的枝条作为接穗。

③ 接穗的质量。一般采取节间短、生长旺盛、发育充实、芽体饱满、无病虫害、粗细均匀的 1 年生枝条较好。但有些树种，2 年生与年龄更大些的枝条也能取得较高的嫁接成活率，甚至比 1 年生枝条效果更好，如无花果、油橄榄等，只要枝条组织健全、健壮即可。针叶常绿树的接穗则应带有一段 2 年生的老枝，这种枝条嫁接成活率高，且生长较快。春季枝接应在休眠期（1～2 月）采穗。若繁殖量小，也可随采随接。常绿树木、草本植物、多浆植物以及夏季嫩枝嫁接或芽接时，宜随采随接。

（2）接穗的贮藏。

春季嫁接用的接穗，一般在休眠期结合冬季修剪将接穗采回，贴上标签，标明树种、采条日期、数量，在适宜的低温下贮藏，也可放在假植沟或地窖内。在贮藏期间要经常检查，注意保持适当的低温和适宜的湿度，以保持接穗的新鲜，防止失水、发霉。特别在早春气温回升时，需及时调节温度，防止接穗芽体膨大，影响嫁接效果。北京市东北旺苗圃用蜡封方法贮藏接穗，效果很好。方法是：将枝条采回后，剪成 10～13cm 长，保证一个接穗上有 3 个完整、饱满的芽。用水浴法将石蜡溶解，即将石蜡放在容器中，再把容器放在水浴箱或水锅里加热，通过水浴使石蜡熔化，当蜡液温度达到 85℃～90℃时，将接穗分两头在蜡液中速沾，一次完成，使接穗表面全部蒙上一层薄薄的蜡膜，中间无气泡，然后将一定数量的接穗装于塑料袋中密封好，放在 -5℃～0℃ 的低温条件下贮藏备用。一般 10000 根接穗耗蜡量为 5kg 左右。翌年随时都可取出进行嫁接。存放半年以上的接穗仍具有生命力。这种方法不仅有利于接穗的贮藏和运输，而且可有效地延长嫁接时间，在生产上具有很高的实用性。多肉植物、草本植物及一些生长季嫁接的树种应随采随接，不需预先收集贮藏。木本植物芽接时,接穗采取后,为了防蒸腾,叶片须全部剪去,保留叶柄。

1.3 接芽准备

选择好的接芽是得到优良嫁接苗的第一步。枝条基部的芽形成于枝条发育早期,此时的枝条幼嫩、光合作用弱、营养物质少、腋芽发育不好,嫁接后不易萌发生长成壮苗;枝条顶部的芽形成于花芽分化以后,也常不饱满,休眠浅,萌芽早。一般选用开花的枝条,用枝条中断的腋芽作为接芽。剪取接穗后需去除皮刺,保留叶柄,剪掉叶片,立即插入清水中,不可失水,否则成活率降低。接穗最好现采现用,不宜长时间放置,但在保湿5℃条件下可以贮藏1~2周。

1.4 砧木准备

芽接对砧木粗度要求不高,1年生砧木就能嫁接,即使嫁接不成活,对砧木影响也不大,可立即进行补接。但芽接必须在树木皮层能够剥离时方可进行。砧木可以利用实生繁殖或扦插繁殖。

2 芽接

常用的芽接方法有:带木质部芽接、"T"字形芽接、块状芽接、套芽接等。

（1）带木质部芽接。

带木质部芽接也叫嵌芽接。此种方法不仅不受树木离皮与否的季节限制,而且用这种方法嫁接,接合牢固,利于嫁接苗生长,已在生产上广泛应用。

具体做法如图5-2所示。接穗上的芽自上而下切取;先从芽的上方1~1.5cm处稍带木质部向下切一刀,然后在芽的下方1.5cm处横向斜切一刀,取下芽片。在砧木选定的高度上,取迎风面光滑处,从上向下稍带木质部削一与接芽片长、宽均相等的切面。将此切开的稍带木质部的树皮上部切去,下部留有0.5cm左右。然后将芽片插入切口,使两者形成层对齐,再将留下部分贴到芽片上,用塑料薄膜条绑扎好即可。

1. 取芽片　2. 芽片形状　3. 插入芽片　4. 绑扎

图5-2　嵌芽接

（2）"T"字形芽接。

"T"字形芽接也是生产中常用的一种方法,因其接芽片呈盾形,故也称盾形芽接。"T"字形芽接必须在树液流动、树木离皮时进行。

具体做法如图5-3所示。采取当年生新鲜枝条为接穗,将叶片除去,留有一点叶柄,先从芽的上方0.5cm左右处横切一刀,刀口宽0.8~1cm,深达木质部,再从芽下方1cm左右处稍带木质部向上平削到横切口处取下芽片,然后去掉木质部,芽在盾形芽片上居中或稍偏上。切记剥离时不可将芽肉维管束带下,芽片要保湿,不得风干。选用1~2年生的小苗作砧木。在砧木距地面5~8cm,选树干迎风面光滑处横切一刀,深度以切断皮层为准,再从横切口中间向下垂直切一刀,使切口呈"T"字形。用芽接刀尾部撬开切口皮层,随即把切好的芽片插入,使芽片上部与"T"字形上切口对齐,最后用塑料薄膜条将切口自下而上绑扎好,芽露在外面,叶柄也露在外面,以便检查成活。

1. 芽片　2. 芽片形状　3. 切砧木　4. 芽片插入与绑扎

图5-3 "T"字形芽接

3　芽接后的管理

3.1　检查成活

芽接在接后20~30d即可检查成活情况。芽接苗在接后7~15d即可检查成活。接芽上有叶柄的很好检查,只要叶柄用手轻轻一碰即落的,表示已成活,这是叶柄产生离层的缘故;叶柄干枯不落的则未成活。接芽不带叶柄的,则需要解除绑缚物进行检查。若芽体与芽片呈新鲜状态,已产生愈伤组织,表明已嫁接成活,把绑缚物重新扎好。若在春、夏季嫁接的,由于生长量大,可能接芽已萌动生长,更易鉴别。若芽片已干枯变黑,没有萌动迹象,则表明已经死亡。

3.2　解除绑缚物

当接穗已反映嫁接成活、愈合已牢固时,就要及时解除绑缚物,以免接穗发育受到抑制影响其生长。但解除绑缚物的时间也不宜过早,以防因其愈合不牢而自行裂开死亡。在检查成活情况时,将缚扎物放松或解除,嫁接时培土的,将土扒开检查,芽萌动或未萌动,但芽仍新鲜、饱满,切口产生愈合组织,表示成活,将土重新盖上,以防受到暴晒死亡。当接穗新芽长至2~3cm时,即可解除绑缚物。

3.3　剪砧、抹芽和除蘖

凡嫁接苗已检查成活但在接口上方仍有砧木枝条的,包含芽接中的大部分,要及时将接口上方砧木的大部分剪去,以利接穗萌芽生长。剪砧可分两次完成,最后剪口紧靠接口部位。春季芽接的,可和枝接一样同时剪砧;秋季芽接的,应在第二年春季萌动前剪砧。

嫁接成活后,由于接穗与砧木的亲和差异,促使砧木萌发许多蘖芽,与接穗同时生长,或提前萌生,争夺并消耗大量养分,不利于接穗成活。为集中养分供给接穗生长,要及时抹除砧木上的萌芽和根蘖,一般需去蘖2~3次。

3.4　立支柱

接穗在生长初期很娇嫩,所以,在春季风大的地区,为防止接口或接穗新梢风折和弯曲,应在新梢生长后立支柱。上述两次剪砧,其中第一次剪砧时在接口以上留一定长度的茎干就是代替支柱的作用。待刮大风的季节过后再行第二次剪砧。近地面嫁接的可以用培土的方法代替立支柱,嫁接时选择迎风方向的砧木部位进行嫁接,可以提高接穗的抗风能力。

3.5　补接

嫁接失败时,应抓紧时间进行补接。如芽接失败,且嫁接时间已过,树木不能离皮,则于翌年春季用枝接法补接。

3.6　田间管理

嫁接苗接后愈合期间,若遇干旱天气,应及时进行灌水。其他抚育管理工作,如虫害防治、灌水、施肥、松土、除草等同一般育苗。

📖 评分标准

序号	项目与技术要求	配分	检测标准	实测记录	得分
1	嫁接速度	20	速度快,16～20分;速度中等,12～15分;速度慢,11分以下		
2	削砧木	15	削面平滑、切口大小合适,12～15分;削面较平滑、切口大小基本合适,9～11分;削面不太平滑、切口大小不合适,8分以下		
3	削取芽片	15	芽片大小合适、形状正确,切削方法正确、用力均匀,12～15分;芽片大小比较合适、形状基本正确,切削方法基本正确、用力比较均匀,9～11分;芽片大小不合适、形状有错误,切削方法有错误、用力不均匀,低于8分		
4	嫁接	20	"T"字形芽接横切口与芽片横切口对齐,接合牢固,"嵌芽接"芽片下方与砧木下切口插紧,16～20分;"T"字形芽接横切口与芽片横切口基本对齐,接合较牢固,"嵌芽接"芽片下方与砧木下切口基本插紧,12～15分;"T"字形芽接横切口没有与芽片横切口对齐,接合不牢固或"嵌芽接"芽片下方没有与砧木下切口插紧,低于11分		
5	绑缚	10	绑扎松紧适度,套袋或封蜡保湿,8～10分;绑扎松紧基本适度,套袋或封蜡基本能保湿,6～7分;绑扎过松或过紧,套袋或封蜡不牢固,低于5分		
6	嫁接成活率	20	按成活比例计算得分		
	合　计	100	实际得分		

课后任务

课后班级同学以小组为单位,定期进行芽接苗的接后管理,待成活后进行移栽或上盆。

任务 2　枝接育苗

任务目标

枝接育苗是利用植物的枝条作为繁殖材料,通过与砧木的接合,使二者合二为一,形成独立生活新植株的繁殖方法。

任务提出

当气候条件不能满足芽接的需要时,会采用植物的枝条作为插穗进行嫁接。

任务分析

枝接需要选择与培育砧木、剪取接穗、嫁接及进行接后管理,以保证嫁接苗的成活。

相关知识

1　枝接愈合的原理

嫁接的愈合主要依靠砧木、接穗结合部位形成层的再生能力。嫁接后,砧木与接穗接触面的受伤细胞与空气接触后形成凝聚,伤口表面上的一层褐色坏死组织形成隔离层,伤口周围的细胞与形成层细胞不断分裂,形成愈伤组织。愈伤组织渐渐充满砧穗间的空隙,使砧穗紧密相连,并通过胞间连丝使养分与水分互通。新形成的愈伤组织边缘与砧穗二者形成层相接触的薄壁细胞分化成新的形成层细胞。这些形成层细胞离开原来的砧穗形成层不断向两侧分化,穿过愈伤组织,直到砧穗形成层相接。在愈伤组织内部,新形成的形成层鞘开始正常的形成层活动,沿砧木与接穗的原始维管形成层产生新的木质部与韧皮部,将接穗与砧木的木质部导管及韧皮部导管沟通起来,于是输导组织才真正连通。愈伤组织外部的细胞分化成新的栓皮细胞,与两者的栓皮细胞相连,这时两者才真正合成一个植株,如图 5-4 所示。

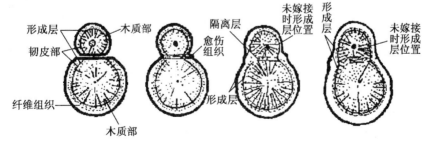

图 5-4　枝接愈合示意图

2　影响嫁接成活的因素

2.1　内在因素

影响嫁接成活的内在因素主要是砧木与接穗间的亲和力。亲和力，是指嫁接后砧木与接穗二者共同生长发育成一个独立新植株的潜在能力，即接穗接在砧木上后，两者在内部的组织上、遗传上彼此相同或接近，能结合在一起的能力。嫁接后砧穗愈合好、成活快、生长旺，说明二者亲和力强；反之，如果愈合不好，嫁接后很难成活或即使能成活，生长不良，开花结果不正常，表明二者不亲和或亲和力弱。

影响砧穗间亲和力强弱的因素包括：砧穗间的遗传相似性、砧穗间的亲缘关系、砧穗间细胞组织结构的差异、砧穗间生理生化特性的差异及砧穗的营养状况等方面。

（1）砧穗间的遗传相似性。

砧穗在遗传上越相似，亲和力越强，嫁接越易成活。

（2）砧穗间的亲缘关系。

砧穗间的亲缘关系主要是就砧木与接穗在植物分类上的关系而言。二者亲缘关系越近，亲和力越强，嫁接越易成活。一般来说，同种内不同品种或品系间亲和力最强，嫁接最易成功。同属异种间因属种差异，多数亲和力较好，易成功，如李属、蔷薇属、苹果属、柑橘属、木兰属、杜鹃花属；同科异属间的亲和力一般较弱，嫁接后多数不易成活，即便成活也会出现"大脚"或"小脚"等接口愈合不良的情况，但也有嫁接成功的组合，如仙人掌科的许多属间、柑橘亚科的各属间、桂花与女贞间、菊花与黄蒿、青蒿及白蒿间等；不同科间由于亲缘关系太远，嫁接很难成功，生产上尚无应用。

（3）砧穗间细胞组织结构的差异。

砧木与接穗在组织与解剖学上的结构越相似，嫁接就越易成活。如果差异大，有可能出现完全的不亲和；差异小则可能形成"大脚"或"小脚"现象；差异最小时才能很好地亲和。

（4）砧穗间生理生化特性的差异。

当砧木与接穗的生活型接近时，他们同化吸收及整个代谢过程都很相似，嫁接易于愈合。砧穗间影响亲和性的生理生化因子很多，具体表现在：砧木根系吸收水分和无机养料的数量，与产生枝叶的接穗消耗所需要的数量间的差异，接穗制造有机养分与砧木所需要的数量间的差异，砧穗细胞的渗透压、原生质的酸碱度和蛋白质种类的差异。此外，砧穗在代谢过程中若产生不利愈合的油脂、单宁或其他有害物质，也会影响嫁接的成活。

（5）砧穗的营养生长状况。

砧木与接穗具有较强的生活力、生长健壮和无病虫害是嫁接后细胞再生、愈伤组织形成及发展，新的输导组织形成的物质基础。营养良好、生长健壮、无病虫害的砧木与发育充实、富含营养物质和激素的接穗，细胞分裂旺盛，嫁接成活率高。

砧木的发育程度也是嫁接成败的一个重要因素。具有充足营养的砧木有利于形成层的分化，有利于愈伤组织的生成，成活率也越高。砧木的年龄也是影响成活的一个因素，一般幼龄的砧木成活率较高。

接穗的特性主要取决于接穗的年龄和充实度两个因素。接穗的年龄以当年生为佳，同二年生、三年生接穗比较，当年生枝条愈伤组织的形成量最多，随着接穗年龄的增加，愈伤组织的形成量减少。接穗的充实度越好，含有的碳水化合物较多，愈伤组织形成得越多，成活率也就越高。

此外,砧木与接穗的伤流也影响着嫁接的成活率。伤流往往在结合面上产生隔离作用,阻碍砧穗间的物质交流与愈合,进而影响到嫁接的成活率。

2.2　外部环境因素

影响嫁接成活的外部环境因素有温度、湿度、光照等方面。

（1）温度。

嫁接苗的愈伤组织只有在一定温度下才能形成,大多数植物以20℃～25℃为宜,温度过高或过低时愈伤组织的形成会基本停止,导致嫁接失败。

（2）湿度。

利于愈伤组织形成的空气相对湿度是95%左右。空气湿度的影响体现在两方面:愈伤组织的形成需要一定的湿度;接穗要在一定湿度的环境下才能保持活力。如果湿度过低,细胞容易失去水分,导致接穗死亡。在嫁接初期要适当保湿。生产上多以薄膜绑扎或封蜡以增加内部小环境的湿度。

（3）光照。

黑暗条件能促进愈伤组织的形成,直射光照会明显抑制愈伤组织的形成。此外,直射光会加大植株的蒸发量,加速接穗失水速度。

3　枝接的时期

枝接一般在树木休眠期进行,多在冬、春两季进行,以春季最为适宜。在北京地区,一般从3月20日以后至4月10日左右最好。但对含单宁较多的树种,如柿子、核桃等,枝接时期应稍晚,选在单宁含量较少的时期,一般在4月20日以后,即谷雨至立夏前后最为适宜。同一树种在不同地区,由于各地的气候条件的差异,其枝接时间也各有不同,均应选在形成愈合组织更有利的时期。例如,河南鄢陵在9月下旬(秋分)枝接玉兰,山东菏泽在9月下旬枝接牡丹。而针叶常绿树的枝接时期以夏季较适合,如龙柏、翠柏、洒金柏、偃柏、万峰桧等在北京以6月嫁接成活率为最高。

冬季枝接在树木落叶后、春季发芽前均可进行,但该时期温度过低,必须采取相应措施才不致失败。一般是将砧木掘下在室内进行,接好后假植于温室或地窖中,促其愈合,春季再栽于露地。在假植或栽植过程中,由于砧、穗未愈合牢固,不可碰动接口,防止接口错离,影响成活。现枝接采用蜡封接穗,可不受季节限制,一年四季均可进行,方法简便,成活率高,生产中值得推广采用。

▮▮▮▮ 任务实施

1　砧木的选择与培育

砧木是嫁接的基础,砧木的涨势与接穗的亲和力都会影响嫁接的成活。一般砧木应在苗圃中培育,以满足嫁接繁殖的需要。

1.1　砧木的选择

由于砧木对接穗的影响较大,可选取砧木的种类繁多,在选择时应因地、因时制宜,所选的砧木应具备以下条件:

（1）与接穗亲和力强。

一般同属植物的亲和力较强，如梅花嫁接在杏、野梅、山桃、毛桃上均可。

（2）适应性强。

对栽培地区的气候、土壤等环境条件的适应能力强。如毛桃耐湿性强但抗寒性较弱，而山桃则抗寒耐旱。因此选用梅花的砧木时，南方选取毛桃，北方多用山桃。

（3）生长发育好。

对接穗的生长、开花、结果、寿命能产生积极的影响。如把梅花嫁接在杏砧或梅砧上比接在山桃和毛桃上寿命长，但开花较晚。

（4）来源充足、易繁殖。

如西鹃选用的砧木为映山红或毛鹃，其来源广泛，野生数量较大，完全可以满足嫁接的需要。

（5）抗性强。

对病虫害、旱涝、低温等有较好的抗性。野生砧木一般都具有较强的抗性，如山桃、映山红、野梅等。

（6）能满足特殊需要。

在运用上能满足特殊需要，如乔化、矮化、无刺等。如嫁接碧桃盆栽观赏，则必须用寿星桃作砧木，以使嫁接苗爱华，满足观赏需要。

由此可见，选择正确的砧木不但有利于砧穗的接合，也可提高嫁接苗的适应能力，延长嫁接苗的寿命，促进嫁接苗提早开花及适合盆栽造型等。

1.2 砧木的培育

砧木最好选择播种方式培育的实生苗，因为实生苗对外界不良环境条件抵抗力强、寿命长，而且它的生理年龄低，不会改变优良品种接穗的固有性状。如月季可用蔷薇的实生苗或扦插苗嫁接，但扦插苗的生理年龄往往要比月季的生理年龄大，嫁接后容易改变月季的某些特性。实生苗砧木在培育时应注意肥水供应，并结合摘心等措施使之尽快达到嫁接的要求。

1.3 常用的砧木种类

砧木的来源主要是采集的野生苗木或选择抗性较强的人工栽培品种，常见园林植物与相应的砧木如表 5-1 所示。

表 5-1　常见园林植物适宜的砧木一览表

接穗	砧木	接穗	砧木
碧桃	寿星桃	含笑	黄兰、木兰
龙爪槐	槐树	洒金柏	侧柏
梅花	山杏、山桃	白兰	黄兰、木兰
桂花	女贞、小蜡	广玉兰	黄兰、木兰
金橘	其他橘类	翠柏	圆柏、侧柏
紫丁香	女贞、小蜡	牡丹	实生牡丹
五针松	黑松	龙柏	圆柏、侧柏
西鹃	映山红、毛鹃	蜡梅	其他蜡梅
菊花	青、黄、白蒿	樱花	毛樱桃
仙人掌类	量天尺、草球	玉兰	木兰
云南山茶	野生山茶	月季	蔷薇

2 接穗的剪取

2.1 接穗的选择

落叶园林植物通常在晚冬或初春进行嫁接,所采用的接穗应该是前一年夏季生长的枝条。选取接穗时应注意以下几点:

(1)多数园林植物选取的接穗最好是一年生或当年生枝条;少数园林植物如橄榄、无花果等,则需要选择二年生的枝条。

(2)接穗枝条上应有健壮、发育良好的营养芽,不能有花芽。营养芽和花芽可从形态上区分:营养芽多为狭尖形,花芽多为膨胀圆形。

(3)最好的接穗材料应为植株上部有活力、充分成熟、木质化的枝条,在前一年的夏季已经生长成60~90cm长。为提高接穗的产量,可在前一年的冬季对植株进行重修剪,以增加分枝。而来自于嫁接植株基部的吸芽通常不作为接穗,因为其有可能是砧木材料的一部分。接穗最适宜的大小为直径0.6~1.2cm。

(4)接穗最好选择充分成熟、带有短节间,位于枝条的中部或下部2/3处;顶端的枝条因其较为柔嫩、有髓、碳水化合物含量低,不适宜作为接穗。

(5)落叶园林植物早春嫁接时,接穗可在冬季植株进入休眠后的任何时间采取,但发生冻害的枝条不能采取接穗。

2.2 接穗的贮藏

接穗剪取后到嫁接前必须进行适当的贮藏,在低温和湿润的条件下阻止芽的萌发,常用的方法是将接穗25~100根一捆用厚的防水纸、塑料薄膜或塑料袋包扎起来,在包装材料中放入少量干净湿润的泥炭、锯屑或泥炭藓,注意不能使用沙子,因为沙子会使切面不平整。如果贮藏时间很长,需要每隔几周就检查一下,防止接穗过湿或过干。如果接穗的芽发生膨胀,需要立即嫁接,或转入温度更低的场所贮藏。

聚乙烯塑料条带是很好的包装材料,可使氧气和二氧化碳自由交换,阻止水蒸气的散发,因此用这种材料可以不需要使用其他增湿材料,接穗本身的湿度就足以满足需要。

接穗的贮藏温度很重要,如果需要贮藏2~3周,适宜的贮藏温度为5℃;如果贮藏1~3个月,适宜的贮藏温度为0℃,以使芽处于休眠状态。但像杏这样的树木即使在这样的温度条件下贮藏,大约3个月以后芽就开始萌发。如果没有制冷设备,可将接穗置于建筑物或高篱的北侧,在冬季成捆埋在冰层以下、排水良好的土壤中。柑橘等一些阔叶常绿园林植物,可以在春季树体还没有开始生长时进行嫁接,无须提前准备接穗,随采随接,接穗采自枝条基部,要求带有休眠的腋芽,去掉叶片。如果接穗上的芽已经开始旺盛生长,则可能因芽抽生长出叶片消耗大量水分而导致嫁接后死亡。

3 嫁接

枝接,其优点是嫁接苗生长较快,早春进行嫁接,当年秋季即可出圃,而且在嫁接时间上不受树木离皮与否的限制。常用的枝接方法有切接、劈接、插皮接、腹接,另外还有髓心形成层对接、靠接、合接、舌接、根接等。

(1)切接法。是枝接中最常用的一种,适用于大部分园林树种,其方法如图5-5所示。砧木宜选用2cm粗的幼苗,稍粗些也可以,在距地面5cm左右处断砧,削平断面,选择较平滑的一面,用切接刀在砧木一侧(略带木质部,在横断面上为直径的1/5~1/4)垂直下切,深

2~3cm。削接穗时,接穗上要保留2~3个完整饱满的芽,将接穗从距下切口最近的芽位背面,用切接刀向内切达木质部(不要超过髓心),随即向下与接穗中轴平行切削到底,切面长2~3cm,再于背面末端削成0.8~1cm长的小斜面。将削好的接穗,长削面向里插入砧木切口中,使双方形成层对准密接,接穗插入的深度以接穗削面上端露出0.5cm左右为宜,俗称"露白",有利愈合成活。如果砧木切口过宽,可对准一边形成层,然后用塑料条由下向上捆扎紧密,可兼有使形成层密接和保湿作用。必要时可在接口处封泥接蜡,或采用埋土办法,以减少水分蒸发,达到保湿目的。嫁接后为保持接口湿度和防止接穗失水干萎,可采取如下保湿措施:套塑料袋、堆土封埋、用塑料条缠缚、涂接蜡、涂沥青油等。

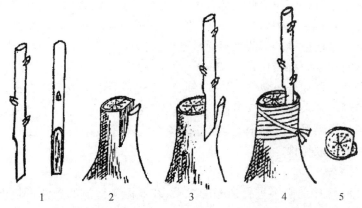

1. 接穗下切口正侧面 2. 砧木切法 3. 砧穗结合 4. 绑扎 5. 形成层结合断面图

图5-5 切接

(2)劈接法。适用于大部分落叶树种,其方法如图5-6所示。通常在砧木较粗、接穗较细时使用。将砧木在离地面5~10cm处锯断,并削平剪口,用劈接刀从其横断面的中心垂直向下劈开,注意劈时不要用力过猛,要轻轻敲击劈刀刀背或按压刀背,使徐徐下切,切口长2~3cm。接穗削成楔形,削面长2~3cm,接穗外侧要比内侧稍厚,刀要锋利,削面要平滑。将削好的接穗插入砧木劈缝。接穗插入时可用劈刀的楔部将劈口撬开,轻轻将接穗插入,靠一侧使形成层对齐。砧木较粗时,可同时插入2个或4个接穗。劈接一般不必绑扎接口,但如果砧木过细,夹力不够用,可用塑料薄膜条或麻绳绑扎。为防止劈口失水影响嫁接成活,接后可培土覆盖或用接蜡封口。

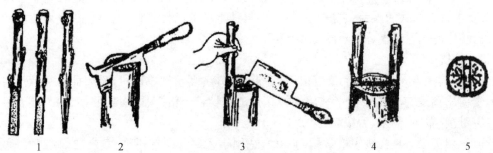

1. 接穗切口正、背、侧面 2. 砧木劈开 3. 接穗插入侧面 4. 双穗插入正面 5. 形成层结合断面

图5-6 劈接

（3）靠接法。主要用于培育一般嫁接法难以成活的珍贵树种。要求砧木与接穗均为自养植株,且粗度相近,在嫁接前还应移植到一起。在生长季,将砧木和接穗相邻的光滑部位各削一长、宽均相等的切削面,长 3~6cm,深达木质部,使砧、穗的切口密接,双方形成层对齐,用塑料薄膜条绑缚严紧。待愈合成活后,将砧木从剪口上方剪去,即成一株嫁接苗。这种方法的砧木与接穗均有根,不存在接穗离体失水问题,故易成活(图 5-7)。

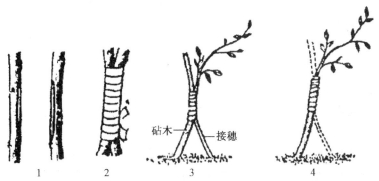

1. 砧、穗削面　2. 接合后绑严　3. 绑缚砧木和接穗后的情况　4. 剪去砧木上端和接穗下端,即成一嫁接树

图 5-7　靠接

（4）合接和舌接。适用于枝条较软较细的树种。砧木和接穗的粗度最好相近。合接是将砧、穗各削成一长度为 3~5cm 的斜削面,把双方形成层对齐对搭起来,绑缚严紧即可。舌接的削法基本同合接,只是削好后再于削面距顶端 1/3 处竖直向下削一刀,深度为削面长度的 1/2 左右,呈舌状。将砧木、接穗各自的舌片插入对方的切口,使形成层对齐,用塑料薄膜条绑缚即可(图 5-8)。

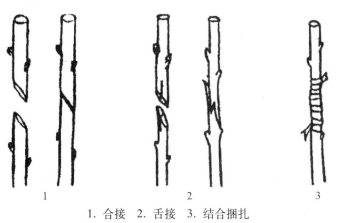

1. 合接　2. 舌接　3. 结合捆扎

图 5-8　合接和舌接

4　嫁接后管理

4.1　检查成活

枝接接后 20~30d 检查成活情况。凡接穗上的芽已经萌发生长或仍保持新鲜的即已成活。

4.2　解除绑缚物

当接穗已反映嫁接成活、愈合已牢固时,就要及时解除绑缚物,以免接穗发育受到抑制影响其生长。但解除绑缚物的时间也不宜过早，以防因其愈合不牢而自行裂开死亡。在检查枝接成活情况时，将缚扎物放松或解除，嫁接时培土的，将土扒开检查，芽萌动或未萌动，但芽仍新鲜、饱满，切口产生愈合组织，表示成活，将土重新盖上，以防受到暴晒死亡。当接穗新芽长至 2～3cm 时，即可解除绑缚物。

4.3 剪砧、抹芽和除蘖

凡嫁接苗已检查成活但在接口上方仍有砧木枝条的，尤其是枝接中的腹接、靠接，要及时将接口上方砧木的大部分剪去，以利接穗萌芽生长。剪砧可分两次完成，最后剪口紧靠接口部位。

嫁接成活后，由于接穗与砧木的亲和差异，促使砧木萌发许多蘖芽，与接穗同时生长，或提前萌生，争夺并消耗大量养分，不利于接穗成活。为集中养分供给接穗生长，要及时抹除砧木上的萌芽和根蘖，一般需去蘖 2～3 次。

4.4 立支柱

接穗在生长初期很娇嫩，所以，在春季风大的地区，为防止接口或接穗新梢风折和弯曲，应在新梢生长后立支柱。上述两次剪砧，其中第一次剪砧时在接口以上留一定长度的茎干就是代替支柱的作用，待刮大风的季节过后再行第二次剪砧。近地面嫁接的可以用培土的方法代替立支柱，嫁接时选择迎风方向的砧木部位进行嫁接，可以提高接穗的抗风能力。

4.5 补接

嫁接失败时，应抓紧时间进行补接。枝接未成活的，可将砧木在接口稍下处剪去，在其萌发枝条中选留一个生长健壮的进行培养，待到夏、秋季节，用芽接法补接。

4.6 田间管理

嫁接苗接后愈合期间，若遇干旱天气，应及时进行灌水。其他抚育管理工作，如虫害防治、灌水、施肥、松土、除草等同一般育苗。

 评分标准

序号	项目与技术要求	配分	检测标准	实测记录	得分
1	嫁接速度	20	速度快，16～20 分；速度中等，12～15 分；速度慢，11 分以下		
2	削砧木	15	削面平滑、切口大小合适，12～15 分；削面较平滑、切口大小基本合适，9～11 分；削面不太平滑、切口大小不合适，8 分以下		
3	削取接穗	15	接穗大小合适、形状正确、切削方法正确、用力均匀，12～15 分；接穗大小比较合适、形状基本正确、切削方法基本正确、用力比较均匀，9～11 分；接穗大小不合适、形状有错误、切削方法有错误、用力不均匀，低于 8 分		

续表

序号	项目与技术要求	配分	检测标准	实测记录	得分
4	嫁接	20	切接砧木与形成层对齐两侧、接合牢固,接合部位露白0.5cm左右,16~20分;切接砧木与形成层对齐一侧、接合比较牢固,接合部位露白接近0.5cm,12~15分;切接砧木与形成层两侧均未对齐、接合不牢固或接合部位无露白,低于11分		
5	绑缚	10	绑扎松紧适度,套袋或封蜡保湿,8~10分;绑扎松紧基本适度,套袋或封蜡基本能保湿,6~7分;绑扎过松或过紧,套袋或封蜡不牢固,低于5分		
6	嫁接成活率	20	按成活比例计算得分		
合　计		100	实际得分		

 课后任务

课后班级同学以小组为单位,定期进行枝接苗的接后管理,待成活后进行移栽或上盆。

项目六 园林树木的其他育苗方法

任务1 分株育苗

 任务目标

掌握园林植物分株育苗的基本技术与操作。

 任务提出

某些园林植物具有萌生根蘖或灌木丛生的特性，将这些萌生出的根蘖或丛生植株从母体上分离出来，单独栽植，就能形成新的植株。

 任务分析

进行分株育苗，首先要了解适于分株繁殖的植物种类，选择合适的时期，妥善操作以保证分株苗的成活。

 相关知识

1 分株繁殖的概念和类型

分株繁殖，是将植物营养体从母株分离单栽借以繁殖植株的一种繁殖方法。分株繁殖成活率高，并且在较短的时间内可以得到大苗，但繁殖系数小，不便于大面积生产，获得的苗木规格不整齐，因此多用于少量苗木的繁殖或名贵花木的繁殖。分株方法适用于易生根蘖或茎蘖的园林树种。例如，刺槐、臭椿、枣、银杏、毛白杨、泡桐、文冠果、玫瑰等树种常在根上长出不定芽，伸出地面形成一些未脱离母体的小植株，这便是根蘖。根蘖是由根上的不定芽长出的枝条，具有幼龄植株的生理特性。

易产生根蘖的树种，根插也容易成活。为了刺激产生根蘖，早春可在树冠外围挖一个环形或条状的、深和宽各为30cm左右的沟，再切断部分1~2cm粗的水平根栽植，施入腐熟的基肥后覆土填平、踏实。根蘖苗有时呈丛生状，出苗后可间除部分过密的幼苗，以保证留下的苗木能健壮、整齐地生长。又如，珍珠梅、黄刺玫、绣线菊、迎春等灌木树种多能在茎的基部长出许多茎芽,也可形成许多不脱离母体的小植株,这就是茎蘖。这类花木都可以形成大的灌木丛,把这些大灌木丛用利刃切分成若干个小植丛,单独栽植,或把根蘖从母树上切挖下来,单独栽植,获得新植株,这种方法称为分株。

2　分株繁殖的时期选择

分株的时期一般安排在春、秋两季。春天在发芽前进行,秋天在落叶后进行,具体时间依各地的气候条件而定。由于分株法多用于花木类,因此应充分考虑到分株对开花的影响。一般夏秋开花的在早春萌芽前进行,春天开花的在秋季落叶后进行,这样在分株后给予一定的时间使根系愈合长出新根,有利于生长且不影响开花。大丽花、美人蕉、丁香、蜡梅、迎春等植物春季分株,芍药、牡丹等适宜在 9 月中下旬至 10 月上中旬分株。

任务实施

1　育苗地的准备

育苗地整地作床,做好育苗准备。按规划好的株行距挖种植穴。

2　分株繁殖

分株的具体方法有三种:灌丛分株(图6-1)、根蘖分株(图6-2)、掘起分株(图6-3)。

灌丛分株:在母株的一侧或两侧挖开,将带有一定茎干和根系的萌株带根挖出,另行栽植。此法适合于易形成灌木丛的植株,如牡丹、黄刺玫、玫瑰、蜡梅、连翘、贴梗海棠、火炬树、香花槐等。

根蘖分株:将母株的根蘖挖开,露出根系,用利斧或利铲将根蘖株带根挖出,另行栽植。

掘起分株:将母株全部带根挖起,用利斧或利刀将植株根部分成有较好根系的几份,每份地上部分均应有 1 ~ 3 个茎干。挖沟时,注意不要伤到或挖断直径 2cm 以上的粗根,以免影响树木生长,切断的小根要将伤口处削平;根系部位剪口太大,需用杀菌剂处理,防止腐烂。

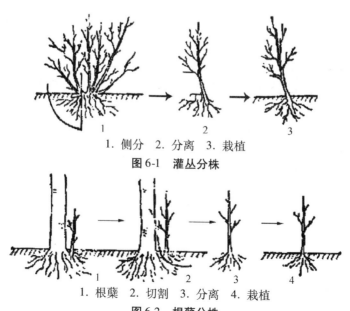

1. 侧分　2. 分离　3. 栽植

图 6-1　灌丛分株

1. 根蘖　2. 切割　3. 分离　4. 栽植

图 6-2　根蘖分株

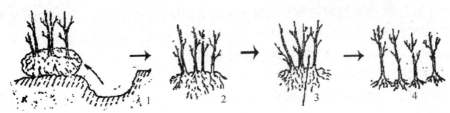

1、2. 挖掘 3. 切割 4. 栽植

图 6-3 掘起分株

3 分株后的管理

地上部分据实际情况适当修剪。新分的每个植株都应具有完整的根、茎、叶。栽植时栽植深度与原来深度一致，土印与地面相平或略高。遮阴养护数天，待其恢复后再在阳光下栽培管理。

📋 评分标准

序号	项目与技术要求	配分	检测标准	实测记录	得分
1	选择合适的母株	15	不符合每个扣 2 分，扣完为止		
2	母株地上部分修剪	15	不符合每个扣 2 分，扣完为止		
3	挖掘、分株过程	20	不符合每个扣 4 分，扣完为止		
4	分株后栽植	20	不符合每个扣 2 分，扣完为止		
5	分株成活率	30	不符合每个扣 3 分，扣完为止		
	合　计	100	实际得分		

📖 知识链接

其他形式分生育苗

一些园林植物在生长过程中会产生某些特殊的营养器官，与母株分离后另行栽植，可形成独立的植株。

（1）吸芽。某些植物根基或地上茎叶腋间自然发生的短缩、肥厚的短枝，下部可自然生根，可分离另行栽植，如芦荟、景天、凤梨等（图 6-4）。

（2）珠芽。生于叶腋间一种特殊形式的芽，如卷丹（图 6-5）。脱离母体后栽植可生根，形成新的植株。

图6-4　芦荟吸芽繁殖　　　　　　图6-5　卷丹的鳞茎和珠芽

（3）走茎或匍匐茎。走茎是叶丛抽生出来节间较长的茎,节上着生叶、花和不定根,能产生小植株,分离另行栽植即可获得新的植株,如虎耳草、吊兰等。匍匐茎节间稍短,横走地面,节处生不定根和芽,分离另行栽植可获得新的植株,如狗牙根、草莓等(图6-6)。

图6-6　草莓匍匐茎繁殖

 课后任务

课后经常观察分株苗的生长情况,分组进行分株后的日常管理及分离另栽。栽植后浇透定根水,缓苗数日,保证根蘖苗或茎蘖苗的成活。

任务 2 压条育苗

任务目标

掌握压条繁殖的基本操作,能利用植物的茎枝获得压条苗。

任务提出

压条繁殖是许多藤本和灌木类植物常用的一种繁殖方法,多用于一些茎节和节间容易发根的木本花卉和一些扦插不容易发根的园林植物。

任务分析

压条是利用未脱离母体的枝条,在适当的部位环剥或刻伤,涂抹生根促进剂,然后埋入土中,待其生根后,剪离母体另行栽植,形成新的植株。

相关知识

压条繁殖是将未脱离母体的枝条压入土内或在空中包以湿润物,待生根后把枝条切离母体,成为独立新植株的一种繁殖方法。此法多用于扦插繁殖不容易生根的树种,如玉兰、蔷薇、桂花、樱桃、龙眼等。

此种方法在生根之前不与母体脱离,可以借助母体水分、养分供给压条生根发芽,所以成活率很高。虽然这种方法繁殖简单,设备少,但受母体限制,操作费工,繁殖系数低,且生根时间较长,不能大规模使用。

压条繁殖的机理与扦插类似,也利用了枝条上能长出不定芽和不定根的特性,但压条比扦插更容易生根,因为枝条并未脱离母体,可以不断得到养分供应。

压条的时间在南方一年四季均可进行,以春季和梅雨季节最为理想;北方多在春季或上半年进行,这样在入冬前有充分的时间形成完好的根系。在中温或高温温室中,也可以在冬季进行一些植物的压条繁殖。

为了提高压苗的成活率,要掌握以下几个要点:

(1)选高压枝条一定要选健壮、中熟不老化、饱满且角度小的枝条,太老或太嫩的枝条都不容易成活。

(2)进行环割处理时,敷包生根基质要紧结,大小要适中。

(3)薄膜包扎时间要掌握好,过早,泥土发软不能操作;过久,泥土过于失水,不利于生根。

(4)高压生根后,分离母株的时间以秋季较可靠,移栽易成活。

(5)割伤处理要适当,最好切断韧皮部至形成层而不伤到木质部。因为切割不够彻底,伤口容易自动愈合而不发根。反之,切割过度伤到木质部会导致枝枯或断裂。

（6）保证伤口清洁无菌。割伤处理使用的器具要清洁消毒，避免细菌感染伤口而腐烂。

（7）注意一般不宜在树液流动旺盛期进行割伤处理，以免影响伤口愈合，对生根不利。

任务实施

1 促进生根处理

压条时，将生根部位环剥或刻伤，可以促进萌发新根。促进压条生根的方法如图6-7所示。

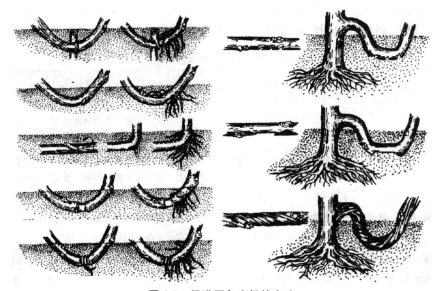

图6-7 促进压条生根的方法

常用的处理方法有：

1.1 刻痕法

在压条部位纵向刻出几道伤痕，或横向刻伤1~2圈，要求深达木质部，这种方法适用于容易生根的园林植物。

1.2 去皮法

在压条部位，用刀刻去一或两块舌状带木质部的皮层，或环剥后刮去形成层，避免形成层产生愈伤组织接通被割断的韧皮部，或将环剥处的木质部晾干后再埋入土中，这类方法多用于生根困难的植物。

1.3 环缢法

用较细的铅丝紧紧地绑扎在压条部位，深达木质部，能切断韧皮部并防止木质部加粗，使养分积累在伤口部位而刺激生根。

1.4 扭枝法

对一些比较柔软、容易离皮的园林植物，在大量压条时为提高工作效率，常用双手将压条部位扭曲，使韧皮部与木质部分离。

使用上述方法处理压条部位时，还可以结合生长激素处理。

2 压条繁殖

2.1 低压法

低压法分为普通压条法、水平压条法、波状压条法和堆土压条法,如图6-8所示。

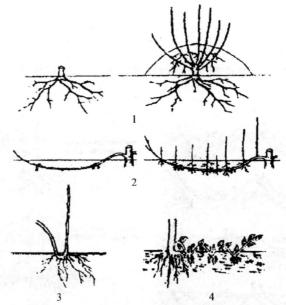

1. 堆土压条法 2. 水平压条法 3. 普通压条法 4. 波状压条法

图6-8 低压法示意图

(1)普通压条法。

此法是压条生产中最为常见的一种压条方法,常用于枝条长且易弯曲的树种,如迎春、木兰、大叶黄杨等树种。具体操作:在休眠期或生长期中,将长度能弯曲到地面的1~2年生枝条压入地面挖出的10cm深的土沟中,近母体一侧的沟面成斜坡状,梢头处的沟壁垂直,枝条顺坡放置于沟中,梢头露出地面,用木钩插于枝条向上弯曲处固定,将土壤压实灌水,待枝条生根成活后,切断与母体连结的部分,形成新的植株。此法一枝繁殖一棵新生株。

(2)水平压条法。

此法适用于枝条着生部位低、长而且容易生根的树种,如葡萄、连翘、迎春、紫藤等。在春季萌芽前,顺枝条的着生方向,按枝条长度开水平沟,沟深2~5cm,将枝条水平压入沟中,用木钩分段插住固定,上覆薄层土壤压住枝条,不可过厚,待萌芽生长后再覆薄土,以促进每个芽节处下方产生不定根系,上部萌芽产生新枝。新枝长10cm以上时,进行多次培土,促进生根。未埋入土中的枝条基部由于优势地位易促使萌芽生蘖,消耗养分,导致压条不易发根生枝,宜经常对这些部位进行抹芽除蘖。秋季落叶后,将其基部生根的小苗自水平枝上剪下形成新的植株,用此法埋压一根枝条可得到多个新植株。

(3)波状压条法。

此法适用于枝条长、柔软易弯曲的树种,如葡萄、紫藤、迎春等。春季萌芽前将枝条波状压入土壤,波谷处埋入土壤,波峰处露在地表,形成压于土堆中的枝条部分生根,露在外面的部分萌芽抽生新枝,成活后方能与母体切离形成新的植株,切离形成新株时要求有新梢与根系组成一个个体。

（4）堆土压条法。

此法也叫直立压条法，适用于丛木和根蘖性强的树种，如贴梗海棠、八仙花等。在早春萌芽前，将植株平茬截干，促进萌蘖，当新生枝长到 15～20cm 时，随着枝条生长逐渐培土。可根据萌条发根能力，在培土前对萌条基部进行刻伤和环状剥皮，然后培土。在压条培土过程中，注意保持土壤湿度。一般经过雨季后就可生根成活。第二年春季把形成新株的枝条从基部剪断，切离与母体的联系后进行栽培。

2.2　高压法

高压法也称为空中压条法，主要用于对树体高大、树冠较高、枝条难以弯曲的木本植物进行压条繁殖，如桂花、山茶、米兰、荔枝、龙眼等。

高压法可在生长期内进行具体操作：先将所选枝条的被压处用刀进行刻伤或环剥处理，阻止枝条上部叶片光合的营养物质下移，在该处积累膨大并形成大量愈伤组织。然后用塑料袋或对开竹筒套在被压处，里面填充疏松、保温、透气性好的基质，如蛭石、苔藓、草炭或肥沃土壤等，用绳扎紧，以利在包裹内生根。待枝条生根后，从树上剪下移栽（图6-9）。

环状剥皮　　　　基质　　　　　包扎　　　　发根

图6-9　高压法示意图

3　压条后的管理

压条后，外界环境因素对压条生根成活有很大影响，应注意保持土壤湿润，适时灌水；保持适宜的土壤通气条件和温度，及时进行中耕除草；经常检查埋入土中的压条是否露出地面，露出的压条要及时重压埋入土壤。压条留在地面上的部分生长过长时，需及时剪去梢头，以利于营养积累和生根。

分离压条苗的时期取决于根系生长状况。当被压处生长出大量根系，形成的根群能够与地上枝条部分组成新的植株，能够协调体内水分代谢平衡时，即可分割。较粗的枝条需分 2～3 次切割，逐渐形成充足的根系后方能全部分离。新分离的植株抵抗力较弱，需要采取措施保护，如适量地灌水、遮阴以保持地上、地下部的水分平衡，冬季采取防寒措施以利压条苗越冬。土太厚的地方，幼芽不易出土，影响产苗量。

压条繁殖的管理较简单，主要是注意保持土壤的湿度，要经常检查压入土中的枝条是否压稳了，有无露出地面，发现有露出地面的要及时重压，情况良好的尽量不要触动，以免影响生根。压条生根后要有良好的根群才可分割。一般春压枝条须经过 3～4 个月的生根时间，待秋凉后才可分割移栽。初分割的新植株要及时栽植，栽后要注意浇水、遮阴，提供良好的环境条件，维持恰当的湿度和温度。一般温度为 22℃～28℃，相对空气湿度为 8%。温度太高，介质易干燥，长出的不定根会萎缩，温度太低则又会抑制发根。

📖 **评分标准**

序号	项目与技术要求	配分	检测标准	实测记录	得分
1	选择合适的枝条	15	枝条生长正常、粗壮、光滑,12～15分;枝条生长基本正常、比较粗壮、光滑,9～11分;枝条瘦弱或有明显病虫害,低于8分		
2	环剥部位及宽度	20	被压部位的中部间隔1cm环割两刀,剥去皮层,16～20分;环剥部位基本正确、宽度1cm左右,皮层基本剥去,12～15分;环剥部位不正确、宽度大于或小雨1cm,皮层未剥去,低于11分		
3	压条基质	20	基质疏松透气、含水量60%左右,16～20分;基质比较疏松透气、含水量接近60%,12～15分;基质板结、含水量过干或过湿,低于11分		
4	压入枝条的固定	15	使用枝杈将压条部位压入土中,固定牢固,12～15分;使用枝杈将压条部位压入土中,固定比较牢固,9～11分;使用枝杈将压条部位压入土中,固定不牢固,低于8分		
5	压条成活率	30	根据实际成活率折算得分		
	合　计	100	实际得分		

📖 **知识链接**

在普通压条法的基础上,发展出了"条沟式压条法",如图6-10所示。

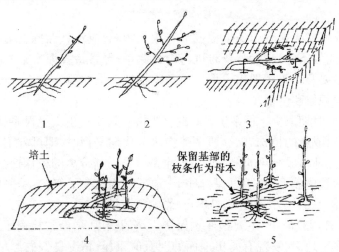

1. 母树的选用　2. 栽植　3. 母树苗的压倒　4. 培土　5. 分离另栽

图6-10　条沟式压条法示意图

其主要方法如下:

(1)母树的选用。

母树应选用根系发达、枝条充实、粗度均匀、芽体饱满的树苗,剪留高度为50cm左右。

（2）栽植。

第一年春季栽植母树苗,栽植前充分浸水,经泥浆浸根后在栽植沟内按30cm株距与地面呈30°~45°梢头朝北栽植,栽植深度约15cm,填土踩实,灌透两次水后封土。要求特别注意栽植角度与深度,封土后的栽植沟平面应低于原地平面3~5cm。其目的是使母树苗埋入土中后仍在原地面以下,以保证在每年秋季分株和春季扒开防寒土时母树苗不暴露在外,避免母树苗因田间作业造成损伤和根系外露影响母树苗和压条苗的生长。更重要的是,保持母树苗上方3cm左右的土层能使当年长出的新梢基部黄化,利于生根。母树定植后及时覆盖地膜,可提高土温、保持湿度,增加出苗率。

（3）母树苗的压倒。

经第一年秋季的旺盛生长,第二年春季将母树苗沿栽植的倾斜方向压倒在略低于地面的栽植沟内。为防止母树苗压倒后中部凸出地面,用一端带钩的树枝做成卡子插入土中,将母树苗压平固定。母树苗压倒时,抹去向下生长的芽和基部芽,保留向上和向两侧生长的芽,疏除过密芽,使母树上萌发的芽间距在3~5cm,新梢长势均匀。

（4）培土。

母树上当年长出的新梢长度在15cm左右时开始第一次培土,时间约在5月下旬,培土厚度在10cm左右,新梢埋入土中的部分要摘掉叶片。以后随着新梢的生长再进行第二次和第三次培土,每次培土间隔时间大约10d。最后一次培土约在7月上旬。总培土厚度应少于20cm,否则不利于生根。

（5）分离另栽。

第三年春季扒开母树苗上的土,露出母树和树上着生的生根新梢,从基部剪下压条苗,来年剪口下还能发出3~5个新梢供培土生根,剪苗时根据母树上发枝的疏密适当留下少量压条苗。

 课后任务

课后经常观察并记录分株苗的生长情况,分组进行分株后的日常管理及分离另栽。栽植后浇透定根水,缓苗数日,保证根蘖苗或茎蘖苗的成活。

任务3 组织培养育苗

 任务目标

掌握培养基的制备,外植体的采集、准备,接种,外植体生长与分化的诱导,继代培养,生根培养,组培苗的驯化与移栽等技术。

 任务提出

常规的有性或无性繁殖都存在着一定的局限性:有性繁殖的后代易发生性状分离,不能保持原有品种的优良性状,生产周期长;常规无性繁殖虽能保持原有品种的优良性状,但繁殖系数低,速度慢,在生产中常发生品质退化的现象。组织培养技术给园林植物的繁殖开辟了新的途径。

 任务分析

组织培养繁殖一般要经过外植体的准备、培养基的准备、接种、外植体生长与分化的诱导、继代培养与增殖、生根培养与壮苗、组培苗的驯化与移栽等过程。

 相关知识

1 植物组织培养的发展历程

1902 年,德国植物生理学家 Haberlandt 首次提出了高等植物的器官和组织可以不断分割培养的设想和尝试。1934 年,P. R. White 在离体条件下,用添加了酵母浸出液的培养基培养番茄根尖获得成功。1939 年,法国的 Nobecourt、Gautbezet 和 White 三人分别培养胡萝卜根、马铃薯块茎薄壁组织和烟草幼茎切断原形成层组织于合成培养基上,继代培养成功。1958 年,英国学者在美国将胡萝卜髓细胞培育成一个完整的植株,首次以实例证明了 Haberlandt 提出的设想是植物组织培养的第一个突破。我国植物组织培养研究工作开展也较早,1931 年李继桐培养银杏的胚,1935~1942 年罗宗洛进行了玉米根尖离体培养。20 世纪 70 年代后期以来,我国在植物组织培养方面进行了大量研究,取得了一些举世瞩目的成就,目前有不少研究已走在世界前列。

2 植物组织培养的特点

(1)培养材料经济。

生产上,外植体往往只需几毫米甚至更小的材料。相对传统繁殖,植物组织培养取材少、培养效果好,对于新品种的商品化生产有重大的实际意义。

(2)培养条件可人为控制。

在植物组织培养的过程中,植物材料完全是在人为配制的培养基质及保护设施内生长的,不受外界环境条件的限制,可以稳定地进行全年无间断生产。

(3)生长周期短,繁殖系数大。

在人为提供的环境下,植物材料的生长不受外界环境的限制,往往较为迅速,一般 1~2 个月就可完成一个生长周期。

(4)管理方便,利用自动化控制。

植物组织培养是在保护设施内进行的,是由人为提供的。苗木的培育高度集约化、规模化、自动化。

3 植物组织培养的应用

组织培养繁殖的应用领域主要有以下几个方面:

(1)无性系的快速繁殖。

利用组织培养技术进行的快速繁殖,特点是可以在短时间内获得数量庞大的新植株。对于不能用普通繁殖法或用普通繁殖太慢的植物,组织培养技术是实现商品化生产的最佳途径。组织培养技术快速增殖的特点也被应用于新育成品种、新引进品种、稀缺品种、濒危植物和优良单株等的扩大繁殖。

（2）无病毒育苗。

组织培养过程中,利用植物茎尖病毒分布少甚至没有的特点,进行培养、增殖,进而通过无性系的快繁获得脱毒、无病毒种苗和种球。使用无病毒种苗,可以从遗传上杜绝病毒病的传播。

4 植物组织培养的不足

当然,组织培养技术也有其不足之处:

（1）相对于常规繁殖方式,组织培养繁殖所需用具、设备的投资较大,操作人员需要经过专门的培训。从成本角度出发,并不是每种植物使用这种方法都合算。

（2）组织培养技术并不能解决所有植物的繁殖问题。到目前为止,许多难以用常规方法繁殖的植物的组织培养繁殖技术仍未成熟,需要继续探索。

5 组织培养繁殖的分类

组织培养的繁殖过程,是在取自植物的外植体上所产生的新的芽或愈伤组织,在适宜的环境条件下进一步增殖,产生新的根或芽,形成新的植株。

根据新植株的来源,组织培养可分为:茎端分生组织培养、微体嫁接、芽尖培养、不定芽培养和组织的细胞培养(包括愈伤组织培养、细胞悬浮培养和原生质体培养)。

6 植物组织培养所需的营养与环境条件

植物在生长过程中,需要若干矿物质元素及某些生理活性物质等维持生命。这些营养物质的生理作用体现在:作为构成物质参与机体的构造,如碳、氢、氧、氮等;作为某些生理活性物质的构成物质调节代谢活动,如维生素 B 等;维持离子浓度的平衡、电荷平衡、胶体平衡等;影响器官的形态建成,如钾、铁等。

具体地说,这些物质包括:

6.1 无机营养

（1）大量元素。

"大量"一般指浓度大于 0.5mmol/L,包括碳(C)、氢(H)、氧(O)、氮(N)、磷(P)、钾(K)、钙(Ca)、镁(Mg)和硫(S)等元素。

植物组织培养需要的氮常由硝态氮(如硝酸钾等)提供。植物组织从培养基中吸收硝酸根离子或氨根离子后,经过一系列的反应转化成氨基酸,进而合成蛋白质,成为植物体的一部分。

磷常由磷酸盐提供。磷参与植物生命过程中的核酸合成、蛋白质合成、光合作用、呼吸作用及能量的贮存、转化和释放等重要的生理生化反应,是植物必需的元素。

钾、钙、镁、硫元素对植物组织中酶的活性和方向起着一定的作用,决定着新陈代谢的过程。

（2）微量元素。

微量元素包括铁(Fe)、铜(Cu)、钼(Mo)、锌(Zn)、钠(Na)、锰(Mn)、钴(Co)和硼(B)等。

在植物组织培养中微量元素的需要量非常微小,过量会导致细胞的酶系失活、代谢障碍、蛋白质变性等毒害现象。在培养基中添加 $10^{-7} \sim 10^{-5}$ mol/L 的微量元素即可满足需要。

6.2 有机营养

（1）维生素类。维生素在植物材料的生长中起着重要作用。植物组织培养中经常使用的有维生素 C、维生素 B_1、维生素 B_6、维生素 E、叶酸和烟酸等。

（2）氨基酸。氨基酸是重要的有机氮源,包括甘氨酸、丝氨酸、天冬酰胺和水解乳蛋白等。

（3）肌醇。肌醇主要的生理作用是参与碳水化合物代谢、磷脂代谢和维持离子平衡,对组织快速生长有促进作用。

6.3 植物生长调节物质

植物生长调节物质包括生长素、细胞分裂素、赤霉素等,是培养基中的重要物质,在植物的组织培养中起着明显而重要的调节作用。

（1）生长素。常用的生长素有萘乙酸(NAA)、吲哚丁酸(IBA)、吲哚乙酸(IAA)、2,4-二氯苯氧乙酸(2,4-D)等。生长素的作用主要体现在诱导愈伤组织的形成、胚状体的产生、试管苗的生根以及配合细胞分裂素诱导腋芽及不定芽的产生。

（2）细胞分裂素。常用的细胞分裂素有玉米素、激动素、6-苄基氨基嘌呤等。细胞分裂素有促进细胞分裂和分化、延缓组织衰老、增强蛋白质合成、抑制顶端优势及改变其他激素作用的功能。

（3）赤霉素。赤霉素在组织培养中使用的只有 GA_3 一种,能促进已分化的芽的伸长生长。

6.4 琼脂

琼脂是一种从海藻中提取的高分子碳水化合物。琼脂本身没有任何营养成分,在组织培养中作为凝固剂使用。其主要作用是使培养基在常温下凝固,以作固体培养用。

6.5 温度

温度是植物组织培养成功的重要条件。在植物组织培养之前,对植物材料进行低温或高温处理,往往有促进和诱导生长的作用。培养过程中,环境的温度应维持在植物的最适生长范围内,并保持恒定。对大多数植物来说,25℃左右较为合适。

6.6 光照

光照在组织培养中也是重要的环境条件,对植物材料的生长和分化有着很大的影响。每日光照时间 10 ~ 12h,光照强度 2000lx,明暗交替。

7 植物组织培养实验室的生产设施

7.1 化学实验室

培养植物材料和试管苗生产所使用器具的洗涤和灭菌,植物材料的预处理,都是在化学实验室中进行的。

7.2 接种室

接种室是植物材料接种的设施。接种要求在无菌环境下进行,无菌条件的好坏、持续时间的长短对减轻植物材料的污染和提高接种工作效率关系重大。

7.3 培养室

培养室是在人工环境条件下培养接种物和试管苗的场所。为满足培养材料生长、增殖的需要,培养室必须具备人工调控温度、湿度、光照和通风的设备。

7.4 温室

温室或大棚等保护设施是植物组织培养所必需的。生根培养后的幼苗必须经过在保护设施内的过渡才能适应自然环境。

8 植物组织培养的仪器设备

8.1 天平

配制培养基,需要不同精密度的天平称量药品。常用的有药物天平、分析天平和电子天平等。

8.2 高压蒸汽灭菌锅

灭菌锅用于培养基及器械的灭菌,常用的是手提式内热高压灭菌锅。

8.3 烘箱

烘箱用于玻璃器皿的干燥或灭菌。

8.4 冰箱

家用冰箱即可,用于药剂或植物材料的低温保存。

8.5 蒸馏水器

植物组织培养常使用蒸馏水或去离子水,可以用蒸馏水器大批量制作备用。

8.6 空调机

空调机用于培养室环境温度的调控。

8.7 超净工作台

超净工作台利用风机将空气经过细菌过滤装置,输送至工作台面。

8.8 培养架

培养架用于培养容器的放置,由支架、隔板和灯具组成。

8.9 玻璃器皿

(1)培养器皿。培养植物材料和贮存药剂,应选用硬质玻璃容器,常用的有试管、三角瓶、培养皿等。

(2)盛装器皿。配制培养基时盛装药剂所使用的烧杯、试剂容器等。

(3)计量器皿。试剂的计量器具,有量筒、容量瓶、移液器等。

8.10 金属器械

组织培养不但需要玻璃器皿,具体操作时还需要一些金属工具,如镊子、剪刀、解剖刀、过滤器械及接种针等。这些器械可以与医用器械或微生物实验室所用的器械通用。

8.11 消毒剂

(1)70%酒精。用于操作人员的手及用具的消毒。

(2)植物材料的表面消毒剂。常用的有次氯酸钠、次氯酸钙、溴水、升汞溶液等。

任务实施

1 准备工作

1.1 母本植株的栽培管理

植物材料的质量状况直接影响其大批量后代的品质和苗圃的经济效益。为获得理想的植物材料,对母本植株应进行专门的栽培管理。

针对母本植株生长的环境，通过管理措施可降低植株携带的杂菌数量，促进植株的生长。具体措施包括：尽量避免连作；栽种前，对栽培基质进行消毒灭菌；生长期中尽量使用无机肥，以免有机肥引起材料污染；尽可能为母本植株提供适宜的环境条件，有条件的进行保护地栽培以保证培养材料的健壮生长。

1.2 工具、用品等的准备

切取植物材料用的工具有解剖刀、接种针、镊子、放大镜等，药品有酒精、无菌水、漂白粉、升汞溶液等。无菌滤纸等用品要在培养前准备妥当。

2 外植体的准备

2.1 外植体的选择

外植体的选择对组培成功与否及效果有很大影响。不同种类外植体的培养效果不同。外植体的选择通常要考虑植物种类、器官的生理状态及年龄、再生途径、取材季节、外植体的大小等因素。通常，再生能力较弱的木本植物选茎段较为合适。顶芽与腋芽发育途径所用的外植体主要是茎尖、侧芽及带芽茎段，不定芽发育再生途径则选叶、花茎或球茎、鳞茎等作外植体较为适宜。

2.2 外植体的采集

外植体要从有代表性的、生长健壮、无病虫害的植株上采取。从幼嫩组织上取的外植体通常比从老熟组织上取的外植体更易成活。外植体的大小对组培繁殖的成功有较大影响，太大易被污染，太小则难以成活。一般选取外植体的大小为 0.5 ~ 1.0cm。外植体的选取时间通常在植物生长最适宜的季节。春夏季取材容易成活，秋季取材则难以成活，雨季、湿热季节取材不易成活。

2.3 外植体的灭菌

采回的外植体去除不用的部分，在接种前需事先灭菌。灭菌的方法依材料的类型、带菌程度和幼嫩程度而有所不同，一般的方法是：首先用软毛刷或毛笔等在流水下刷洗干净，必要时加入少量洗衣粉，用自来水冲洗 30min 以上；切成合适大小，转到接种箱中，用 70% 酒精浸泡消毒 30s 左右，也可用 2% ~ 10% 次氯酸钠水溶液或 0.1% ~ 0.2% 的升汞溶液浸泡，时间为 3 ~ 15min。取出后用无菌水冲洗 4 ~ 5 次，即可接种。

3 培养基的准备

植物组织培养过程中，植物材料的生长、增殖除了受到外界环境条件的影响外，还与培养基的种类、成分密切相关。要成功完成某种植物的组织培养，必须根据所取植物材料的种类和部位，选择合适的培养基和培养环境。

3.1 配制母液

生产中，为减少工作量，常将药剂配成比培养基所需浓度高 10 ~ 100 倍的母液，待使用时按比例稀释。以最常用的 MS 培养基为例，制成 4 种母液：大量元素母液、微量元素母液、铁盐母液和生长调节物质母液。制备母液，可以配制成单一化合物的母液或混合物母液。在配制大量元素的无机盐母液时，应使各种成分充分溶解，然后混合，以防止混合时产生沉淀。配制微量元素的混合母液时，应注意药品的添加顺序，以免发生沉淀。铁盐母液必须单独配制（表 6-1）。

表 6-1 MS 培养基的母液配制

母液编号	母液种类	成分	规定量/mg	扩大倍数	称取量/mg	母液体积/mL	配 1L 培养基吸取量/mL
1	大量元素	KNO_3	1900	10	19000	1000	100
		NH_4NO_3	1650	10	16500		
		$MgSO_4 \cdot 7H_2O$	370	10	3700		
		KH_2PO_4	170	10	1700		
		$CaCl_2 \cdot 2H_2O$	440	10	4400		
2	微量元素	$MnSO_4 \cdot 4H_2O$	22.3	100	2230	1000	10
		$ZnSO_4 \cdot 7H_2O$	8.6	100	860		
		H_3BO_3	6.2	100	620		
		KI	0.83	100	83		
		$Na_2MnO_4 \cdot 2H_2O$	0.25	100	25		
		$CuSO_4 \cdot 5H_2O$	0.025	100	2.5		
		$CoCl_3 \cdot 6H_2O$	0.025	100	2.5		
3	铁盐	Na_2-EDTA	37.3	100	3730	1000	10
		$FeSO_4 \cdot 4H_2O$	27.8	100	2780		
4	维生素	甘氨酸	2.0	100	100	500	10
		盐酸硫胺素	0.1	100	5		
		盐酸吡哆醇	0.5	100	25		
		烟酸	0.5	100	25		
		肌醇	100	10	5000		

为避免药品中的杂质对培养物产生不良影响,应采用化学纯或分析纯级别的药品。称量时,为避免失误,最好两人协作,一人称量,一人记录并标记。配制好的母液应贴好标签,注明配制倍数、日期及配 1L 培养基时应取的量。母液的使用期不应超过一个月,最好在 2℃冰箱内保存。

3.2 配制培养基

配制培养基前,应做好准备工作。各母液按顺序排好,各种玻璃器皿、量筒、烧杯、吸管、玻璃棒、移液管等放在指定的位置。

配制培养基的步骤如下:

（1）称取规定数量琼脂,加水在恒温水浴或电炉上加热,待其溶化后,加入蔗糖,溶解后定容至最终容积的 75%。

（2）按顺序加入各种母液,定容至最终容积。用 pH 计或 pH 试纸测 pH。

（3）充分混合后,用 0.1mol/L 的 NaOH 或 HCl 溶液调整 pH。

（4）配制好的培养基趁热分装。可以利用漏斗直接分装,也可使用虹吸式分注法或滴管法。一般在培养容器内装 1/4 ~ 1/3 容积培养基为宜。分装后立即塞上塞子，进行灭菌。

（5）灭菌时，压力为 9.8×10^4 ~ 10.8×10^4 Pa，121℃时保持 15 ~ 20min 即可。灭菌后，切断电源，锅内压力示数接近 0 时，打开放气阀排出剩余蒸汽，再取出培养基。

4 接种

4.1 接种室的消毒

接种前，应首先清洁地面，并使用 70% 的酒精喷雾以降低接种室内的灰尘。打开紫外灯照射 20min 左右，杀灭空气中的杂菌。工作台面用酒精或新洁尔灭溶液清洗。工作人员的头发、衣服、手指都会带来许多杂菌，因此接种前工作人员应穿好工作服，戴上帽子，剪除指甲，并彻底洗手。

4.2 材料的分离与接种

经消毒处理的植物材料按其所需大小，在解剖放大镜或肉眼直接观察下即可进行分离。为防止污染的发生，通常在无菌滤纸上切取培养材料。刀和镊子每次使用后，都应放入 70% 的酒精中浸泡并灼烧，冷却后备用。

接种时，要求迅速、准确，尽量减少暴露在空气中的时间。接种时，先用左手拿培养容器，右手轻轻取下封口纸。将容器以 45°左右的角度倾斜靠近酒精灯火焰，在灯焰上灼烧口部几秒钟后，用右手无名指和小指取下橡胶塞。在灯焰上旋转灼烧瓶口或试管口，用镊子将切取好的材料送入培养容器。镊子使用后浸入消毒酒精中备用。当培养容器内已均匀接种若干材料后，再在灯焰上灼烧口部几秒钟。塞好塞子，扎好封口纸，进行标记，注明接种名称及日期。

5 外植体生长与分化的诱导

外植体生长与分化的诱导也称初代培养，是在无菌条件下，诱导外植体的生长与分化，使其按一定的途径增殖。在此过程中，主要需调整好培养基的激素配比和控制好培养环境。

培养基的激素配比：培养基的激素配比依植物种类、外植体和再生途径等的不同而异。通过顶芽与腋芽的发育再生的，为促进侧芽的分化与生长，常在培养基中添加 0.1 ~ 10mg/L 的细胞分裂素及 0.01 ~ 0.5mg/L 的生长素或 0.05 ~ 1mg/L 的赤霉素；而诱导外植体产生不定芽时，生长素的浓度应低于细胞分裂素。

环境条件：诱导培养的环境条件依培养对象的种类而异，一般要求在 25℃ ±2℃ 的恒温下，光照每天 12 ~ 16h，光照强度 1000 ~ 3000lx。

6 继代培养与增殖

初代培养诱导出的芽等组织或器官数量有限，有时难以直接种植到栽培基质中，需要进一步增殖扩大数量，才能充分发挥组织培养快速育苗的优势，称为继代培养。影响增殖速度的因素有：培养基的营养供应、激素的配比与环境条件。使其数量迅速扩增，需选择合适的培养基类型、调节其营养成分及激素配比，在适当的条件下培养，还需及时转接以防止其老化。

7 生根培养与壮苗

继代培养大量增殖后，多数情况下形成的是无根的芽苗，需诱导其生根，才能形成可以移栽的完整植株。诱导中间繁殖体生根需要专用的生根培养基。生根培养基需要较低的矿物元素浓度、细胞分裂素含量及较多的生长素。一般采用 1/2 或 1/4 的 MS 培养基，不加或加很少量的细胞分裂素，加入适量萘乙酸等生长素，14 ~ 28h 即可生根。在进行生根培养时,提高环境光强,减少培养基中的糖含量,可以达到壮苗的目的。

8 组培苗的驯化与移栽

当试管苗具备了完整的营养器官,就要由试管内的生长状态转变到自然条件下的独立生活。这个转变需要经过适当的锻炼和适应过程,即炼苗。炼苗过程需要在温室或大棚内进行,环境逐渐接近自然条件,有利于提高苗木的移栽成活率。

取出试管苗后,用水将琼脂冲洗干净,淘汰生长不良的部分幼苗。移出培养室的幼苗仍需生长在20℃～25℃的环境下,应适当遮阴并每天喷雾增加环境湿度。

经过在保护设施内4～6周的培育,苗木逐渐适应了外界环境,可以移栽到生产圃地里进行常规栽培。

评分标准

序号	项目与技术要求	配分	检测标准	实测记录	得分
1	工具、用品等的消毒	10	晾干的培养容器内外壁无明显的斑点、污迹,器械上无残留的培养基和培养材料,8～10分;晾干的培养容器内外壁有少量明显的斑点、污迹,器械上有少量残留的培养基和培养材料,6～7分;晾干的培养容器内外壁有明显的斑点、污迹,器械上有残留的培养基和培养材料,低于5分		
2	外植体的选择	10	材料除去老叶,剪取所需幼芽茎段(2～3cm长)、叶片(适当大小)、花梗(约5cm长)、鳞茎、根(约5cm长)等。外植体选择部位正确,8～10分;外植体选择部位基本正确,6～7分;外植体选择部位不正确,低于5分		
3	外植体的采集、灭菌	10	外植体用中性洗衣粉加少许吐温浸泡并振荡5～10min,自来水冲洗30～60min,倒入75%酒精使之没过外植体,并轻摇以除去气泡,经过10～50s,将酒精倾去,用无菌水冲洗外植体3遍;用0.5%～2.0%的次氯酸钠溶液浸泡10～15min,处理过程中要不断轻摇,将外植体表面的气泡除去,倒出灭菌液,用无菌水冲洗3～5遍后备用。操作正确,8～10分;操作基本正确,6～7分;操作有误,低于5分		
4	培养基的准备:配制母液	10	准确计算各种试剂所用量;采用直接称量法称样,称量方法正确,操作规范、熟练;玻璃棒搅拌正确,试剂完全溶解;定容准确,贴好标签		
	培养基的准备:配制培养基	10	准确计算各种试剂所用量;琼脂粉完全溶解,定容准确、pH测定、调节正确,熟练操作;均匀分装,熟练操作,培养瓶表面洁净,贴好标签,标签内容准确		
5	接种室的消毒材料的分离与接种	10	无菌操作准备完全,熟练进行无菌操作,灭菌方式正确,接种速度较快,操作结束清理完全,标签书写准确;分工合理,相互协作,完成速度快;操作文明、安全,工作台场地清洁干净,用具摆放整齐		

续表

序号	项目与技术要求	配分	检测标准	实测记录	得分
6	初代培养	10	根据未污染率折算得分		
7	继代培养	10	根据未污染率折算得分		
8	生根培养	10	根据未污染率折算得分		
9	组培苗的驯化与移栽	10	根据实际成活率折算得分		
	合计	100	实际得分		

知识链接

1 组培苗的质量标准

(1) 整体感:苗有活力,粗壮、挺直,叶片大小协调、有层次感、色泽正常,叶色具原品种特性,无玻璃化。

(2) 根系状况:有新鲜根系(一般 3 条以上),长势好,色白健壮,根长适中,基本无愈伤组织。

(3) 苗高:苗高适中,一般 3~5cm。

(4) 叶片数:具有适宜和正常的叶片数,一般不少于 3 片。

(5) 整齐度:同一批次 90% 以上的苗高达到要求的高度。

(6) 培养基污染状况:无污染。

2 组培穴盘苗的质量标准

(1) 整体感:苗健壮、挺拔和新鲜,形态完整、叶片大小协调,叶色具原品种特性、有光泽。

(2) 根系状况:应具有完整而发达的根系,根系充满穴盘孔,能轻易拔出而基质不散。

(3) 苗高:苗矮壮敦实,一般 8~12cm。

(4) 叶片数:具有较多的叶片数,一般 8 片以上。

(5) 整齐度:同一批次 90% 以上的苗高达到要求的高度。

(6) 病虫害损伤:无检疫性病虫害,亦无病虫害危害斑点。

3 包装、标志、运输

3.1 包装

(1) 琼脂苗包装:琼脂苗仍保留在培养瓶中,培养瓶放在泡沫箱里,箱外再用纸箱包装。运输时应使用纸托盘。

(2) 无琼脂苗包装:生根组培苗洗去琼脂后,先装入小塑料盒,再放在泡沫箱里,箱外再用纸箱包装。运输时一般不用托盘。

(3) 穴盘苗包装:穴盘装在小纸箱内,再将小纸箱装入大纸箱内,每箱装 3~4 张穴盘。运输时宜使用纸托盘。

3.2 标志

每箱应贴上标签,注明品种、等级、规格、数量、产地、出苗日期等。

3.3 运输

装车时切勿倒置,用有蓬车辆运输以避免日晒、雨淋,高温和严寒季节选用有冷藏车,运输途中温度保持10℃～15℃,5d内到达目的地。

4 植物组培生产流程图

植物组培生产流程图如图6-11所示。

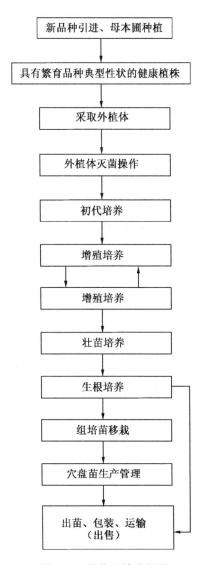

图6-11 植物组培流程图

🌀 **课后任务**

课后经常观察并记录组培苗的生长情况,分组进行日常管理及分离另栽。栽植后浇透定根水,缓苗,保证组培苗的成活。

项目七 大苗培育

任务 1 移植苗培育

任务目标

了解园林苗木生长发育的基本规律；掌握园林树木移植的作用，移植成活的基本原理和方法；能够根据苗圃现场情况正确确定移植时间、次数和方法，并且实施适当的移植后管理养护。

任务提出

为了完善苗圃培育技术，提高成品苗木在工程现场的成活率，实现优质景观效果，苗圃人员必须认识到苗木移栽的必要性，加强对苗木移植的原理、时间和方法的实践，并不断总结适合所处区域的苗木移植方案。

任务分析

园林树木移植利于苗木的生长发育，促进苗木根系的形成，进而培育出优苗壮苗，提高出圃苗木的成活率。

培育成品苗是苗圃经营目标实现的重要环节，移植工作有利于提高苗木的质量。由于苗圃所处区域会有所不同，因此在掌握苗木移植原理的前提下，摸索出一套适用的苗木移植和移植后管理养护的方案至关重要。

相关知识

移植的时间

通常情况下，许多树种多在苗木休眠期进行移植。除此之外，在江南地区，对于常绿树种也可在处于梅雨季节的生长期进行移植。但是越来越多的生产实践和科学研究表明，苗圃在移植过程中不能简单地依据休眠理论，还要更多地考虑到寒害、冻害和生理干旱等因素的影响。

（1）春季移植。

江南地区冬季虽然气温不太低，但是潮湿阴冷，霜害严重，所以许多树种尤其是香樟和大叶女贞等阔叶常绿树种在春季移植较好，而且以早春解冻后立即进行移植较为适宜。早春移植，树液刚刚开始流动，枝芽尚未萌发，蒸腾作用很弱，土地温度和湿度已经能够满足根系生长要求，移植后苗木的成活率较高。但是应该注意观察早春容易出现倒春寒，出现倒春寒后，月季、雪松、女贞、桂花和紫薇等苗木的生长和发芽都会受到影响，因此要及时采取浇水、培根和施肥等措施及时防治。近几年春季北方沙尘暴频繁发生，江南地区时有春旱发生，同时气温回升快，植物栽后不久，地上部分已萌芽生长，但根系还不能完全恢复，树木成活率降低。春季移植的具体时间，还应根据树种的发芽时间来安排先后顺序，发芽早的先移植，晚的后移植。

（2）秋季移植。

秋季移植一般应在像江南一带冬季气温不太低、无冻伤危害的地区进行。秋季移植在苗木地上部分停止生长，树叶还未下落时即可进行，因这时根系尚未停止活动，移植后成活率高。秋季气温逐渐下降，蒸腾量较低，土壤中水分含量较稳定，植物通过一个生长期体内已经积累了较丰富的营养。树木根系没有自然休眠期，在土壤温度尚高的情况下，秋季栽植的耐寒树种根系还能恢复生长，只要冬季冻土层不厚，下层根系仍有一定生长，到翌春活动也早。因此，秋季栽植既解决了春季植树适栽时间短、春旱和劳力紧张等问题，又能保证成活，是一条行之有效的植树途径。但是最近几年常常出现暖冬现象，气温反常，有些常绿树种会在移栽之后萌发新芽，等到突然降温，芽梢产生冻害，造成植株大面积死亡，如杜英、大叶女贞和香樟等就容易产生类似情况，所以在10月过后尽量不要移植。即使及时移植也要将相应的防冻措施跟上，做好保暖工作，主要方法有：叶面追肥（喷施硼砂或磷酸二氢钾溶液），加快杜英苗木质化进度，增强杜英树苗防冻抗害能力；做好排水，结合床面培土，行间散施覆盖物，构筑防风墙防冻等；或者在易冻苗木周围种植防风林；薄膜封闭。如遇到连续寒冷天气，除采取上述防冻保暖措施外，应架设棚架、薄膜覆盖或打桩，把薄膜系在桩上，防止寒风袭击或严重冰冻危害，确保苗木安全越冬。

（3）夏季移植。

南方常绿树种和北方常绿树种的苗木可在雨季初进行移植。但是一般苗圃中不提倡夏季移植，因为夏季气温高、蒸发量大，极易使移植树木脱水。因此，如果必须进行移植，要尽可能挑选长势旺盛、根系发达、无病虫害的健壮苗木。另外，最好选用大苗，虽然成本高，但苗木须根多，土球不易松散破碎，移植后吸水能力强，能较快地恢复生长。注意修剪平衡树势，像香樟、黄山栾树等萌蘖力强的树木植前可以截去全部树冠，只留主干，修剪的创伤面可用接蜡封口或塑料膜包扎，防止水分的散失。移植最好选择阴天或降雨前后进行。种植后视天气情况，若连续下雨，可减少浇水量和浇水次数；若连续高温少雨，则需加大灌溉量，但每次灌溉量不能过多或过少，否则会泡根或使根受旱，影响苗木成活。凡是对树干采取逆行裹草绑膜、缠绳绑膜等保湿措施的，在三伏天切不可拆卸薄膜，一定要经过1～2年的生长周期，待树木生长稳定后，方可拆下薄膜。

任务实施

1 苗木的调查

苗木移植前要进行苗木调查，通过调查掌握苗木的质量与产量。调查时应分树种、苗龄进行。调查结果能为苗木的分配提供数量和质量依据，为下一阶段合理调整、安排生产任务提供科学、准确的依据。

1.1 调查的内容

调查苗木，主要针对苗木高度、地径或胸径、冠幅和苗木的数量等指标。调查过程中常按不同树种、不同育苗方法、不同种类和苗龄分别进行调查、记载、计算并分析数据，然后将各类苗木分别统计归纳、汇总后写进苗木调查统计表（表 7-1），并以此归入苗圃生产档案。

表 7-1 苗木调查统计表

生产区	类别	树种	苗龄	面积	质量			株数	备注
					高度	地径	冠幅		

1.2 苗木的质量标准与评价

苗木出圃是指将培育至一定规格的苗木，由于绿化栽植的需要，结束在苗圃的生长。它是育苗工作中最后一个重要环节，关系到苗木的质量和经济收益。苗木出圃包括起苗、分级、包装、运输或假植、检疫等。为了保证出圃工作的顺利进行，必须做好出圃前的准备工作，确定苗木质量的具体标准。通过苗木的调查，了解各类苗木质量和数量，制订出圃销售计划，并做好相应的辅助工作。

为了使出圃苗木定植后生长良好，早日发挥其绿化效果，满足各层次绿化的需要，出圃苗木应有一定的质量标准。不同种类、不同规格、不同绿化层次及某些特殊环境、特殊用途等对出圃苗木的质量标准要求各异。

2 苗木的掘取

2.1 裸根起苗

落叶阔叶树在休眠期移植时，一般采用裸根起苗。起苗时，依苗木的大小，保留好苗木根系，一般根系的半径为苗木地径的 5~8 倍，高度为根系直径的 2/3 左右，灌木一般以株高 1/3~1/2 确定根系半径。例如，2~3 年生苗木保留根幅直径 30~40cm。

绝大多数落叶树种和容易成活的常绿树小苗一般可采用此法。大规格苗木裸根起苗时应单株挖掘。以树干为中心画圆，在圆心处向外挖操作沟，垂直挖下至一定深度，切断侧根，然后于一侧向内深挖，并将粗根切断。如遇到难以切断的粗根，应把四周土挖空后，用手锯锯断。切忌强按树干和硬劈粗根,造成根系劈裂。根系全部切断后,将苗取出,对病伤劈裂及过长的主根应进行修剪(图7-1)。

起小苗时,在规定的根系幅度稍大的范围外挖沟,切断全部侧根,然后于一侧向内深挖,轻轻倒放苗木并打碎根部泥土,尽量保留须根,挖好的苗木立即打泥浆。苗木如不能及时运走,应放在阴凉通风处假植。

起苗前如天气干燥,应提前2～3d对起苗地灌水,使苗木充分吸水,土质变软,便于操作。

图7-1 裸根起苗

2.2 带土球起苗

一般常绿树、名贵树木和较大的花灌木常用带土球起苗。土球的直径因苗木大小、根系特点、树种成活难易等条件而定。一般乔木的土球直径为根颈直径的8～16倍,土球高度为直径的2/3,应包括大部分的根系在内;灌木的土球大小以其高度的1/3～1/2为标准。在天气干旱时,为防止土球松散,于挖前1～2d灌水,增加土壤的黏结力。挖苗时,先将树冠用草绳拢起,再将苗干周围无根生长的表层土壤铲除,在应带土球直径的外侧挖一条操作沟,沟深与土球高度相等,沟壁应垂直,遇到细根用铁锹斩断,对3cm以上的粗根,不能用铁锹斩断,以免震裂土球,应用锯子锯断。挖至规定深度,用铁锹将土球表面及周围修平,使土球上大下小呈苹果形,主根较深的树种土球呈萝卜形,土球上表面中部稍高,逐渐向外倾斜,其肩部应圆滑,不留棱角。这样包扎时比较牢固,不易滑脱。土球的下部直径一般不应超过土球直径的2/3。自上向下修土球至一半高度时,应逐渐向内缩小至规定的标准,最后用铁锹从土球底部斜着向内切断主根,使土球与土底分开。在土球下部主根未切断前,不得硬推土球或硬掰动树干,以免土球破裂和根系断损;如土球底部松散,必须及时填塞泥土和干草,并包扎结实(图7-2)。

有时,落叶针叶树及部分移植成活率不高的落叶树需带宿土起苗,起苗时保留根部中心土及根毛集中区的土块,以提高移植成活率。起苗方法同裸根起苗。

图7-2 带土球起苗

起苗时要注意的是尽量保护好苗木的根系,不伤或少伤大根。同时,尽量多地保存须根,以利于将来移植成活生长。起苗时也要注意保护树苗的枝干,以利于将来形成良好的树形。枝干受伤会减少叶面积,也会给树

形培养增加困难。

2.3 机械起苗

目前起苗已逐渐由人工向机械作业过渡。但机械起苗只能完成切断苗根、翻松土壤的操作,不能完成全部起苗作业。常用的起苗机械有国产 XML - 1 - 126 型悬挂式起苗犁,适用于 1～2 年生床作的针叶、阔叶苗,功效每小时可达 6hm^2。DQ - 40 型起苗机,适用于起 3～4 年生苗木,可起取高度在 4m 以上的大苗。

2.4 冰坨起苗

东北地区利用冬季土壤结冻层深的特点,采用冰坨起苗法。冰坨的直径和高度的确定以及挖掘方法,与带土球起苗基本一致。当气温降至 -12℃ 左右时,挖掘土球。如挖开侧沟后发觉下部冻得不牢不深,可于坑内停放 2～3d。如因土壤干燥冻结不实,可于土球外浇水,待土球冻实后,用铁钎插入冰坨底部,用锤将铁钎打入,直至震掉冰坨为止。为保持冰坨的完整,掏底时不能用力太重,以防震碎。如果挖掘深度不够,铁钎打入后不能震掉冰坨,可继续挖至足够深度。

冰坨起苗适用于针叶树种。为防止碰折主干顶芽和便于操作,起苗前用草绳将树冠拢起。

3 苗木的分级与统计

苗木分级是按苗木质量标准把苗木分成若干等级。当苗木起出后,应立即在庇荫处进行分级,并同时对过长或劈裂的苗根和过长的侧枝进行修剪。分级时,根据苗木的年龄、高度、粗度(根颈或胸径)、冠幅和主侧根的状况,将苗木分为合格苗、不合格苗和废苗三类。苗木分级可使出圃的苗木合乎规格,更好地满足设计和施工要求,同时也便于苗木包装运输和标准的统一。

(1)合格苗:是指可以用来绿化的苗木,具有良好的根系、优美的树形、一定的高度。合格苗根据其高度和粗度的差别,又可分为几个等级。

(2)不合格苗:是指需要继续在苗圃培育的苗木,其根系、树形不完整,苗高不符合要求,也可称为小苗或弱苗。

(3)废苗:是指不能用于造林、绿化,也无培养前途的断顶针叶苗、病虫害苗、缺根和伤茎苗等。除有的可作营养繁殖的材料外,一般皆废弃不用。

苗木数量统计,应分级进行。大苗以株为单位逐株清点;小苗可以分株清点,也可用称重法,即称一定重量的苗木,然后计算该重量的实际株数,再推算苗木的总数。

整个起苗工作应将人员组织好,起苗、检苗、分级、修剪和统计等工作实行流水作业,分工合作,提高工效,缩短苗木在空气中的暴露时间,能大大提高苗木的质量。

4 苗木的包装和运输

在运输途中,苗木暴露于阳光之下,长时间被风吹袭,会造成苗木失水过多,质量下降,甚至死亡。所以,在运输过程中尽量减少植株水分的流失和蒸发,对保证苗木的成活率有很大的作用,这就要求我们必须注意苗木的包装和运输。

4.1 包装材料

苗木包装的材料主要分以下两种情况:

（1）长距离运输。

用草包或蒲包细致包装，根部加填湿润物（如苔藓、湿稻草、麦秸等）。

（2）短距离运输。

可简易包装。带土球的大苗单株包装，可用蒲包或草绳包装（图7-3）。用聚乙烯薄膜包装效果较好。

除此以外，还可选用涂沥青的不透水的麻袋、纸袋、集运箱等包装。

4.2　包装方法

（1）裸根苗包扎。

裸根小苗如果运输时间超过24h，一般

图7-3　草绳包装

要进行包装。对珍贵、难成活的树种更要做好包装，以防失水。生产上常用的包装材料有草包、草片、蒲包、麻袋、塑料袋等。包装方法是：先将包装材料铺放在地上，再在上面放上苔藓、锯末、稻草等湿润物，然后将苗木根对根放在包装物上，并在根间放些湿润物。当每个包装的苗木数量达到一定要求时，用包装物将苗木捆扎成卷。捆扎时，在苗木根部的四周和包装材料之间，应包裹或填充均匀而又有一定厚度的湿润物。捆扎不宜太紧，以利通气。外面挂一标签，标明树种、苗龄、苗木数量、等级和苗圃名称。

短距离运输，可在车上放一层湿润物，再在上面放一层苗木，分层交替堆放；或将苗木散放在篓、筐中，苗间放些湿润物，苗木装好后，最后再放一层湿润物即可。

（2）带土球苗木包扎。

带土球苗木需运输、搬运时，必须先行包扎。最简易的包扎方法是四瓣包扎，即将土球放入蒲包中或草片上，然后拎起四角包好。简易包装法适用于小土球及近距离运输。大型土球包装应结合挖苗进行，方法是：按照土球规格的大小，在树木四周挖一圈，使土球呈圆筒形；用利铲将圆筒体修光后打腰箍，第一圈将草绳头压紧，腰箍打多少圈视土球大小而定，到最后一圈，将绳尾压住，不使其分开；腰箍打好后，随即用铲向土球底部中心挖掘，使土球下部逐渐缩小；为防止倾倒，可事先用绳索或支柱将大苗暂时固定，然后进行包扎。草绳包扎有三种主要方式：

① 橘子式。

先将草绳一头系在树干（或腰绳）上，在土球上斜向缠绕，经土球底沿绕过对面，向上约于球面一半处经树干折回，顺同一方向按一定间隔缠绕至满球。然后再绕第二遍，与第一遍的每道肩沿处的草绳整齐相压，缠绕至满球后系牢。再于内腰绳的稍下部捆十几道外腰绳，而后将内、外腰绳呈锯齿状穿连绑紧。最后在将推倒的方向上沿土球外沿挖一道弧形沟，并将树轻轻推倒，这样树干不会碰到穴沿而损伤。壤土和沙性土还需用蒲包垫于土球底部，并另用草绳与土球底沿纵向绳拴连系牢（图7-4）。

② 井字（古钱）式。

先将草绳一端系于腰箍上，然后按图7-5（a）所示数字顺序，由1拉到2，绕过土球的下面拉至3，经4绕过土球下面拉至5，再经6绕过土球下面拉至7，经8与1挨紧平行拉扎。按如此顺序包扎满6~7道井字形为止，扎成如图7-5（b）所示的状态。

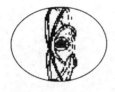

平面
实绳表示上球面绳
虚绳表示上球底绳

(a) 包扎顺序图　　　　　　(b) 扎好后的土球

图7-4　橘子式包扎法

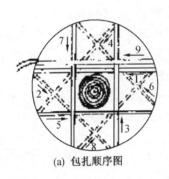

平面
实绳表示上球面绳
虚绳表示上球底绳

(a) 包扎顺序图　　　　　　(b) 扎好后的土球

图7-5　井字式包扎法

③ 五角式。

先将草绳的一端系在腰箍上，然后按图7-6(a)所示的数字顺序包扎，先由1拉到2，绕过土球底，经3过土球面到4，绕过土球底，经5拉过土球面到6，绕过土球底，由7过土球面到8，绕过土球底，由9过土球面到10，绕过土球底回到1。按如此顺序紧挨平扎6～7道五角星形，扎成如图7-6(b)所示的状态。

平面
实绳表示上球面绳
虚绳表示上球底绳

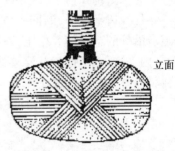

立面

(a) 包扎顺序图　　　　　　(b) 扎好后的土球

图7-6　五角式包扎法

井字式和五角式适用于黏性土和运距不远的落叶树、1t 以下的常绿树,其他宜用橘子式。

以上三种包扎方法都需要注意的是,包扎时绳要拉紧,并用木棒击打,使草绳紧贴土球或能使草绳嵌进土球一部分,包扎才能牢固可靠。如果是黏土土壤,可用草绳直接包扎,适用的最大土球直径可达 1.3m 左右;如果是砂性土壤,则应用蒲包等软材料包住土球,然后再用草绳包扎。

5 移植

苗木移植前,移植地必须深耕细耙,要"三耕三耙"。深耕细耙能改良土壤的物理性质,保持土壤疏松,增加土壤的透气性和保水能力,有利于好气性细菌的活动,促进有机肥的分解,同时给根系营造一个良好的生长环境。一般在苗圃移植过程中,有两种种植方法:穴植法和沟植法。

5.1 穴植法

按照预先设计好的株、行距定点挖穴种植。在江南地区注意地下水位较高的影响,栽植的深度不要过深,只要与土球上表面平齐或者略深 2~3cm 即可。穴植有利于植物根系的舒展,促进苗木根系恢复,成活率较高。但是因为它存在费工和效率低等问题,只适用于大规格苗木。

5.2 沟植法

按照事先设计好的株、行距开沟,然后将苗木排列好,再回土填实。该方法适用于小苗的栽植,工作效率较高。

6 修剪

新移植苗木修剪是保证苗木成活率的重要措施。苗木成活后的及时合理修剪,既能使其通风透光,加强光合作用,又可减少病虫害,从而使苗木生长快、树干直、树形美。

7 移植后的管理

"三分种,七分养",苗木在移植之后的管理是非常重要的,管理不到位,就会使所做的移植工作前功尽弃。

7.1 中耕除草

目前大多数苗圃还是采用人工中耕除草的方法。在以主干为中心 1m 直径的树盘内重点松土和除草。机械中耕是用小型拖拉机进行的。一般行距 1m 以上的大苗区,可用机械中耕除草。小苗区每月可进行 2~3 次。另外,灌水或降雨后,为防止土壤板结,都应进行中耕松土,以利于苗木生长。

7.2 浇水与排涝

浇水与排涝主要在苗木新种植后的一个月内和种植当年的夏季进行。新种植的苗木一定要浇透水,可根据天气状况和立地条件,适时进行浇水。有条件的应对植株的树冠喷水,以保持一定的空气湿度,减少树苗的水分蒸发,保持土壤湿润。在苗木补水的同时要做到及时排涝或移植受涝害植株,并加入一定量的沙子种植,可促进新根生长,因为新移植的苗木最怕周围有积水。具体的水分管理还要视不同品种而定。如桂花大苗在正常的养护期间不需要大量浇水,在特别干旱的夏秋季节可适当浇水。桂花不耐涝,排水不良会造成大量落叶、根系腐烂甚至死亡。

7.3 合理施肥

施肥应以薄肥勤施为原则，以速效氮肥为主，中、大苗全年施肥 3~4 次。早春，芽开始膨大，根系就已开始活动，吸收肥料。因此，早春期间施有机肥，可促进春梢生长。春梢是当年秋季的开花枝，春梢长得壮，将来开花就多。例如，秋季桂花开花后，为了恢复树势，补充营养，入冬前期需施无机肥或垃圾杂肥。其间可根据苗木生长情况，施肥 1~2 次。值得注意的是，新移植的苗木，由于根系损伤，吸收能力较弱，追肥不宜太早，一般应该在半年以上。移植坑穴的基肥应与土壤拌匀再覆土，根系不宜直接与肥料接触，以免伤根，影响成活率。肥料必须施在根系能吸收的地方。苗木根系集中，移栽易于成活，因此苗圃施肥不能距苗冠太远，否则会使根系向外扩展；但也不应施于树干下，不利于肥料的吸收。

 评分标准

序号	项目与技术要求	配分	检测标准	实测记录	得分
1	苗木的种类与时间选择	20	移植时间应符合树种的特点，不符合全扣		
2	苗木包扎方法	10	选择其中方法，包扎不正确全扣		
3	移植苗木的种植方法	20	根据苗木规格采用适宜的种植方法，不正确全扣		
4	移植苗木的修剪	20	不符合每个扣 2 分，扣完为止		
5	新植苗木养护	20	不符合每个扣 4 分，扣完为止		
6	苗木分级	10	不正确全扣		
	合计	100	实际得分		

知识链接

1 移植的次数

苗圃中培育大苗所需移植的次数主要取决于树种的生长速度、树种的根系特点和预计苗木出圃的规格要求。

一般情况下，阔叶树种在播种或扦插满一年时即可以进行第一次移植，以后就要根据特定树种的生长速度快慢和株、行距大小，每隔 2~3 年移植一次，并且相应地扩大株、行距。当然，在目前的实际操作中，由于考虑到成本问题，许多单位和种植户并不会按照移植规定进行苗木培育，对普通的行道树、庭荫树和花灌木用苗只移植两次，在大苗期内生长 2~3 年，苗龄达到 3~4 年，过了移植期即可出圃。另外的方法就是对于快速生长的阔叶树种，在第一次移植期间就做好种植规划，如香樟、黄山栾树、重阳木和二球悬铃木等，确定苗木 3~4 年生长的株、行距，这样第一年苗木显得稀疏，第二年密度较为合适，第三年如果变密的话可以通过修剪维持一年，第四年开始苗木达到出圃规格，用销售抽稀完成间苗任务，为苗木提供适当的生长空间。

但是对于慢生的阔叶树种如七叶树和银杏等要在苗圃培育 5~8 年，甚至更长，这就要求必须做两次以上移栽，以提高苗木的出圃成活率，利于施工后景观效果的建立。例如，桂花一年生苗高25cm，次年早春进行第一次移植；二年生苗高60cm，三年生苗高120cm，进行第二次移植，株、行距各为1m。起苗时尽量多带土，多保持根系，适当剪去主根。待桂花苗干径达3～4cm时，可以进行第三次移植，株、行距各为2.5m，移植时要带土球。桂花干径达6～8cm时即可出圃。作为园林绿化用的桂花大苗，一般要培育8年以上。

对于根系不发达而且移植后较难成活的树种，如栎类、椴树、七叶树和白皮松等，可在播种后第三个年头（苗龄两年）进行第一次移植，在此以后每隔3～5年移植一次，要等到苗龄为8～10年，才会有一些苗木可以出圃。

2　复合肥的选择与使用

2.1　按土壤性状科学选用复合肥

对微碱性（土壤pH一般为8.0左右）、有机质含量偏低、有效氮和磷缺乏的土壤，一般应选用酸性复合肥，如磷酸一铵或腐植酸类氮磷钾复合肥、氮磷复合肥。但对少数红黏土或酸性棕壤土，应选用碱性复合肥，如磷酸二铵等。

2.2　按肥料性质科学选用复合肥

国家标准规定，复混肥（复合肥）有效养分含量，高浓度氮、磷、钾总量≥40%，低浓度氮、磷、钾总量≥25%，不包括微量元素和中量元素；水溶性磷含量≥40%，水分子含量低于5%；粒径为1～4.75mm等。此外，复合肥中的钾有两种，一种为氯化钾，另一种为硫酸钾。氯化钾含有氯，对忌氯苗木不宜施用。

2.3　按施肥方法科学选用复合肥

为提高复合肥的肥效，不同施用方法应选不同剂型复合肥。作基肥施用时必须选用颗粒状复合肥，而且颗粒的硬度愈高愈好，肥效最长。而且选用复合肥中氮素由铵态氮配成的复合肥，有利于提高氮素的利用率。如作追肥施用则应选用粉状复合肥，而且要注意复合肥磷素中的水溶性磷含量应大于40%，氮素则同NH_4-N和NO_3-N两种类型氮组成的复合肥为宜。一般基施腐植酸类复合肥的效果优于追施效果。

2.4　抓住复合肥的特点施用

（1）复合肥肥效长，宜作基肥。大量试验表明，不论是二元还是三元复合肥均以基施为好。这是因为复合肥中含有氮、磷、钾等多种养分。控释复合肥在生产过程中采用了包衣、造粒等工艺，肥效缓慢平稳，比单质化肥分解慢，养分淋失少，利用率高，适合于作基肥。一般每亩（$667m^2$）复合肥用量为30～40kg。复合肥不宜用于苗期肥和中后期肥，以防贪青徒长。复合肥分解较慢，对播种时用复合肥作底肥的作物，应根据不同作物的需肥规律，在追肥时及时补充速效氮肥，以满足营养需要。

（2）复合肥浓度差异较大，应注意选择合适的浓度。目前，多数复合肥是按照某一区域土壤类型平均养分状况和农作物需肥比例配制而成的。市场上有高、中、低浓度系列复合肥，一般低浓度总养分在25%～30%，中浓度在30%～40%，高浓度在40%以上。要因地域、土壤、作物不同，选择使用经济、高效的复合肥。一般高浓度复合肥用在经济类作物上，品质优，残渣少，利用率高。复合肥浓度较高，要避免种子与肥料直接接触。复合肥养分含量高，若与种子或幼苗根系直接接触，会影响出苗甚至烧苗、烂根。播种时，种子要与穴施、条施复合肥相距5～10cm。

（3）复合肥配比原料不同，应注意养分成分的使用范围。不同品牌、不同浓度复合肥所使用原料不同,生产上要根据土壤类型选择使用。含硝酸根的复合肥不要在水田里使用,含铵离子的复合肥不宜在盐碱地上施用,含氯化钾或氯离子的复合肥不要在忌氯作物或盐碱地上使用,含硫酸钾的复合肥不宜在水田和酸性土壤中施用;否则将降低肥效,甚至毒害作物。复合肥中含有两种或两种以上大量元素,氮表施易挥发损失或随雨水流失,磷、钾易被土壤固定,特别是磷在土壤中移动性小,施于地表不易被作物根系吸收利用,也不利于根系深扎,遇干旱情况肥料无法溶解,肥效更差,所以复合肥应深施覆土。正确使用复合肥,会带来良好的收益。

 课后任务

课后根据实际条件,各学习小组针对当地主要育苗苗圃,选择适当的品种及规格进行苗木移栽训练,并做好移栽后的日常管理,确保移植成活。

任务 2 ┆ 乔木大苗培育

 任务目标

大乔木是园林造景中的骨干树种,熟悉乔木定干、养冠、修剪的基本原理,掌握乔木类大苗培育的方法和实际操作流程。

 任务提出

乔木主要用作行道树和庭荫树,具有防护和美化功能,同时它在城市绿化中有其独特的作用。乔木是城市绿化的骨架,它将城市中分散的各类绿地联系起来,构成美丽壮观的绿地整体;乔木还有组织交通的作用,它既反映出城市面貌和地方色彩,又关系到人们的身心健康。生产中如何培育城市绿化中的此类乔木呢?

 任务分析

为提高园林树木的观赏价值,充分发挥其绿化功能,常根据不同树木的生物学特性和用途培养成不同的树冠。乔木的树冠,可分为有中心主轴与无中心主轴两类。大部分常绿针叶树和杨树类等干性较强,养冠时可利用其顶端优势,保护和促进中心主枝的生长,同时对侧枝生长适当控制。对无中心主轴的树种,如槐、樟树、梧桐、二球悬铃木等,可按预定分枝点的高度短截主干,促使侧枝生长,次年选留分布均匀、角度适宜的主侧枝 3~5 个进行短截,剪掉多余侧枝,以后逐年对侧枝进行整形修剪,最后养成理想的完整树冠。

理想的乔木大苗应该具备三个条件:第一,高大通直的树干,树干高至少为 2.0~3.0m;第二,完整、紧凑和匀称的树冠;第三,强大的根系。因此,培育行道树、庭荫树大苗的关键是培育一定高度的树干(图7-7)。

 相关知识

1　定干

树木自然向上生长的习性(干性)因树种而异。一般干性强的树种可自然长成通直的树干,而干性弱的树种任其自然生长时则易出现主干不直或侧枝生长过旺、生长速度受抑制的现象。另外,有的树种没有饱满的顶芽或顶芽不能安全越冬,有的树种对生的侧芽均衡发展,也不易形成通直的树干。

2　树冠培养

2.1　阔叶乔木养冠法

高大的阔叶乔木一般按照自然的树形,尤其像广玉兰(图7-8)和银杏等树种,可以不多加人为的干预,只是当上部出现较强的竞争枝时,应该及时剪除,以免出现双干或多干现象,影响树形。为了改善内部的通风条件,还应对过密枝、重叠枝等进行删除。像黄山栾树、法国梧桐、香樟和无患子等阔叶乔木,在树干养成之后,结合第二次移栽,在主干高度确定之后,选好向外生长的3~5个主枝培养成骨干枝,到了第二年再在这些生长枝条的50~60cm处平齐进行短截,促使生成大量侧枝,培育出匀称的树形。

2.2　松柏类乔木养干、养冠法

图7-7　榉树的大苗培育

图7-8　广玉兰的自然树形

松树类的植物顶端优势明显,比较容易培养主干,很多可以按照其自然生长的分枝特点进行培养。黑松和油松每年都会生长一轮主枝,时间长了会削弱主干的生长势,因此应该适当地删减一些轮生枝,每轮可留3~4个主枝,只要分布均匀就可以了。如果要将松树类的苗木培养成行道树或者庭荫树,就必须留下明显的主干,并且提高分枝点高度,可以在苗木5年生长之后,每年提高一轮分枝,直到达到定干高度为止,这样可以保持顶端领导枝的优势生长,伤口愈合及时。另外,白皮松和华山松的基部比较容易萌发徒长枝,应该注意及时剔除。柏类苗木要注意幼苗阶段剔除徒长枝,避免产生多干的现象。

 任务实施

大苗培育过程中为养直树干而采取的方法主要有:

1　繁殖苗养干法

对于顶端优势强的树种，如广玉兰、红楠和银杏等苗木，为了促进主干生长，应注意及时疏去1.8m以下侧枝、萌蘖枝。以后随着树干的不断增加，逐年疏去定干高度以下的侧枝。定干高度以上的侧枝留作树冠的基础。

柳树类苗因幼苗阶段叶片量较少，对萌生的侧芽可以保留，以促其旺长，待苗高1～1.5m时，下部侧枝渐粗且数量多起来，可适当疏除一部分，对上部出现的竞争枝，应该及时疏除，以防止影响主干枝长直。至秋季撅苗前可将苗高1/2以下枝全部剪除。留下的枝条可行短截，以便掘苗假植。

法国梧桐等苗木本身密植时树干就长得通直，截干后可以重新培养树冠，所以一般在前3年密植，培养主干，等到直径为6～7cm后再截干进行移栽（图7-9）。

2　移苗养干法

有些乔木树种如黄山栾树和无患子，生长势较弱、腋芽萌发力较强，播种苗一年生长高度达不到定干要求，而在第二年侧枝又大量萌生且分枝角度较大，很难找到主干延长枝，故自然长成的主干常常是矮小而弯曲，不能满足行道树和庭荫树的要求，为此常用截

图7-9　法国梧桐疏植养冠

干法来培养主干。截干法的主要理论依据是利用人为方法强制改变苗木的根茎比，以增加茎干的生长势，在一个生长季节内使苗木生长高度达到定干要求，从而获得通直的主干。具体方法是：移植后不修剪，尽量保留枝叶，使根系生长旺盛，待秋季落叶后，统一按照设计的株、行距进行移植；第二年加强水肥管理，促使苗木快速生长，当苗木直径生长到2～3cm时在秋季进行重截，截面距离地面5cm左右；第三年加强水肥管理，促进萌发，选择最为强健的枝条作为主干培养。由于具有三年生苗木的根系，所以苗木当年长势旺盛，直径可以达到3～5cm。黄山栾树尤其适用此法。

 评分标准

序号	项目与技术要求	配分	检测标准	实测记录	得分
1	苗木种类与定干选择	30	不符合每个扣2分，扣完为止		
2	苗木种类与养冠方法选择	30	不符合每个扣2分，扣完为止		
3	苗木的修剪方法	20	不符合每个扣4分，扣完为止		
4	苗木水肥管理	20	不符合每个扣2分，扣完为止		
合　计		100	实际得分		

知识链接

1　苗木枝芽特性

修剪的对象是枝和芽,树种不同,其枝芽的生长特性不同。研究枝芽的生长特点,采取不同的修剪方法,就能做到有的放矢,达到预期目的。

1.1　萌芽力和成枝力

枝条和花都是由芽展开形成的,因此,芽实质上就是尚未发育的枝条、花及花序的原始体。和日常修剪相关的是一年生枝条上着生的芽。一个枝条上着生的芽在生长季节萌发的多为萌芽力强的芽,反之为萌芽力弱的芽。萌芽后形成枝条的能力为成枝力。修剪目的不同,采取的方法不同,但必须以树种的萌芽力和成枝力为依据。

1.2　芽的异质性

芽在分化发育过程中,由于内部的营养状况和外界环境条件的影响,形成的芽质量不同。一般枝条基部的芽和秋梢部位的芽多为瘪芽或盲芽,芽质较差;枝条中部的芽多饱满,芽质较好。这种芽质的差异称为芽的异质性。芽的异质性是修剪时选取上口芽的依据。

1.3　顶端优势

同一枝条,顶端或上部的芽抽生的枝梢长势最强,向下依次递减,树木的这个生长特性称为顶端优势,这是枝条背地生长的极性表现。顶端优势的强度同枝条的着生角度有关,枝条越直立,顶端优势表现越强。根据顶端优势这一生理特性,我们可以根据培养目标,确定修剪方案。

2　整形修剪方法

树木修剪的方法很多,根据从果树培育中借鉴来的修剪方法,园林苗木的培育通常采用截、疏、放、伤、变等五种,以促进苗木长势的旺盛,增加观花、观果的效果。

2.1　剥芽

树木发芽时,常常是许多芽同时萌发,这样根部吸收的水分营养不能集中供应需留下的芽,这就需要剥去一些芽以促使枝条的发育,形成理想的树形。尤其值得注意的是,刚刚移植的苗木根茎处十分容易萌发枝条,植株的营养会优先供应这一部分芽生长发育,造成冠部枝条恢复减弱,所以应该及时剥掉。

2.2　摘心

树木在生长过程中,由于枝条生长不平衡而影响树冠形状,就应对强枝进行摘心,控制生长,以调整树冠各主枝的长势,使之达到树冠匀称丰满的要求。对抗寒性较差的树种,也可用摘心的方法促其停止生长,使枝条充实,有利于安全越冬。

2.3　短截

剪去部分枝条为短截,短截有轻短截和重短截之分。短截后可刺激枝条的生长,使剪口下的芽萌发。一般情况下,如剪口下芽瘦弱,剪后可发育为结果枝;剪口下芽饱满,则剪后枝条多发育旺盛,生长势强。在育苗中,常采用重短截,即在枝条基部留少数几个芽进行短截,剪后仅1~2个芽发育成强壮枝条,育苗中多用此法培育主干枝。

2.4　疏枝

从基部剪去过多、过密的枝条为疏枝。疏枝可以减少养分争夺,有利于通风透光。对乔木树种,疏枝能促进主干生长;对花灌木树种,疏枝能促进提早开花。

课后任务

根据实际条件,学生分组对当地常见乔木进行定干和树冠修剪训练。

任务 3 开花小乔木、花灌木大苗培育

任务目标

熟悉花灌木类苗木花芽分化的基本规律,掌握其生长发育的特点;熟练掌握常规花灌木的修剪整形和水肥管理技术。

任务提出

开花小乔木、花灌木是指以观花为主的小乔木或灌木类植物。其造型多样,能营造出五彩景色,被视为园林景观的重要组成部分,适合于湖滨、溪流、道路两侧和公园布置,以及小庭院点缀和盆栽观赏。开花小乔木、花灌木由于其观赏性佳而倍受人们欢迎,在园林绿化中具有十分重要的应用价值。那么此类苗木在生产中是如何培育的呢?

任务分析

修剪是促进开花小乔木、花灌木健康生长的关键措施之一,只有正确地修剪才能使其繁花不断。在培育生产中要充分了解园林树木生长习性的基本规律,采取正确的整形修剪方法,逐步达到设定的预期树形。在整个过程中要注意树木修剪反应,调整修剪方法。此类苗木的树冠一般也分两类:对短主干型的如榆叶梅、紫薇等大型灌木,养冠时可在预定分枝点将主干短截,选留分布均匀、角度适宜的 3 ~ 5 个侧枝,通过逐年修剪,养成圆形丰满的冠丛。对无主干的灌木,如连翘、月季和一些藤本,可自植株基部剪掉多余的枝条,选留生长健壮的 5 ~ 7 个主枝,使其均衡生长而养成丰满的树冠。对于绿篱用苗以及特殊造型的树种,育苗阶段也常进行初步的修剪造型,定植后再作进一步的加工。

树木的水肥管理是苗木生产培育的关键因素。熟悉肥料的种类及作用原理,可以更好地适时适量施用肥料,保证树木的健壮生长,提高苗木生长量。

相关知识

1　灌溉的原则和要求

总体来讲,苗木速生期前期需要充足的水分,尤其是观花苗木的开花期和观果苗木的幼果期不能缺水,并且灌溉要采取多量少次的办法。每次灌溉要灌透、灌匀,注意防止浇半

截水。在苗木生长后期,除特别干旱外,一般不需灌溉。除此之外还要注意以下几点:

1.1 应遵循干湿交替的原则

一般苗木均属于旱地植物,根区土层含水量达到田间最大持水量80%以上时,植株就会发生缺氧现象。水分越多、时间越长,植株受害就越严重。植株根系的生长也需要一定的氧气,干湿交替既可以给苗木供应充足水分,又可以供应足量氧气,因此成为一直提倡的做法。

1.2 不同土质要用不同的管理方法

(1)沙质土的孔隙度大,蓄水力强,易干不易涝,宜多灌水。

(2)黏质土是"湿时一团糟,干时一把刀",在注意防涝的同时,也要注意防旱,及时中耕松土,适当减少灌水次数,每次浇水量应酌情增加。

(3)富含有机质的腐殖土,质地疏松,蓄容水量大,既不易干又不易涝,在相同情况下,灌水量及次数均可相应减少。

2 积水涝害对苗木生长的影响

夏季雨水较多,应注意及时排水防涝。涝害产生的原因并不在于水分本身,因为植物在溶液中是能正常生长的。涝害之所以产生是因为土壤缺乏氧气和二氧化碳浓度过高,进而阻碍植物吸水,时间较长就会形成无氧呼吸,使根系中毒。植株受涝表现为失水萎蔫,叶及根部均发黄,严重时干枯死亡。所以积水对苗木造成的伤害要比流动性水的伤害大得多,排除积水是防涝的关键。

(1)在雨季到来之前,应提前开挖好排水的沟渠配套体系,梅雨季节及时排水,以免苗木受涝害,从而影响苗木生长品质和出圃时间。特别是杉类幼苗、肉质根系苗木以及根系浅的苗木,抗性较弱,更应注意。

(2)分清湿害和涝害。湿害和涝害是两种不同的概念,在生产中往往容易将两者混为一谈,正确区分两者对生产有一定的指导作用。

① 湿害:基质长期处于湿润状态,孔隙封闭,不透气,从而使植株根系呼吸困难,生长不良,甚至导致死亡。

② 涝害:长期或短期积水,沤烂根系,无法挽救。

湿害虽然不是典型的涝害,但本质与涝害大体相同。湿害抑制植株的有氧呼吸,使植株出现缺氧,只能大量消耗可溶性糖来积累酒精,光合作用大大下降,甚至完全停止,营养分解过多,进而生长受阻。由于合成不能补偿分解,植株出现"饥饿"现象,时间一长,便逐渐"饿死"。

从以上原理可以看出,不仅是水大产生涝害容易使苗木受伤,即使是长期处于湿润状态对苗木也是十分不利的。这一点要充分认识,在花木生产中应该遵循干湿交替原则,不能以保持湿润状态为管理目标。

(3)苗木在不同生长阶段对涝害的忍受能力不同,应区别对待。对于一般的苗木来说,在其生长旺盛、外界环境较适宜时,其耐涝能力也是最强的。因为此时苗木生命活动旺盛,制造营养物质较多,既可以抵抗一定的毒害,又可以通过光合作用消耗大量水分,促进根系再吸水,从而减少土壤水分含量,减轻受害程度。

3 肥料的类型

3.1 有机肥料的种类

有机肥料包括粪肥、绿肥、厩肥、堆肥等。这些肥料含有氮、磷、钾等多种无机盐类和蛋白质、脂肪和糖类等有机物质。有机肥料的肥效较好而持久,但施用后见效慢,所以又称为"迟效肥料"。有机肥料在水中会腐烂分解,消耗水中氧气,放出有毒气体(硫化氢、氨、二氧化碳等)。因此,施用时,不宜将大量新鲜的有机肥料直接施用,而应将其封闭发酵腐熟后再施为宜。

(1)粪肥。

粪肥包括人、畜、禽的粪尿等,是一种良效肥,含有较多的氮、磷、钾等肥分,同时含有一定量的钙、硫、铁等元素,宜作追肥使用。因粪尿中的氮素容易挥发,所以在使用前应加盖保存,让其发酵后再用。

(2)厩肥。

厩肥是家畜、家禽的粪尿和垫料的混合物,同样含有较丰富的氮、磷、钾等,但垫料含纤维素多,分解较慢。农村中以粪坑把厩肥积存或堆积腐熟后使用,多作基肥,也可作追肥。作基肥亩用量500kg左右;作追肥时,可每隔7d左右施一次,用量以基肥的1/10～1/5为宜。

(3)绿肥。

绿肥包括各种野生的无毒、分解快的草类、树叶、嫩枝以及各种栽培作物的茎叶,如三叶草、蚕豆(胡豆)、水花生、水葫芦等。这些绿肥都易于采得,具有成本低、见效快的优点。它既可用作混合堆肥的原料,也可以直接沤制。

(4)堆肥。

堆肥是指利用粪肥和草料混合沤制发酵而成的肥料。制作方法:准备充足的青草和畜、禽粪,分量各半,分层堆放于准备好的土坑或粪坑中,先放入一层青草,撒上少量(约1%)的生石灰,再放一层粪料,依此装料入坑,最后加水使料完全浸于水中即可,最后用稀泥密封坑口,经半个月左右即可使用。

3.2 无机肥料的种类

无机肥料又称化学肥料。这类肥料的特点是所含营养成分比较单一,大多数是一种化肥,仅含一种肥分。其施入水中易被分解,很快见效,因此又称其为"速效肥料",包括氮肥、磷肥、钾肥和钙肥等。

(1)氮肥。

氮肥能够直接被植物吸收和利用。植物培育常用的氮肥有碳酸氢铵、硫酸铵、硝酸铵、氯化铵和尿素等。这些以铵态存在的氮肥,遇碱易变成气体挥发而降低肥效,因此不能和碱性肥料混合施用。氮肥也是速效肥,宜作追肥,也可作基肥。

(2)磷肥。

常用的磷肥有过磷酸钙和磷矿粉等。过磷酸钙是一种水溶性速效肥料,含有效磷16%～18%。磷矿粉则是由磷矿石粉碎而成,所含磷化合物主要是难于分解的氟磷灰石,磷的可利用性差,肥效也缓慢。磷肥同样不能与碱性肥料混合施用,否则会起化学作用,产生不溶性的磷酸三钙而降低肥效。

（3）钾肥。

常见的钾肥有氯化钾、硫酸钾、草木灰等,均能溶于水。草木灰含钾较多,碱性强,与其他肥料混合使用时不能忽略这一特性。使用草木灰时,最好先把灰润湿,然后均匀地撒在池塘中。还应指出的是,草木灰应保持干燥,如果遭雨淋后,其含钾量将会大量流失。通常钾肥与氮肥、磷肥一起混合施用,氮、磷、钾三种化肥在混合肥料中的比例以2:2:1为佳。

（4）钙肥。

常用的钙肥有生石灰、消石灰等。施钙肥有多方面的作用,既可以消毒,又可以中和酸性物质并提供植物所需要的钙素。其中最常用也是最适用的是生石灰,既方便又经济,可作消毒剂,也可作基肥和追肥。

3.3 微生物肥料的种类

微生物肥料的种类很多,按其作用机理可以分为根瘤菌肥料、固氮菌类肥料、解磷菌类肥料、解钾菌类肥料。其中,根瘤菌肥料又可分为慢生根瘤菌和快生根瘤菌,固氮菌类肥料又可分为固氮根瘤菌和根际联合固氮菌,解磷菌类肥料包括有机磷细菌和无机磷细菌。按其制品内含物可以分为单纯的微生物肥料和复合（或混合）微生物肥料。

3.4 控释性肥料的种类

（1）高分子包膜控释肥。

用高分子材料在化肥颗料上包一层带有微孔的包膜,用以控制养分的释放。高分子聚合物有树脂、纤维素、塑料橡胶等。如北京化工大学用废塑料开发生产的"塑肥",肥效长久,用于温室生产蔬菜能提早7~15d成熟,增产20%~70%。这些外包膜除纤维素外,均为不易分解的塑料,肥料用完后,包膜材料仍会给环境带来负担。

（2）无机物包膜控释肥。

选择适当的无机物分子作包膜材料,具有良好的环境安全性。如用硫磺包裹尿素,先将尿素颗粒预热至65℃~75℃,放进转动罐内,再加入熔融的硫磺,在尿素颗粒外即可包裹一层硫磺薄膜。这种控释肥在水田中施用,能获得良好的增产效果,用量仅为普通尿素的40%。

（3）多元复合肥。

用肥料包裹肥料制成的多元复合肥,能提供多种养分,又不会爆发性释放,但流失问题仍没有根本解决。

（4）结合性控释肥。

用化肥同其他合适的化合物进行化学反应,制成性能稳定、长效的肥料。如在尿素中添加尿素酶抑制剂,能减慢尿素的释放,达到长效供肥、减少流失的目的。

▌▌▌▌ 任务实施

1 整形

目前江南地区的观花乔木主要是樱花、皂荚和紫薇等苗木品种。在苗圃培育过程中我们首先要了解什么样的树形才是工程上需要的。像皂荚这样的大型乔木属于自然成型,所以我们重点了解观花类的小乔木不同树形的培育过程。

1.1 自然杯状形

苗木一年生嫁接苗移植后，留 1m 左右剪去顶梢，剪口芽留壮芽。以后随着新梢的生长，逐个选留主枝。一般在距地面 30~40cm 处选留第一个主枝，在第一个主枝上面 20~30cm 的地方选留第二个主枝，剪口芽抽生的枝条为第三个主枝。三大主枝要均匀分布在主干周围，最好不要轮生。夏季修剪时应当及时除去主枝上的直立枝、主干上的萌蘖枝和砧木上萌发的芽。冬季修剪时对各主枝进行短截，剪口芽留壮芽，以培养主枝延长枝。同时可以在各主枝上分别选留侧枝，注意同级侧枝留在同方向，以免侧枝相互交叉，影响树形和通风透光。海棠类植株的自然杯状形如图 7-10 所示。

图 7-10　海棠类植株的自然杯状形

1.2 自然开心形

苗木主枝数一般为 3 个，少数也有 4 个或 5 个。主枝选留的位置比较自由，在主干上呈放射状斜生，着生点有间隔，但不很远，主枝长粗后，近于轮生，但中心开阔，透光好，树干不高，养护管理方便。苗木的主枝延长枝生长量与树势有密切的关系，强壮树的主枝延长枝可长达 50cm 以上，并有副梢形成；弱树一般只有 30cm 左右，很少形成副梢。故冬季修剪时强壮主枝可剪去 1/3~2/5，弱枝可剪去 1/2~2/3。第一主枝和第二主枝处于主干的下方，生长势一般较弱，为增强其长势，可在先端选斜向上的分枝代替原主枝的延长枝，并进行短截。当主枝延

图 7-11　樱花的自然开心形

伸过长时，要及时回缩，选合适的分枝代替原主枝头，同时对缩减后的新主枝头进行适当短截。侧枝也要进行适当的短截和回缩修剪，注意侧枝的长和粗不宜超过所属主枝，以维持

主从关系。樱花的自然开心形如图7-11所示。

1.3 绿篱、花灌木的树形培养

用作绿篱的苗木要注意从小苗起摘心,以便从基部培养出大量分枝,形成灌丛,这样定植后能够进行任何形式的修剪。花灌木要求培养成丰满、匀称的灌木丛,技术要点是:第一次移植时,地上部分进行重剪,只留3~5个芽,促其多生分枝,至秋后行短截,并将多余的枝条疏除;注意以后每年只需剪去枯枝、过密枝和创伤枝等,适当疏截徒长枝。对分枝力弱的灌木,每次移植都要重剪,促其发枝。

2 施肥

施肥要做到有的放矢,应根据土壤肥瘦合理施肥。一般土壤贫瘠要施足基肥。为了补充土壤中的肥分消耗,促进植物生长,还需要对苗圃追加肥料。追肥应掌握及时、均匀和量少次多的原则。

施肥量应随季节的变化而有所不同,一般是春秋两季少施(每次量可多些),夏季多施(每次量宜少些)。平时还要根据天气的变化适量施肥,通常是天气晴朗少施,阴雨天多施。此外,为了充分发挥各种肥料的不同作用,在实际生产中,最好同时使用或交替使用有机肥料和无机肥料,这样可以扬长补短、相互补充。

总之,施肥要考虑到多方面的因素,往往在生产实践中要根据具体情况加以调整,才能取得良好效果。

(1)由于树木根群分布广,吸收养料和水分全在须根部位,因此,施肥要在根部的四周,不要靠近树干。

(2)根系强大、分布较深远的树木施肥宜深,范围宜大,如油松、银杏、臭椿、合欢等;根系浅的树木施肥宜浅,范围宜小,如紫穗槐等花灌木。

(3)有机肥料要充足发酵、腐熟,切忌用生粪,且浓度宜稀,化肥必须完全粉碎成粉状,不宜成块施用。

(4)施肥后(尤其是追肥后),必须及时适量灌水,使肥料渗入土内。

(5)应选天气晴朗、土壤干燥时施肥。阴雨天由于树根吸收水分慢,不但养分不易吸收,而且肥分还会被雨水冲失,造成浪费。

(6)沙地、坡地、岩石易造成养分流失,施肥要深些。

(7)氮肥在土壤中移动性较强,所以应浅施渗透到根系分布层内,被树木吸收;钾肥的移动性较差,磷肥的移动性更差,宜深施至根系分布最多处。

(8)基肥因发挥肥效较慢应深施,追肥肥效较快宜浅施,供树木及时吸收。

(9)叶面喷肥是通过气孔和角质层进入叶片,而后运送到各个器官。一般幼叶较老叶、叶背较叶面吸水快,吸收率也高。所以实际喷布时一定要把叶背喷匀、喷到,使之有利于吸收。

(10)叶面喷肥要严格掌握浓度,以免烧伤叶片,最好在阴天或上午10时以前和下午4时以后喷施,以免气温高,溶液很快浓缩,影响喷肥或导致药害。

评分标准

序号	项目与技术要求	配分	检测标准	实测记录	得分
1	苗木种类与整形选择	30	不符合每个扣5分,扣完为止		
2	苗木种类与修剪选择	30	不符合每个扣5分,扣完为止		
3	苗木的修剪方法	20	不符合每个扣4分,扣完为止		
4	苗木水肥管理	20	不符合每个扣4分,扣完为止		
合　计		100	实际得分		

知识链接

1　不同类型花灌木的修剪

花灌木以观花、观果为目的,冬季修剪须考虑对其开花、结果的影响,修剪时应根据花灌木的不同种类采用不同的修剪方法。

第一类是修剪时未见花芽的树种。这一类花灌木如果在冬季进行强修剪,势必会把花芽剪掉,其后果则是到了花期而见不到花。因此,对这一类花灌木只需把影响树冠整齐的枝剪除。属于这一类的树种有:冬青属的铁冬青及枸骨等,杜鹃属的常绿杜鹃和杜鹃等,吊钟花属、木兰属的广玉兰及木兰等,荚蒾属的红蕾、荚蒾红,千层属的金宝树等,瑞香、棫木属的多花棫木及山茱萸等花灌木。

第二类是仅需轻剪的树种。这类花灌木在冬季只要轻剪即可。这种轻度修剪不会造成花芽损失,修剪仅是为了整形而已,若采取强修剪就会损失花芽。属于此类的树种主要有金缕梅、蜡梅、紫荆等。金缕梅与蜡梅的花芽和叶芽不着生在同一节位上,修剪时剪口应在叶芽的上方,否则会引起枯枝。这种修剪不当引起枯枝的情况,修剪日本木瓜时常发生。而对紫荆来说,即使在花芽的上方剪截也不会发生枯枝,因为紫荆着生花芽的节位上方仍会萌生新芽。不过,当紫荆花后结果时,其节上就难以萌发新芽了。

第三类是可以放心修剪的树种。这类花灌木较为粗放,无论从哪里剪都不会损伤花芽,即使修剪时已形成了花芽,修剪只可能使花期推迟,决不会不开花。属于此类的树种有桂花类(只需轻剪)、西番莲、大花六道木、凌霄和刺桐属的鸡冠刺桐等,还有月季、石榴、落霜红、野茉莉、紫薇,以及木槿属的木槿、木芙蓉等,木本曼陀罗和假连翘等热带花灌木,其中多数树种需作强回缩修剪。

2　追肥管理

追肥要按"薄肥勤施,看长势、定用量"的原则处理。人粪尿要稀释20～30倍,豆饼水、尿水、鱼肠水要稀释10～20倍。每隔15～20d施一次肥。对秋季前后开花的花卉,应在花前、花后及结实前后施用,在现蕾开花时不必追肥,以免落花。

追肥的肥种主要有尿素、过磷酸钙、磷酸二氢钾、碳酸氢氨等化肥和腐熟的人粪尿、饼肥、菜籽饼等农家肥。追肥以化肥为主,农家肥为辅。未腐熟的人粪尿、饼肥不能作花木的追肥,否则,花木不仅难以吸收,还会引起烧根。在施肥时具体使用哪种肥料,应根据苗木的不同习性区别对待。喜酸性的杜鹃、山茶、栀子花等花木忌碱性肥料,宜施硝酸钾、过磷酸钙、硫酸铵等酸性肥料。在营养生长期要多施氮、钾肥,在花芽形成时期要多施磷肥。对山茶、桂花、杜鹃等,应及时追施 2~3 次以磷肥为主的液肥,否则会出现花少而小甚至落蕾的现象。对观叶类的罗汉松、竹柏类、苏铁等花木可追施氮肥,促使叶片翠绿。对以观果为主的花卉,在开花期应适当控制肥水,壮果期施以充足的完全肥料,才能达到预期效果。

除根部追肥外,还要采用叶面施肥以补充肥力。它具有用量少、吸收快、肥效显著的优点。施叶面肥以早晨和傍晚为宜,要做到叶面两面喷匀。叶面施肥的肥种必须是能溶于水的化肥,浓度要低,各肥种的施用浓度为:尿素 0.2%~0.3%、过磷酸钙 1%~3%、磷酸二氢钾 0.1%~0.3%、硫酸铵 0.2%~0.3%、硼酸 0.1%~0.2%、硫酸亚铁 0.2%~0.5%。对山茶、桂花等观花类花卉喷施 1% 过磷酸钙溶液后,花朵鲜艳繁茂,而且提前开放。对苏铁等观叶类的花木,喷施 0.3% 的尿素液肥,能使叶色浓绿,长势旺盛。

 课后任务

根据实际条件,学生分组对当地常见开花小乔木、花灌木进行定干和树冠修剪训练。

任务4　造型类大苗培育

 任务目标

在掌握了苗木的整体构型、枝芽生长发育特性后,进一步掌握造型苗木的选择、修剪整形的基本方式、方法以及修剪工具的使用方法。

 任务提出

通过实际操作了解苗木造型的方法和步骤。从苗木本身构型、生长习性着手完成造型设计,然后选择便利的修剪工具,使用合适的修剪方法对苗木进行造型实践。

 任务分析

造型是一项艺术再创造的工作,在实践的过程中首先要充分了解苗木的枝芽生长发育特性,结合普遍的审美观念进行苗木构图。

构图完成之后,通过不断观察,针对苗木的修剪效果来提高造型的控制能力,达到造型和设计的完美实现。

 **相关知识**

1 造型苗木的选择

1.1 依据园林设计的功能进行选择

园林苗木首先要具备园林功能,如行道树、庭荫树、园景树等。随着园林功能应用的不同,选择的造型苗木也不一样。

1.2 依据苗木的生长特性进行选择

造型的过程中,了解苗木的生长习性非常必要,尤其是与修剪相关的苗木分支习性、萌芽率和成枝力的大小、修剪反应等。耐修剪的树种一般都是萌芽率较高、成枝力较好的树种,而且伤口的愈合能力也非常强,如法桐、栾树、香樟等乔木。

1.3 依据苗木的观赏特点进行选择

苗木应用到园林景观当中,是依据该苗木的景观特点进行设计。观赏部位的不同(如观形、观花、观果、观干等),就意味着苗木选择的不同。例如,垂丝海棠等观花苗木观赏位置在中上层,适于人水平视线观赏,而且垂丝海棠两年生枝条分化花芽,因此修剪多采用重截,以降低观赏高度为主。玉兰枝条顶部分化花芽,以疏枝为主。

1.4 依据苗木的生长阶段和树势进行选择

不同树龄的苗木,修剪方式不一样。苗木在幼苗期生长迅速,伤口愈合能力也较快,故在此期间应该加强对苗木的整形和修剪,剔除侧枝养干和定干,根据不同品种定出树干的高度。苗木在定植后3~20年间生长发育状态良好,一般不作大的整形和修剪,每年只修剪病虫枝、干枯枝、重叠枝、竞争枝及生长过密的枝条。对于老龄期苗木,进行复壮修剪是必要的。实践证明,修剪及时,老龄期苗木可以重新长成致密的树冠,延长苗木的寿命及观赏年限。最关键的是要把握好修剪的时间,一般情况是在主枝延长枝基本停止生长,内膛枝开始增多的时候就要及时修剪。

另外,还可以依据苗木修剪的时间、苗木所处的外界环境、苗木造型要求等进行选择。

2 修剪整形形式

植物在自然界中生长本身就有自然整枝的过程,再结合人工的修剪可以使苗木适应园林绿化观赏要求,更大地发挥景观效果。因此,根据造型树形状的不同,树木造型可分成4类:

(1)规整式。将树木修剪成球形、伞形、方形、螺旋体、圆锥体等规整的几何形体,多用于规则式园林,给人以整齐的感觉。适于这类造型的树木要求枝叶茂密、萌芽力强、耐修剪或易于编扎,如圆柏、红豆杉、黄杨、枳、五角枫、紫薇等。

(2)篱垣式。通过修剪或编扎等手段使列植的树木形成高矮、形状不同的篱垣,常见的绿篱、树墙均属此类。树篱在园林中常植于建筑、草坪、喷泉、雕塑等的周围,起分隔景区或背景的作用。这类造型一般要求枝叶茂密、耐修剪、生长偏慢的树种(见绿篱植物)。

(3)仿建筑、鸟兽式。即将树木外形修剪或绑缚、盘扎成亭、台、楼、阁等建筑形式或各种鸟兽姿态(图7-12)。适于规整式造型的树种,一般也适于本类造型。

(4)桩景式。即应用缩微手法,典型再现古木奇树神韵的园林艺术品,多用于露地园林重要景点或花台,大型树桩盆景即属此类。适于这类造型的树种要求树干低矮、苍劲拙朴,如银杏、罗汉松、金柑、石榴、梅、贴梗海棠等。

1 仿建筑式　2、3 仿鸟兽式

图 7-12　树木的造型

任务实施

1　修剪方法的确定

见项目七、任务 2 的知识链接部分。

2　修剪工具的准备

2.1　造型常用工具

园林苗木造型常用工具有剪刀、锯子、刀、斧和梯等。

(1)剪刀。

剪刀中使用较多的是桑剪、圆口弹簧剪、大平剪、高枝剪和长把修枝剪等。根据枝条的硬度、粗度、高度和修剪的工作量选择不同的剪子作为工具。桑剪一般适用于木质化程度较高、硬度较强的枝条。圆口弹簧剪是绿化上经常使用的一类剪刀,使用较广泛,对于木质化程度较低的枝条均可应用。大平剪也称绿篱剪,适合修剪绿篱、造型苗木的嫩枝以及打顶。高枝剪由于安装有长柄,适合修剪位于较高位置的枝条,避免产生安全问题。

(2)锯。

剪截 5cm 以上的枝条必须使用锯子,常用的种类有手锯、高枝锯和电锯等。手锯适用于普通花木的枝条截断,而电锯或者油锯则适用于粗壮枝条的截断,以使修剪工作变得便利。

3　有主干苗木造型基本步骤(以黑松为例)

3.1　树种简介

黑松属于常绿乔木,树皮灰黑色,因此称为黑松。两针一束,花期 4 ~ 5 月,球果次年 10

月成熟。树冠广圆形或扇形。喜光照充足、排水透气的土壤,耐旱,耐风。

3.2 造型时期

黑松的修剪和移栽最好在休眠期进行,一股为12月至翌年2~3月,这个时期树液流动缓慢,剪口无松脂外溢,不易形成伤流。2月以后影响造型质量,可以通过摘芽的方法控制树木枝叶生长。4~5月长出叶片后不宜造型修剪,可进行少量攀扎工作。

3.3 造型设计与技法

黑松的造型依据苗木主干的生长形式和数量,常常可以选择直干式、斜干式、曲干式、偏冠式、悬崖式等。

黑松的造型修剪主要以攀扎为主,修剪为辅。攀扎时最好选择金属丝,亦可用棕丝。

(1)主干的造型修剪。

一般情况下,当黑松小苗干径达到2~4cm时,就应该通过立柱或吊扎对主干造型。若主干不易弯曲,需利用金属丝、螺杆等工具和刻伤扭曲等措施对主干造型[图7-13a]。

现在为缩短培养造型黑松的时间,往往可以利用规格较大的黑松毛胚加以改造。生长在海岛或山上的黑松主干变化多,可以使造型工作达到事半工倍的效果。

(2)枝条的造型修剪。

枝条的造型包括枝条的取舍,调整枝条的方向和生长势,矫正伸展姿态等。黑松枝条属于轮生枝,每一个节点分枝3~6个,每一节点适合保留1个分枝,上下层枝条之间保持合适的距离[图7-13(b)]。

黑松主干不定芽萌发能力弱,如果有些分枝位置和方向不理想,可以用金属丝调整枝条的生长方向。

(3)树冠的培大修剪。

造型黑松的骨架完成后,必须想办法尽快形成茂密的树冠。黑松针叶粗硬而较长,可通过疏叶、疏芽、摘心方法来控制枝叶生长。每年休眠期,可先修剪病枯枝、平行枝、内膛枝等,增加通风通光。每年春季未展叶前摘掉顶芽以增加枝叶密度。

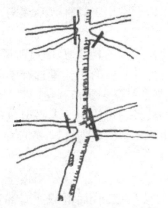

(a)造型黑松主干弯曲示意图　　(b)造型黑松轮生枝处理示意图

图7-13 黑松的造型

评分标准

序号	项目与技术要求	配分	检测标准	实测记录	得分
1	苗木种类与造型选择	40	不符合每个扣2分,扣完为止		
2	苗木的修剪方法及工具选择	40	不符合每个扣4分,扣完为止		
3	苗木水肥管理	20	不符合每个扣2分,扣完为止		
合　计		100	实际得分		

知识链接

有主干观花植物的造型方法

观花植物的小苗制盆景可采取多干(枝)扭合法加粗主干。可利用苗木根际萌生枝逐一沿着主干呈螺旋式缠绕,并用细绳固定,避免松开,经过几年时间,枝条和主干便能愈合在一起,成为整体,使主干明显增粗,并显得苍老古朴;也可将不同花色的小苗合栽一穴,基部用棕丝捆绑在一起,把各主干互相缠绕,攀扭在一起,用细绳固定,经过几年时间,主干苍劲古朴而又粗壮,并且同株花色丰富,别具一格。

观花小乔木的修剪整形,一般都在冬季进行强修剪,修剪时保持枝条分布均匀及树冠完整,剪除过密枝、干上的萌蘖枝及部位不适当的枝条,徒长枝剪短2/3,一般保留枝条为上年冬季剪口的10cm左右;春季新枝长至15cm左右时,进行摘心,保留下部10cm左右,促使长出顶端的两叉枝,当两叉枝长至20cm左右时,再进行摘心,保留下部15cm左右,促使萌发新枝,将其他影响观赏和造型的枝条全部摘除。经过修剪的枝条长出花序后,剪去较弱花枝和与造型无关的芽。

华东地区观花小乔木一般是落叶树种,在自然条件下9~10月中旬开始落叶。为了使盆景苗木花后延长观叶期,可在9月上旬摘除老叶,分批摘除。摘叶后,要经常往枝条和余下的叶片上喷水,15~20d后就会有新叶发出,长出的新叶质厚、有光泽,而且不影响第二年开花和发叶。

为使观花观干的植物树皮呈现苍老斑驳之感(如紫薇、石榴等),在生长旺盛期,用刀斧砍伤或击局部树皮,在木质部涂石硫合剂,使其变白,给人以久经风霜的感觉;也可将枝干劈裂、折断、扭破等,待长出愈伤组织后,树干上就会斑瘤累累,显示出苍老之态;还可将光滑平整的大树景桩用利斧劈去大块(视树桩大小和创作立意及构思而决定),露出的木质部用电钻、木凿等进行雕饰,使其显出自然枯朽的形态。

 课后任务

依据实际条件,学生分组进行单干、双干、几何形、象形体等造型操作训练。

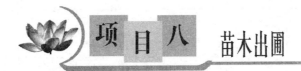

项 目 八 苗木出圃

任务 1　乔木类苗木的出圃

任务目标

　　熟悉乔木类苗木质量的主要指标,包括地径、苗高、木质化程度、根系状况等,明确优质乔木类苗木的质量标准及本地区主要乔木类苗木的规格要求;熟悉乔木类苗木株数、胸径、地径及生长情况等主要调查内容,掌握乔木类苗木调查的主要方法及产量、质量计算统计方法;熟悉乔木类苗木出圃工序,包括起苗、分级、统计、包装、运输、检疫消毒、假植、贮藏等工序,掌握各出圃工序的操作要领及注意事项。

任务提出

　　乔木类苗木出圃是指将培育至一定规格的苗木,由于绿化栽植的需要,结束在苗圃的生长。它是育苗工作中最后一个重要环节,关系到苗木的质量和经济收益。乔木类苗木出圃的关键技术主要包括苗木的调查、苗木的质量评价、苗木的出圃等环节。

　　为了获得高质量的乔木类苗木出圃,必须掌握本类苗木出圃工序的操作要领及注意事项。

任务分析

　　通过熟悉乔木类苗木株数、苗高、地径及生长情况来做好前期的调查准备工作,按照不同的乔木类苗木质量标准评价体系来做好本类苗木的分级工作,在指定时间内完成苗木的起苗和出圃等相关任务。

相关知识

1　苗木调查的相关知识

1.1　苗木出圃前调查的目的

苗木调查,是指在秋季苗木停止生长后对全圃苗木进行的产量和质量的调查。

苗木的质量与产量可通过苗木调查来掌握。通过对苗木的调查,能全面了解全圃各种苗木的产量与质量。调查应分树种、苗龄、用途和育苗方法进行。调查结果能为苗木的出圃、分配和销售提供数量和质量依据,也可为下一阶段合理调整、安排生产任务提供科学、准确的依据。通过苗木调查,可进一步掌握各种苗木生长发育状况,科学地总结育苗技术经验,找出成功或失败的原因,提高生产、管理、经营效益。

1.2 调查的时间

为使调查所得数据真实有效,苗木调查的时间一般选择在每年苗木高度、直径生长结束后进行,落叶树种在落叶前进行。因此,出圃前的调查通常选择在秋季,也有些苗圃为核实育苗面积,检查苗木出土和生长情况,在每年5月调查一次。

2 乔木出圃的质量要求

高质量的苗木,栽植后成活率高,生长旺盛,能很快形成景观效果。一般苗木的质量主要由根系、干茎和树冠等因素决定。高质量的苗木应具备如下条件:

2.1 苗木树体完美,生长健壮

(1)生长健壮,树形骨架基础良好,枝条分布均匀。

总状分枝类的苗木,顶芽要生长饱满,未受损伤。其他分枝类型大体相同。

(2)根系发育良好,大小适宜,带有较多侧根和须根,同时根不劈不裂。

因为根系是苗木吸收水分和矿物质营养的器官,根系完整,栽植后能较快恢复,及时地给苗木提供营养和水分,从而提高栽植成活率,并为以后苗木的健壮生长奠定有利的基础。苗木带根系的大小应根据不同品种、苗龄、规格、气候等因素而定。苗木年龄和规格越大,温度越高,带的根系也应越多。

(3)苗木的茎根比适当。

苗木地上部分鲜重与根系鲜重之比,称为茎根比。茎根比大的苗木根系少,地上、地下部分比例失调,苗木质量差;茎根比小的苗木根系多,质量好。但根茎比过小,则表明地上部分生长小而弱,质量也不好。

(4)苗木的高径比适宜。

高径比是指苗木的高度与根颈直径之比,它反映苗木高度与苗粗之间的关系。高径比适宜的苗木,生长匀称。它主要取决于出圃前的移栽次数、苗间的间距等因素。

年幼的苗木,还可参照全株的重量来衡量其苗木的质量。同一种苗木,在相同的条件下培养,重量大的苗木一般生长健壮、根系发达、品质较好。

其他特殊环境、特殊用途的苗木质量标准,视具体要求而定。例如,桩景要求对其根、茎、枝进行艺术的变形处理;假山石上栽植的苗木,则大体要求"瘦"、"漏"、"透"。

2.2 出圃苗木无病虫和机械损伤

危害性的病虫害及较重程度机械性损伤的苗木应禁止出圃。这样的苗木栽植后生长发育差,树势衰弱,冠形不整,影响绿化效果。同时其还会起传染病虫害的作用,使其他植物受侵染。

3 乔木出圃的规格要求

3.1 衡量苗木规格的主要指标

(1)胸径。

胸径又称干径,指乔木主干离地表面以上1.3m高处的直径。断面畸形时,测取最大值

和最小值的平均值。仅应用于乔木的测量。

（2）地径。

地径也称基径，指土迹处的直径，也有些要求是离地10cm处的直径。根据国家林业局在2001年2月1日颁布实施的LY/T 1589—2000《中华人民共和国林业行业标准—花卉术语》第3.4.9项"地径"的相关描述中，地径释义为"苗干靠近地表面处的直径"。根据品种不同，有些苗木地径起量部位在距离地面10cm或30cm处，极个别品种起量部位为5cm，目前国内没有统一的标准。

（3）米径。

米径是指树（苗）木距地面1m处主干的直径，用符号"φ"表示。断面畸形时，应测一组垂直交叉的数据，取最大值和最小值的平均值。当树（苗）木米径小于3.0cm时，行业内部一般不用米径表示苗木规格，而用地径表示。若树（苗）木距地面1m处恰好有明显凸起，一般由树（苗）木供销双方协商测量凸起上方或者下方的直径代替米径。

（4）蓬径。

蓬径指灌木、灌丛垂直投影面的直径。

（5）树高。

树高指树木从地面上根茎到树梢之间的距离或高度，是表示树木高矮的调查因子，常用"H"表示。

（6）分枝点高度。

分枝点，是指主树干与第一根分支的交点。分枝点高度指主干从地面至分枝点位置的距离，一般用于行道树的指标。

3.2 不同类型乔木的规格要求

出圃苗木的规格，需根据绿化的具体要求来确定。行道树用苗规格应大一些，一般绿地用苗规格可小一些。但随着经济的发展，绿化层次的增高，人们要求尽快发挥绿化效益，大规格的苗木、体现四季景观特色的大中型乔木及花灌木被大量使用。有关苗木规格，各地都有一定的规定，现把华中地区目前执行的标准细列如下，以供参考。

（1）大中型落叶乔木。

银杏、栾树、梧桐、水杉、枫香、合欢等树种，要求树形良好，树干通直，分枝点2～3m，胸径在5cm以上（行道树苗胸径要求在6cm以上）为出圃苗木的最低标准。其中，胸径每增加0.5cm，规格提高一个等级。

（2）有主干的果树、单干式的灌木和小型落叶乔木。

枇杷、垂柳、榆叶梅、碧桃、紫叶李、海棠等树种，要求树冠丰满，枝条分布匀称，不能缺枝或偏冠。根颈直径在2.5cm以上为最低出圃规格。在此基础上，根颈直径每提高0.5cm，规格提高一个等级。

（3）常绿乔木。

常绿乔木如香樟、桂花、红果冬青、深山含笑、广玉兰等，要求苗木树型丰满，保持各树种特有的冠形，苗干下部树叶不出现脱落，主枝顶芽发达。苗木高度在2.5m以上或胸径在4cm以上为最低出圃规格。高度每提高0.5m或冠幅每增加1m，即提高一个规格等级。

（4）桩景。

桩景的使用效果正日益受到人们青睐,加之其经济效益可观,所以在苗圃中所占比例也日益增加,如银杏、榔榆、三角枫、柞木、对节白蜡等。桩景以自然资源作为培养材料,要求其根、茎等具有一定的艺术特色,其造型方法类似于盆景制作,出圃标准由造型效果与市场需求而定。

4 苗木的包装方法

可参见项目七、任务1的任务实施4。

任务实施

1 苗木调查

1.1 调查方法

针对乔木类苗木的高度、地径或胸径、冠幅和苗木的数量等指标进行调查并记录。

为了得到准确的苗木产量与质量数据,根颈直径在5～10cm以上的特大苗要逐株清点,根颈直径在5cm以下的中小苗可采用科学的抽样调查,其准确度不得低于95%。

在苗木调查前,首先查阅育苗技术档案中记载的各种苗木的育苗技术措施,并到各生产区查看,以便确定各个调查区的范围和采用的方法。凡是树种、苗龄、育苗方式方法及抚育措施、绿化用途相同的苗木,可划为一个调查区。从调查区中抽取样地,逐株调查苗木的各项质量指标及苗木数量,再根据样地面积和调查区面积,计算出单位面积的产苗量和调查区的总产苗量,最后统计出全圃各类苗木的产量与质量。抽样的面积为调查苗木总面积的2%～4%。常用的调查方法有:

（1）标准行法。

在需调查区内,每隔一定行数（如5的倍数）选1行或1垄作标准行。全部标准行选好后,如苗木数过多,在标准行上随机取出一定长度的地段,在选定的地段上进行苗木质量指标和数量的调查,如苗高、根颈直径或胸径、冠幅、顶芽饱满程度、针叶树有无双干或多干等。然后计算调查地段的总长度,求出单位长度的产苗量,以此推算出每亩的产苗量和质量,进而推算出全区该苗木的产量和质量。此调查方法适用于移植区、扦插区、条播和点播的苗区。

（2）准确调查法。

数量不太多的大苗和珍贵苗木,为了使调查数据更准确,应逐株调查苗木数量,抽样调查苗木的高度、地径、冠幅等,计算其平均值,以掌握苗木的数量和质量。

1.2 调查的内容

主要针对苗木高度、地径或胸径、冠幅和苗木的数量等指标进行调查。调查过程中常按不同树种、不同育苗方法、不同种类和苗龄分别进行调查、记载、计算并分析数据,然后将各类苗木分别统计归纳、汇总写进苗木调查统计表（表7-1）,并以此归入苗圃生产档案。

2 苗木质量评价

树干挺直,不应有明显弯曲,小弯曲也不得超过两处,无蛀干害虫和未愈合的机械损伤;分支点高度2.5～2.8m;树冠丰满,枝条分布均匀、无严重病虫害危害,常绿树叶色正常;根系发育良好,无严重病虫危害,移植时根系或土球大小应为苗木胸径的8～10倍,详见表8-1。

表8-1 乔木的质量要求

栽植种类	要　求		
	树　干	树　冠	根　系
重要地点栽植材料(主要干道、广场及绿地中主景)	树干挺直,胸径大于8cm	树冠要茂盛,针叶树应苍翠、层次清晰	根系必须发育良好,不得有损伤
一般绿地栽植	主干挺拔,胸径大于6cm	树冠要茂盛,针叶树应苍翠、层次清晰	根系必须发育良好,不得有损伤
防护林带和大片绿地	树干弯曲不得超过两处	符合抗风、耐烟尘、抗有毒气体等要求,针叶树宜树冠紧密、分枝较低	根系必须发育良好,不得有损伤

3　出圃

根据苗木的类型,选择适宜的起苗方式。带土球移植苗要注意原土坨的保护,原土坨不散。起苗的过程中尽量做到随掘随运随栽,不能及时种植的苗木需进行假植。苗木起苗运输过程中注意保护树体不受机械损伤。

3.1　起苗

应提前做好相关准备工作,如遇干旱天气需进行灌水,2~3d后,土表干燥、土壤湿度适宜时即可组织起苗。按照计划准备好起苗所需草绳等生产资料、起苗铲等工具,组织好工人队伍,根据不同类型、规格苗木采用裸根或带土球起苗方法进行起苗(图8-1)。及时安排人员对树冠进行修剪,减少水分蒸腾。

图8-1 挖取土球、土球包扎

3.2　苗木装车运输

苗木装运时,先按所需树种、规格、质量、数量进行认真核对,发现问题及时解决。

(1)裸根苗的装车方法及要求。

裸根苗木长距离运输时,应将苗木根向前,树梢向后,按顺序码放整齐。先装大苗、重苗,大苗间隙填放小规格苗。在后车厢处垫上湿润的草包或麻袋,以免擦伤树皮,碰坏树根;注意装车不宜过高过重,压得不宜太紧,以免压伤树枝和树根;树梢不准拖地,必要时用绳子围拦吊拢起来,绳子与树身接触部分要用草包垫好,以防伤损干皮。长途运苗最好用苫布将树根盖严捆好,这样可以防止苗根失水干燥而影响成活率和苗根再生能力;也可用聚乙烯袋将裸根苗木根部套住。裸根苗短距离运输时,只需在根与根之间加些湿润物,如湿稻草、麦秸等,对树梢及树干相应加以保护即可。树根与树身要覆盖,并适当喷水保湿,以保持根系湿润。为防止苗木滚动,装车后将树干捆牢。

(2)带土球苗的装车方法与要求。

带土球的大苗,其质量常达数吨,要用机械起吊和载重汽车运输。吊运前先撤去支撑,捆拢树冠。应选用起吊、装运能力大于树重的机车和适合现场使用的起重机。吊装前,用事先打好结的粗绳将两股分开,捆在土球腰下部,与土球接触的地方垫以木板,然后将粗绳两端扣在吊钩上,轻轻起吊一下,此时树身倾斜,马上用粗绳在树干基部拴系一绳套(称"脖绳"),也扣在吊钩上,即可起吊装车。

带土球苗装车时,树高在2m以下的苗木可以直立码放,2m以上的苗木则必须斜放或完全放倒,土球向前,树梢向后,并立支架将树冠支稳,以免行车时树冠摇晃,造成散坨。土球规格较大,直径超过60cm的苗木只能码1层;小土球则可码放2~3层,注意土球之间要码紧,还须用木块、砖头支垫,以防止土球晃动。土球上不准站人或压放重物,以防压伤土球。装车时,质量大的土球要用吊车装卸,土球吊装时,用双股麻绳,一头留出一定长度结扣固定,将双股分开,捆在土球下半部的位置上(绳与土球之间垫上草包、麻袋等物),绑紧,然后将大绳两头扣在吊钩上,轻吊起来;也可用尼龙网绳或帆布、橡胶带兜好起吊。

3.3 苗木卸车

苗木运到目的地卸车时,裸根苗要顺拿,不可乱抽。运到现场后要逐株抬下,不可推卸下车。带土球苗不得提拉树干,应用双手将土球抱下轻放。大土球可用长而厚的木板斜搭于车厢,然后将土球移到板上,顺势慢慢滑动卸下;或用吊车卸苗,先将土球托好,轻吊轻放,保持土球完好。

 评分标准

序号	项目与技术要求	配分	检测标准	实测记录	得分
1	苗木调查	30	调查有误或缺失,每个扣10分,扣完为止		
2	苗木质量评价	30	评价不当,每个扣10分,扣完为止		
3	出圃	40	要求不符合,每个扣10分,扣完为止		
合　计		100	实际得分		

 知识链接

1 苗木的掘取

起苗又称掘苗,起苗操作技术的好坏,对苗木质量影响很大,也影响到苗木的栽植成活率以及生产、经营效益。

1.1 起苗的季节

(1)秋季起苗。

应在秋季苗木停止生长,叶片基本脱落,土壤封冻之前进行。此时根系仍在缓慢生长,起苗后及时栽植,有利于根系伤口愈合和劳力调配,也有利于苗圃地的冬耕和因苗木带土球使苗床出现大穴而必须回填土壤等圃地整地工作。秋季起苗适宜大部分树种,尤其是春季开始生长较早的一些树种,如春梅、落叶松、水杉等。过于严寒的北方地区也适宜在秋季起苗。

(2)春季起苗。

一定要在春季树液开始流动前起苗,主要用于不宜冬季假植的常绿树或假植不便的大规格苗木,应随起苗随栽植。大部分苗木都可在春季起苗。

(3)雨季起苗。

主要用于常绿树种,如侧柏等。雨季带土球起苗,随起随栽,效果好。

(4)冬季起苗。

主要适用于南方。北方部分地区常进行冬季破冻土带冰坨起苗。

1.2 起苗方法

参见项目七、任务1的任务实施2。

2 苗木的分级与统计

苗木分级是按苗木质量标准把苗木分成若干等级。当苗木起出后,应立即在庇荫处进行分级,并同时对过长或劈裂的苗根和过长的侧枝进行修剪。分级时,根据苗木的年龄、高度、粗度(根颈或胸径)、冠幅和主侧根的状况,将苗木分为合格苗、不合格苗和废苗三类。

(1)合格苗。是指可以用来绿化的苗木,具有良好的根系、优美的树形、一定的高度。合格苗根据其高度和粗度的差别,又可分为几个等级。

(2)不合格苗。是指需要继续在苗圃培育的苗木,其根系、树形不完整,苗高不符合要求,也可称为小苗或弱苗。

(3)废苗。是指不能用于造林、绿化,也无培养前途的断顶针叶苗、病虫害苗、缺根和伤茎苗等。除有的可作营养繁殖的材料外,一般皆废弃不用。

苗木数量统计应分级进行。大苗以株为单位逐株清点;小苗可以分株清点,也可用称重法,即称一定重量的苗木,然后计算该重量的实际株数,再推算苗木的总数。

苗木分级可使出圃的苗木合乎规格,更好地满足设计和施工要求,同时也便于苗木包装运输和标准的统一。

整个起苗工作应将人员组织好,起苗、检苗、分级、修剪和统计等工作实行流水作业,分工合作,提高工效,缩短苗木在空气中的暴露时间,能大大提高苗木的质量。

 课后任务

课后各学习小组完成乔木类苗木出圃的方案。

任务 2 | 灌木类苗木的出圃

任务目标

了解灌木类苗木质量在园林绿化中的意义;熟悉灌木类苗木质量的主要指标,包括地径、苗高、木质化程度、根系状况等;熟悉优质灌木类苗木的质量标准及本地区主要花灌木类苗木的规格要求。熟悉灌木类苗木调查主要内容,包括花灌木类苗木株数、苗高、地径及生长情况;掌握花灌木类苗木调查的主要方法及产量、质量计算统计方法。熟悉灌木类苗木出圃工序,包括起苗、分级、统计、包装、运输、检疫消毒、假植、贮藏等工序;掌握各出圃工序的操作要领及注意事项。

任务提出

灌木类苗木出圃是指将培育至一定规格的苗木,由于绿化栽植的需要,结束在苗圃的生长。它是育苗工作中最后一个重要环节,关系到苗木的质量和经济收益。花灌木类苗木出圃的关键技术主要包括苗木的调查、苗木的质量评价、苗木的出圃等环节。

为了获得高质量的花灌木类苗木出圃,必须掌握本类苗木出圃工序的操作要领及注意事项。

任务分析

通过熟悉花灌木类苗木株数、苗高、地径及生长情况来做好前期的调查准备工作,按照不同的花灌木类苗木质量标准评价体系来做好本类苗木的分级工作,在指定时间内进行苗木的起苗和出圃等相关任务实施。

相关知识

1　灌木的类别

灌木是绿化城市、美化庭院、香化环境、净化空气的重要植物材料,其观赏价值是由树木的形状,枝、叶的颜色,花朵、果实的形状和颜色以及香气等因素构成。因其种类繁多、花期不一、习性各异,园林规划进行植物配置时必须考虑其花期的衔接和颜色的搭配。

根据花的颜色可分为:红色花系有红玫瑰、榆叶梅、杜鹃、锦带花、樱桃、刺玫果等;黄色花系有连翘、黄刺玫、金老梅、锦鸡儿、黄玫瑰等;紫色花系有紫丁香、胡枝子等;白色花系有白丁香、溲疏、山梅花、珍珠梅、白刺玫、绣线菊等。

根据花期可分为:早春开花的树种有连翘、榆叶梅、杜鹃等;仲春开花的树种有丁香、溲疏等;夏花树种有锦带花、玫瑰、锦鸡儿、珍珠梅、山梅花;秋花树种有胡枝子、金老梅、银老梅等。

根据花灌木的发芽、展叶期可分为:展叶早的有丁香、黄刺玫、玫瑰等;展叶晚的有紫穗

槐、文冠果、连翘、榆叶梅等;而绿叶期短的有榆叶梅、紫穗槐等。

2 灌木出圃的规格要求

（1）多干式灌木。

要求根颈分枝处有三个以上分布均匀的主枝。但由于灌木种类很多,树型差异较大,又可分为大型、中型和小型,各型规格要求如下:

① 大型灌木类。如结香、大叶黄杨、海桐等树种,出圃高度要求在80cm以上。在此基础上,高度每增加10cm,即提高一个规格等级。

② 中型灌木类。如木槿、紫薇、紫荆、棣棠等树种,出圃高度要求在50cm以上。在此基础上,苗木高度每提高10cm,即提高一个规格等级。

③ 小型灌木类。如月季、南天竹、杜鹃、小檗等树种,出圃高度要求在25cm以上。在此基础上,苗木高度每提高10cm,即提高一个规格等级。

（2）攀缘类苗木。

要求生长旺盛,枝蔓发育充实,腋芽饱满,根系发达。此类苗木由于不易计算等级规格,故以苗龄确定出圃规格为宜,但苗木必须带2~3个主蔓,如爬山虎、常春藤、紫藤等。

（3）人工造型灌木。

如黄杨、龙柏、海桐、小叶女贞等植物,出圃规格可按不同要求和目的而灵活掌握,但是造型必须较完整、丰满、不空缺和不秃裸。

任务实施

1 苗木调查

针对灌木类苗木的高度、分枝数、冠幅和苗木的数量等指标进行调查并记录。

2 苗木质量评价

根系发达,生长苗壮,无严重病虫危害,灌丛均匀,枝条分布合理,高度不得低于1.5m,丛生灌木枝条至少在4~5根以上,有主干的灌木主干应明显(表8-2)。

表8-2 灌木质量要求

栽植种类	要求		
	高度	地上部分	根系
重点栽植材料	150~200	枝不在多,需有上拙下垂、横猗之势	根系须茂盛
一般栽植材料	150	枝条要有分歧交叉回折、盘曲之势	根系须茂盛
防护林和大片绿地	150	枝条宜多,树冠浑厚	根系须茂盛
花篱	茎秆有攀缘性	枝密树茂能依附他物,随机成形	根系须茂盛

3 出圃

根据灌木苗的类型,选择适宜的起苗方式。带土球移植苗要注意原土坨的保护,原土坨不散。裸根移植苗注意按序堆放便于卸苗。起苗的过程中尽量做到随掘随运随栽,不能及时种植的苗木需进行假植。苗木起苗运输过程中注意保护树体不受机械损伤,长途运输还要注意保湿。

评分标准

序号	项目与技术要求	配分	检测标准	实测记录	得分
1	苗木调查	30	不符合每个扣2分,扣完为止		
2	苗木质量评价	30	不符合每个扣2分,扣完为止		
3	出圃	40	不符合每个扣4分,扣完为止		
合　计		100	实际得分		

知识链接

1 苗木的检疫

1.1 苗木检疫的意义

在苗木销售和交流过程中,病虫害也常常随苗木一同扩散和传播。因此,在苗木流通过程中,应对苗木进行检疫。运往外地的苗木,应按国家和地区的规定检疫重点的病虫害。如发现本地区和国家规定的检疫对象,应禁止出售和交流,防止本地区的病虫害扩散到其他地区。

引进苗木的地区,还应将本地区或单位没有的严重病虫害列入检疫对象。引进的种苗有检疫证,证明确无危险性病虫害者,均应按种苗消毒方法消毒之后栽植。如发现有本地区或国家规定的检疫对象,应立即销毁,以免扩散引起后患。没有检疫证明的苗木,不能运输和邮寄。

1.2 苗木检疫的主要措施

与通常的植物检疫一样,苗木检疫不是一个单项的措施,而是一系列措施所构成的综合管理体系。这些管理措施有:划分疫区和保护区,建立无检疫对象的种苗繁育基地,产地检疫,调运检疫,邮寄物品检疫,从国外引进种苗等繁殖材料的审批和引进后的隔离试种检疫等。这些措施贯彻于苗木生产、流通和使用的全过程,它既包括对检疫病虫的管理,也包括对检疫病虫的载体及应检物品流通的管理,以及对与苗木检疫有关的人员的管理。从植物繁殖的任务来看,以上措施中与其直接相关的主要是产地检疫与调运检疫。

(1)产地检疫。

通常所说的产地检疫,是指植检人员对申请检疫的单位或个人的种子、苗木等繁殖材料在原产地进行的检查、检验和除害处理,以及根据检查和处理结果作出评审意见。其主要目的是:查清种苗产地检疫对象的种类、危害情况及其发生、发展情况,并根据具体情况采取积极的除害处理,把检疫对象消灭在种苗生长期间或调运之前。经产地检疫确认没有检疫对象和应检病虫的种子、苗木或其他繁殖材料,发给产地检疫合格证,在调运时不再进行检疫,而凭产地检疫合格证直接换取植物检疫证书;不合格者,不发产地检疫合格证,不能作种用外调。

产地检疫的具体做法和要求是:种苗生产单位或个人事先应向所在地的植检机关申报并填写申请表,然后植检机关根据不同的植物种类、病虫对象等决定产地检疫的时间和次数。如果是要建立新的种苗基地,则在基地的地址选择、所用种子、苗木繁殖材料以及非繁殖材料(如土壤、防风林等)的选取和消毒处理等方面,都应按植检法规的规定和植检人员的指导进行。

植检人员在进行产地检疫时,先进行田间调查,必要时还要进行室内检验或鉴定。检验和检疫时要注意取样的代表性且要有足够的取样数量。对检出有检疫对象或应检病虫的,应就地处理;凡能通过消毒或灭虫处理达到除害目的的,进行消毒或灭虫处理,处理后复检合格的,可发给产地检疫合格证;对无法进行消毒、灭虫等除害处理,或处理后复检不合格的,不发给产地检疫合格证,不能外运。

苗木产地检疫是防止有害生物随同苗木流通进行远距离传播的有效措施。我国已制定并颁布了种苗产地检疫规程,各地在进行苗木生产时应该认真执行。

（2）调运检疫。

调运检疫又称关卡检疫,是指对种苗等繁殖材料以及其他应检物品在调离原产地之前、调运途中以及到达新的种植地之后,根据国家和地方政府颁布的检疫法规,由植检人员对其进行的检疫检验和验后处理。

调运检疫与产地检疫的关系甚为密切,产地检疫能有效地为调运检疫减少疫情,调运检疫又促使一些生产者主动采取产地检疫。调运检疫一般按以下程序进行:

① 准备工作。

审查受理报检单,查询种苗情况和资料,分析疫情,明确检疫要求,准备检疫工具,确定检疫的时间、地点和方法。

② 现场检疫。

检查货单、货物是否相符,核对货物名称、数量和来源;对苗木、接穗、插条、花卉等繁殖材料,按总量的 5%～10% 抽取样品,对抽取的样品逐株进行检查。

③ 室内检疫。

对代表样品和病、虫、杂草材料,按病原物和害虫的生物学特性、传播方式,采用相应的检验检疫方法进行检验和鉴定。

④ 评定与签证。

现场检疫和室内检疫结束后,按照国家植物检疫法令、植检双边协定和对外贸易合同条款等规定,作出正确的检疫结论,并分别签发检疫放行单(或加盖放行章)、检疫处理通知单、检疫证书和检验证书等有关单证。

2 苗木的消毒

苗木挖起后,经选苗分级、检疫检验,除对有检疫对象和应检病虫的苗木必须按国家植物检疫法令、植物检疫双边协定和贸易合同条款等规定进行消毒、灭虫或销毁处理外,对其他苗木也应进行消毒灭虫处理。

在生产上,常用的消毒措施有以下几种:

2.1 热水处理

这种方法能够去除各种有害生物,包括线虫、病菌以及一些螨类和昆虫。进行热水处理时,所采用的温度与时间的组合必须既能杀死有害生物,又不能超出处理材料的耐受范围。当温度接近有害生物致死点与寄主受损开始点之间时,必须精确控制水温。在大部分情况下,还需留有使所有材料升至处理温度的时间,并确保每一植物材料内部达到所要求的温度。

2.2　药剂浸渍或喷洒

常用的药剂可分为杀菌剂和杀虫剂。

杀菌剂是一类对真菌或细菌具有抑制或杀灭作用的有毒物质。常见的药剂有石灰硫磺合剂、波尔多液、升汞溶液、代森锌、甲基托布津、多菌灵等。例如,苗木或种子数量较少时,可用0.1%升汞溶液浸泡20min,水洗1~2次,或用硫酸铜:石灰:水=1:1:100的波尔多液浸渍10~20min,用清水冲洗根部。

杀虫剂的种类较多,包括无机杀虫剂如砷酸铅、硫磺制剂等,有机杀虫剂如除虫菊、石油乳剂、有机氯杀虫剂、有机磷杀虫剂等,以及专门用来防治植食性螨类的杀螨剂。在使用时,根据除治对象分别进行选择。

2.3　药剂熏蒸

药剂熏蒸是在密闭的条件下,利用熏蒸药剂汽化后的有毒气体杀灭种子、苗木等繁殖材料以及土壤、包装等非繁殖材料中的害虫的处理方法。由于施用费用较低,施药方法简便,而且能够彻底杀灭处于任何发育阶段的害虫,因此该方法是当前苗木消毒最为常用的方法。

药剂熏蒸的方式有常压熏蒸和减压(真空)熏蒸。常压熏蒸用于除治苗木表面害虫,减压熏蒸用于除治在植物内部取食的害虫。对某些娇嫩的植物材料不能采用真空熏蒸。

熏蒸剂的种类有很多,常用于苗木消毒的有溴甲烷(MB)和氢氰酸(HCN)。

药剂熏蒸是一项技术性很强的工作,使用的熏蒸剂对人体都有很强的毒性。因此,工作人员必须认真遵守操作规程,要特别注意安全,以免中毒事件的发生。

3　苗木年龄表示方法

苗木年龄是指从播种、插条或埋根到出圃,苗木的实际生长年龄。

3.1　苗木年龄计算方法

一般以经历一个年生长周期作为一个苗龄单位。即每年以地上部分开始生长到生长结束为止,完成一个生长周期为1龄,称1年生。

3.2　苗木年龄表示方法

苗龄用阿拉伯数字表示。第一个数字表示播种苗或营养繁殖苗在原地生长的年龄,第二个数字表示第一次移植后培育的时间(年),第三个数字表示第二次移植后培育的时间(年)。数字用短横线间隔,即有几条横线就是移栽了几次。各数之和为苗木的年龄,即几年生苗。例如:

1-0　表示没有移植过的1年生播种苗

2-1　表示移植1次后培育1年的3年生移植苗

2-1-1　表示经2次移植,每次移植后培育1年的4年生移植苗

$1_{(2)}$-0　表示1年干2年根未移植过的插条苗、插根苗或嫁接苗

$1_{(2)}$-1　表示2年干3年根移植过1次的插条苗、插根苗或嫁接苗

园林苗木生产技术（第二版）

 课后任务

课后各学习小组完成一份灌木类苗木出圃的方案。

任务3　地被与色块类苗木的出圃

 任务目标

了解地被与色块类苗木质量在园林绿化中的意义；熟悉地被与色块类苗木质量的主要指标，包括蓬径、苗高、木质化程度、根系状况等；熟悉优质地被与色块类苗木的质量标准及本地区主要地被与色块类苗木的规格要求。熟悉地被与色块类苗木调查主要内容，包括地被与色块类苗木株数、苗高、蓬径及生长情况；掌握地被与色块类苗木调查的主要方法及产量、质量计算统计方法；熟悉地被与色块类苗木出圃工序，包括起苗、分级、统计、包装、运输、检疫消毒、假植、贮藏等工序；掌握各出圃工序的操作要领及注意事项。

 任务提出

地被与色块类苗木出圃是指将培育至一定规格的苗木，由于绿化栽植的需要，结束在苗圃的生长。它是育苗工作中最后一个重要环节，关系到苗木的质量和经济收益。地被与色块类苗木出圃的关键技术主要包括苗木的调查、苗木的质量评价、苗木的出圃等环节。

为了获得高质量的地被与色块类苗木出圃，必须掌握本类苗木出圃工序的操作要领及注意事项。

 任务分析

通过熟悉地被与色块类苗木株数、苗高、地径及生长情况来做好前期的调查准备工作，按照不同的地被与色块类苗木质量标准评价体系来做好本类苗木的分级工作，在指定时间内进行苗木的起苗和出圃等相关任务实施。

 相关知识

地被与色块类苗木出圃的规格要求

地被与色块类苗木，如小叶黄杨、花叶女贞、杜鹃等，要求苗木生长势旺盛，分枝多，全株成丛，基部枝叶丰满。冠丛直径大于20cm，苗木高度在20cm以上，为出圃最低标准。在此基础上，苗木高度每增加10cm，即提高一个规格等级。

任务实施

1 苗木调查

针对地被与色块类苗木的高度、地径或胸径、冠幅和苗木的数量等指标进行调查并记录。

常用标准地法进行调查。在调查区内,随机抽取 $1m^2$ 的标准地若干个,逐株调查标准地上苗木的高度、根颈直径等指标,并计算出 $1m^2$ 的平均产苗量和质量,最后推算出全区的总产量和质量。

2 苗木质量评价

地被类苗木:苗木应生长良好,枝叶茂密,发育正常,根系发达,无严重病虫危害。

色块类苗木:针叶常绿树苗高度不得低于 $1.2m$,阔叶常绿苗不得低于 $50cm$,苗木应树型丰满,枝叶茂密,发育正常,根系发达,无严重病虫危害。

3 出圃

地被与色块类苗木的起苗,注意按序堆放以便于卸苗,尽量做到随掘随运随栽,不能及时种植的苗木需进行假植。苗木起苗运输过程中应做好覆盖进行保湿,长途运输则需要在中途喷水。如红叶小檗大田培育的苗木一般二年生可出圃,苗高可达 $20 \sim 30cm$,起苗要做到不伤根、枝,按照苗木质量分级标准进行分级,按100株捆成小捆后进行假植或及时调运。

 评分标准

序号	项目与技术要求	配分	检测标准	实测记录	得分
1	苗木调查	30	不符合每个扣5分,扣完为止		
2	苗木质量评价	30	不符合每个扣5分,扣完为止		
3	出圃	40	不符合每个扣5分,扣完为止		
合　计		100	实际得分		

知识链接

1 苗木的假植

苗木的假植就是将苗木根系用湿润土壤进行临时性埋植,目的在于防止根系干燥或遭受其他损害。苗木出圃后若不能及时栽植,则需进行假植。

1.1 苗木假植的类型

（1）临时假植。

临时假植,是指起苗后若不能马上进行栽植,临时采取保护苗木的措施。其假植时间短(一般为 $5 \sim 10d$),也称短期假植。其方法是:可选地势较高、排水良好、避风的地方,人工挖一条浅沟,沟一侧用土培成斜坡,将苗木沿斜坡逐个放置(小苗也可成捆排列),树干靠在斜坡上,将根系放在沟内,用土埋实。

（2）越冬假植。

如果秋季起苗,春季栽植,需要越冬假植。其假植时间长,也称长期假植。方法是:选择背风向阳、排水良好、土壤湿润的地方挖假植沟。沟的方向垂直于当地冬季主风方向,沟深一般为苗木高度的一半,长度根据苗木数量而定。沟的形状与临时假植相同,沟挖好后将苗木逐个整齐排列靠在斜坡上,排一排苗木盖一层土,将根系全部埋入土中,盖土要实,并用草袋覆盖假植苗的地上部分。假植要遵循"疏排、深埋、实踩"的原则,使根土密接。

1.2　苗木假植的技术要点

（1）选择地势高燥、排水良好、土壤疏松、避风、便于管理且不受外来影响的地段开假植沟。

（2）沟的规格因苗木大小而异,一般深宽各 35～45cm,迎风面的沟壁成 45° 的斜壁,顺此斜面将苗木成捆或单株排放,填土压实。

（3）土壤过干时,假植后应适量灌水,但切忌过多,以免苗根腐烂。

（4）假植期间要经常检查,发现覆土下沉要及时培土。

（5）寒冷地区可用稻草、秸秆等覆盖苗木地上部分。

1.3　苗木假植注意事项

（1）假植沟的位置。

假植沟应选在背风处,以防抽条;应选在背阴处,防止春季栽植前发芽,影响成活;应选地势高、排水良好的地方,以防冬季降水时沟内积水。

（2）根系的覆土厚度。

根系的覆土一般厚度约为 20cm,太厚费工且容易受热,使根发霉腐烂;太薄则起不到保水、保温的作用。

（3）沟内的土壤湿度。

沟内的土壤湿度宜为其最大持水量的 60%,即手握成团,松开即散。过干时可适量浇水,但切忌过多,以防苗根腐烂。

（4）覆土中不能有夹杂物。

覆盖根系的土壤中不能夹杂草、落叶等易发热的物质,以防根系受热发霉,影响苗木的生活力。

（5）边起苗边假植。

通过边起苗边假植的方法,减少根系在空气中的裸露时间,最大限度地保持根系中的水分,提高苗木栽植的成活率。

（6）关键点。

假植的关键点是苗木根系能充分接触到土壤,不能架空。

（7）定期检查。

假植期间要定期检查,土壤要保持湿润。

2　苗木的贮藏

2.1　贮藏的目的

为了更好地保存苗木,推迟苗木发芽,延长栽植时间,以达到延长栽植时间的目的,可将苗木贮藏起来。

2.2　贮藏的方法

主要的贮藏方法有苗木假植和低温贮藏。

（1）苗木假植。

见知识链接1。

（2）低温贮藏。

为了更好地保存苗木,推迟苗木发芽,延长栽植时间,可将苗木贮藏在低温条件下。要控制低温环境的温度、湿度及通气状况,一般温度在15℃、相对湿度为85%~90%适合苗木贮藏,还要有通气设备。可利用冷藏室、冷藏库、地下室、地窖等贮藏。

 课后任务

课后各学习小组完成一份地被与色块类苗木出圃的方案。

项 目 九　园林苗圃生产经营方案的制订

任务 1　制定苗圃发展目标和建立苗圃管理组织

 任务目标

了解苗圃发展目标的内容；掌握制定苗圃发展目标的原则和方法；能根据自身实际和行业发展趋势制定苗圃发展目标，并建立与之相适应的苗圃管理组织。

 任务提出

苗圃发展目标是制订苗圃生产经营方案的前提。没有苗圃发展目标而盲目发展苗圃，只能使苗圃生产经营工作陷入无序状态。建立苗圃管理组织是为目标实现服务的组织保证，照搬其他苗圃的管理组织可能不适用于本苗圃。

 任务分析

制定发展目标是一切任务开始的前提。管理服务于发展经营目标；影响目标实现的因素包括人的因素、生产管理的方法和工具、组织的因素，其中组织因素是目标能否实现的决定性因素。为实现苗圃生产经营目标，必须建立与发展目标相适应的苗圃管理组织。

 相关知识

1　苗圃发展目标的制定原则

要根据当地苗木市场需求特点选择适合自身的发展目标，要考虑以下原则：

（1）以市场为导向，充分考虑政策和市场环境因素。

苗圃的发展目标必须以市场为导向，考虑市场的需求和竞争对手的生产能力。在制订计划时，需要苗圃管理者了解城市绿化的需求特点和发展趋势。

（2）考虑自身条件。

① 土地条件：发展流转型苗圃要求交通好，临近目标市场，面积不宜过大。发展生产型苗圃要求土质和水源良好。若土地租金价格高，则对苗圃的定位要高，单位面积投入要高，

还要考虑生态旅游等综合效益,不适合大面积发展。

② 销售渠道:园林工程类公司可通过自有工程用苗,获得长期稳定的销售渠道;在花木产区,还可通过花木经纪人来销售;具备一定社会资源的投资人,还可直接销售给工程建设方;对于面积较大的苗圃,还可以通过建立销售网络来销售苗木,如全国性的地区销售代表处或销售代理。

③ 资金状况:由于苗圃投资回收期较长,一定要根据资金投入状况来选择苗圃面积、苗圃产品和建设规划,确保在苗木大规模出圃前苗圃正常生产投入。由于资金状况紧张,通常会造成苗圃后期养护中断或降低养护标准,引起苗木品质下降,难以收回投资。

④ 劳动力状况:苗圃生产也属于大农业生产,是劳动密集型产业。当前,国内苗圃机械化还不普遍,即便是在苗圃机械化作业程度高的北美,很多生产环节还需要人工操作。所以,苗圃周边必须要保证充足的劳动力供应。

⑤ 技术水平:新品种、种苗、造型苗木和容器苗的生产需要具备较高的技术水平;建立大规格苗木周转圃对大树移栽养护技术要求较高;从事中规格苗木培育的苗圃技术要求相对较低。

(3) 要有预见性。

苗圃生产周期长,从投入生产到出售,乔木需要 5～7 年,小乔木需要 3～4 年,绿篱地被类需要 1 年。因此,在苗圃生产上要有很强的预见性和计划性,避免中途出现苗木密度过大等问题。从苗圃销售上看,现在生产的苗木都会在未来数年内陆续出圃,因此对未来市场环境的变化,也必须有较强的预见性。由于苗木市场供求失衡,国内花木行业从 20 世纪 80 年代至今已经历了几次大的波动,其中在 20 世纪 80 年代中期、90 年代末、2005～2007 年、2013 年至今经历了 4 次低潮期,也经历过几次高潮期;而金叶女贞等生产期短的绿篱地被类小苗更是波动频繁。按照近年来的苗木市场规律,行业内一般认为绿篱地被类产品的市场周期大约 3 年,乔木类苗木的市场周期在 8～10 年。

任务实施

1　制定苗圃发展目标

1.1　苗圃目标市场定位

市场定位是由美国营销学家艾·里斯和杰克特劳特在 1972 年提出的,其含义是指企业根据竞争者现有产品在市场上所处的位置,针对顾客对该类产品某些特征或属性的重视程度,为本企业产品塑造与众不同的、给人印象鲜明的形象,并将这种形象生动地传递给顾客,从而使该产品在市场上确定适当的位置。简而言之,目标市场定位是指企业对目标消费者或目标消费者市场的选择。

在苗木行业发展早期,多数时候苗木供不应求,苗圃开展市场定位的意义还不显著;但在苗木市场竞争日益激烈的今天,不对苗木的目标市场进行合理定位,使苗圃实现差异化发展,苗圃很容易失去特色,陷于恶性价格竞争,极大地影响苗圃销售和效益。

苗木销售按照目标客户群可分为家庭园艺市场和工程市场,工程市场主要包括市政园林工程市场、房产园林市场和生态修复工程市场;按照销售地理区域可分为华南市场、华东市场、华中市场、西南市场、西北市场和华北、东北市场,由于气候和发展阶段不一样,各市

场的特点也不一样。以苗圃为中心，苗圃销售半径一般在 500km 以下，即苗木运输车辆可夕发朝至。苗圃发展要以自身核心优势和区域市场供求状况来选择目标市场。

1.2 选择苗圃生产类型

苗圃按照生产模式可分为生产性苗圃和周转型苗圃。生产性苗圃生产周期较长，一般为 5 ~ 7 年，由种苗或 3 ~ 5cm 中规格苗木培育大中乔木或花灌木；周转型苗圃通过收购大中规格苗木集中栽培，其中有些还采取容器苗的形式培育，待苗木恢复树形后直接销售，一般生产周期较短，多在 1 ~ 3 年，但单位面积投入较大。周转型苗圃只适合销售渠道稳定、资金雄厚、抗风险能力强的投资者。

1.3 选择苗圃规模

随着园林苗圃行业的发展，单个园林苗圃面积越来越大，近年来新建的苗圃面积均在 500 ~ 3000 亩，甚至万亩苗圃也不少见。按照行业内一般标准，可分为大型苗圃（3000 亩以上）、中型苗圃（1000 ~ 3000 亩）、小型苗圃（1000 亩以下）。该标准与原来的标准相比有较大的提高，原来大型苗圃的标准为面积 300 亩以上，中型苗圃的面积为 100 ~ 300 亩，小型苗圃的面积为 100 亩以下。

苗圃规模的决定因素是资金预算，在苗圃建设期有两种方式：一种是苗圃的规模一次到位，即一次性种植完整个苗圃，比较适合资金充裕的投资者；另一种是先租一小块地，苗木长大后需移苗时再租地扩大苗圃的面积，这样更省资金，但在需要土地时会因周边土地的限制而使后期发展受阻。因此，要以投资能力和苗圃发展方向来确定苗圃规模。对于企业化运作的苗圃，由于苗圃管理成本相对个体经营要高，单个苗圃的面积一般要在 1000 亩或以上比较经济，便于分摊管理成本。

1.4 考量苗圃选址的商业因素

苗圃选址除要考虑气候、土壤、交通等生产因素外，还要考虑国家政策，劳动力、土地、配套中介服务等生产要素价格和当地民风社情等社会因素。

大面积发展苗圃用地要考虑国家政策和法规风险。按照我国土地相关法律法规，基本农田不能发展林果业，林地中的生态林和特种用途林由于用途受限，也不能发展苗木业，苗圃选址时应注意规避。由于苗圃土地流转面积较大，还应按照国家法律法规来合法流转土地，做到手续齐全，避免土地纠纷。

土地租金和劳务费用是苗圃养护的主要成本，占苗木生产成本的大部分。过高的租金和劳动力价格都会提高苗木成本，降低苗圃投资收益。尽管苗圃设施化、机械化是未来苗圃生产的发展趋势，但现阶段苗圃生产还是以人工操作为主，劳动力缺乏的地区严重影响苗圃生产。

苗木产区自然形成了苗木市场，存在天然的销售渠道；而且苗木的起挖、包装、运输等也都有成熟的中介服务组织，其不仅专业高效而且综合成本更低。在其他区域发展苗圃，就需要自己准备材料、机械，自己培训员工和建立销售渠道，实际综合成本更高。

苗圃选址多在农村，涉及农户多，关系复杂。因此，苗圃选址在民风社情不好的地区会带来很多隐形成本和风险。

1.5 制订苗圃发展计划

要实现苗圃的经营发展目标，就要制订苗圃的发展计划，包括苗圃生产和市场营销计划。在计划的执行过程中，要根据苗圃发展和市场变化及时调整和改进计划。

（1）生产计划：生产计划工作关系到企业发展目标的实现。一般来说，生产计划包括：对苗圃品种和规格进行预测，对人力和物资进行合理的调配和使用，从而最有效地生产出所需的苗木产品，创造较高的生产效率和最大的利润。在制订生产计划时要重视苗木品质控制和成本控制，并根据市场需求和前景分析，调整苗木种植的种类、数量和规格。

（2）市场营销计划：首先应开展市场调查，通过 SWOT 分析来定位目标市场，设定销售目标，围绕销售目标制订营销方案。营销方案应包括：产品策略、价格策略、销售渠道策略和促销策略。

2 建立苗圃管理组织

苗圃必须有合理的苗圃管理组织，以便保证责任分配和苗木培育工作的完成。一般中小型苗圃有分工但不明显，大型苗圃功能划分细致，分工明确。

苗圃一般实行苗圃经理负责制，由苗圃经理负责苗圃总体工作。一个成功的苗圃经理不仅应具备一定的专业素养，还需要具备较强的经营管理能力和责任心。苗圃经理设一名，大型苗圃还配备 1～2 名副职协助管理。

苗圃经理负责下的苗圃管理职能部门可分为：

（1）生产部门：负责苗木培育的日常工作，包括种苗生产、苗木培育和出圃等，也包括田间试验，还包括对劳务人员的管理和建立苗圃生产档案。它是苗圃经营管理组织中最重要的部分，实际苗圃中会根据苗圃规模和各类苗木及各类生产活动的情况分成多个机构。生产部按照面积配置 1～5 人，生产部每人可负责 500～1000 亩苗圃。生产部下设修剪、水肥管理、质保等作业组，每组设组长一名，负责各组的生产作业。

（2）采购与营销部门：市场化经营要求苗圃设立专门的市场营销机构来收集市场供求信息，招揽客户和苗木订单，为客户配送苗木和提供其他顾客所需要的服务；根据市场供求信息和国民经济与生态环境建设发展趋势分析苗木需求趋势，为苗圃经营管理决策提供基础资料；根据生产机构的要求，购置各种苗木培育生产资料和设备等。设立主管和采购员各一名，销售员若干。

（3）工程和设备管理部门：负责苗圃中各种设备设施的正常运行和维修、更新等。如水电路等苗圃基础设施建设、苗圃机械和灌溉设备的维护等。大型苗圃一般专门配置 1～2人，中小型苗圃可由其他部门人员兼任。

（4）行政等其他部门：负责苗圃统计、人事、财务、仓管、车辆管理等工作。大中型苗圃一般配置 1～3 人。

评分标准

序号	项目与技术要求	配分	检测标准	实测记录	得分
1	苗圃发展目标制定的原则	20	不符合每个扣 10 分，扣完为止		
2	苗圃发展目标制定的方法	50	不符合每个扣 10 分，扣完为止		
3	苗圃管理组织的组成	30	不符合每个扣 10 分，扣完为止		
合　计		100	实际得分		

知识链接

1 新建苗圃用地调查表

对于新建苗圃，前期现状调查十分重要，应详细填写用地调查表（表 9-1），以便掌握苗圃地位置、土壤、生产条件、自然环境、社会环境等诸方面因素。

表 9-1 新建苗圃用地影响因子评估表

<table>
<tr><td rowspan="2">地理位置</td><td>土地面积：</td><td>考察时间：</td><td colspan="2">联系人：</td><td colspan="2">记录人：</td></tr>
<tr><td></td><td></td><td colspan="2"></td><td colspan="2"></td></tr>
<tr><td rowspan="2">土地性质</td><td>一般性耕地（　）</td><td>基本农田可转（　）
不可转（　）</td><td>荒地（　）</td><td colspan="4">林地性质：经济林（　）　用材林（　）
薪炭林（　）　防护林（　）
特种用途林（　）</td></tr>
<tr><td></td><td></td><td></td><td colspan="4"></td></tr>
<tr><td rowspan="9">生产需求</td><td>极端气候</td><td>洪涝（　）</td><td>干旱（　）</td><td>冻害（　）</td><td>风灾（　）</td><td colspan="2">其他（　）</td></tr>
<tr><td>土质</td><td>土壤性质</td><td>砂土（　）</td><td>砂壤（　）</td><td>壤土（　）</td><td colspan="2">黏土（　）</td></tr>
<tr><td>耕作层厚度</td><td>含盐量</td><td>酸碱度</td><td>有机质含量</td><td colspan="3">N、P、K 含量</td></tr>
<tr><td>排灌</td><td>沟渠（　）</td><td>河流（　）</td><td>井（深、浅）</td><td colspan="3">池塘湖泊（　）</td></tr>
<tr><td rowspan="2">水质</td><td>硬度</td><td>酸碱度</td><td>含盐量</td><td colspan="3">污染源</td></tr>
<tr><td></td><td></td><td></td><td colspan="3"></td></tr>
<tr><td>用电</td><td>距电源</td><td colspan="5">有无可利用房屋或其他设施</td></tr>
<tr><td rowspan="2">交通</td><td>距高速</td><td colspan="4">距双车道</td><td>土路</td></tr>
<tr><td>障碍物</td><td>限高</td><td colspan="2">限宽</td><td>限载</td><td>急转</td></tr>
<tr><td rowspan="3">　</td><td colspan="2">劳动力结构：</td><td>临工价格</td><td>常工价格</td><td colspan="3">当地农民主要经济来源</td></tr>
<tr><td colspan="2"></td><td>男</td><td>男</td><td colspan="3"></td></tr>
<tr><td colspan="2"></td><td>女</td><td>女</td><td colspan="3"></td></tr>
<tr><td></td><td>主要病虫害</td><td colspan="2"></td><td colspan="4">检疫性病虫害</td></tr>
<tr><td rowspan="5">成本</td><td>电力</td><td colspan="2">连接费用</td><td colspan="2">电价</td><td colspan="2"></td></tr>
<tr><td>土地价格</td><td colspan="3">土地租期</td><td colspan="3">地租支付方式</td></tr>
<tr><td>地面附着物补偿</td><td colspan="3"></td><td colspan="3">目前土地归属</td></tr>
<tr><td>当地主要农作物价格，产量</td><td colspan="3"></td><td colspan="3">经济效益</td></tr>
</table>

续表

社会环境	当地政府政策导向		野生植物资源及保护		农用地临建的政策标准	
	政府扶持力度及政商关系			当地民风		

市场	办公生活	距村镇市			通信		车站:
	距花木产区距离		距主要城市 （　）			公里	
	当地绿化状况						
	应用树种调查						
	当地苗圃调查 （面积、品种、规 格、效益）						

环境影响	污染源：		养蜂（　）	养蚕（　）	是否影响当地 居民生活	
	周边环境					

2　近年来国内苗木市场的发展

苗圃生产属于大农业生产,受国家经济形势和政策影响较大。从农业部提供的2000 年～2013 年全国花卉统计数据的变化,可以大致了解我国苗木产业发展的轨迹。

第一波:2001 年～2005 年,全国花卉种植面积增长六倍多。同时期,经济快速发展。

第二波:2006 年～2008 年,花木面积回落,进入平稳的发展期。

第三波:2009 年～2013 年,花木面积急剧扩张。由于 2008 年美国金融危机爆发后,中国政府四万亿元人民币的经济刺激政策和房地产市场飙升,使苗木需求爆发式增长;各级地方政府也出台各种优惠政策扶持和促进花木产业发展。

 课后任务

以"大学生自主创业在家乡发展苗圃"为题,拟定苗圃未来五年的发展目标。

任务 **2** 苗圃生产设计

 任务目标

了解苗圃生产设计包括的两大任务：产品规划和种植设计；掌握制订产品规划的内容和方法；掌握种植设计的内容和方法。

 任务提出

苗圃生产设计在当前许多苗圃的生产实践中多根据经验安排，许多苗圃经营者由于从业时间长，从失败中总结经验教训多，在当地已基本形成约定俗成的种植设计方案，但在产品规划上，还存在着种什么，种多大苗，什么时候种，多大规格出圃的问题，许多苗圃经营者不知道如何决策，容易盲目跟风，造成产品结构同一化严重。在进行跨区域苗木生产和苗木市场行情发生较大变化时，许多苗圃经营者也不知应对，甚至照搬原有经验组织生产，进而造成重大损失的也屡见不鲜。为此，必须按照市场行情变化和当地实情，制订合理的苗圃生产设计方案，优化产品结构，降低生产风险，为苗木销售打下坚实的基础。

 任务分析

由于苗圃投资期长，苗圃生产设计是决定苗圃未来销售和苗圃效益的重要因素。它包括产品规划和种植设计。产品规划既要结合市场定性分析，又要结合价格和生长量来作定量计算分析。种植设计是苗木生长速度和苗木质量的保证，除考虑品种和立地条件外，同时还要结合苗木出圃来安排。

 相关知识

1 产品规划

1.1 产品规划的内容

产品规划的内容包括：品种选择、苗木出入圃规格选择、出入圃标准的制定以及出圃计划的制订。

1.2 产品规划的原则

（1）品种选择必须坚持适地适树的原则，降低市场和生产风险。

（2）苗木出圃规格一般按照目标市场最常用规格来设计，降低市场风险。

（3）选择入圃规格要考虑投资回报率和回收周期的关系。

（4）选择品种还要坚持市场竞争和效益最大化原则。舍弃市场竞争过于激烈，投资回报率低于预期的品种。

2　种植设计的原则

（1）适地适树,圃地改良和品种调节相结合。

（2）各品种分区,单一品种相对集中。

（3）种植床和株行距的设计要有利于苗木生长和苗圃生产作业。

任务实施

1　产品规划的制订

1.1　开展苗木市场调查分析

（1）针对目标市场常用苗木调查。

除华南地区外,目标市场的常用苗木品种一般变化不大,有些珍稀树种或新引进的树种尽管表现不错,但要让市场接受还需要一个过程,在规模化种植时也应该慎重。

（2）苗木市场分析。

包括目标市场苗木需求和供给情况分析,意向品种各规格苗在近年来价格走势,意向品种未来出圃后市场预测。

（3）当地用苗习惯。

一个地方的用苗习惯一般也比较稳定,主要包括苗木常用规格大小和分支点高度、树木高度和冠幅等。

以黄山栾树的苗木市场调查分析为例。

黄山栾树的苗木市场调查分析

黄山栾属无患子科、栾树属。

1. 应用前景:栾树、黄山栾适应性较强,喜光,稍耐半阴,耐寒(黄山栾较差),耐干旱、瘠薄;喜生于石灰质土壤,也耐盐渍性土壤,并能耐短期水涝,萌芽能力强,生长速度较快,抗风能力及抗烟尘能力较强。栾树叶片有锯齿或缺裂,干性稍差;黄山栾叶片全缘,干性强,幼树比栾树速生,也叫全缘叶栾树。栾树适生于黄河流域;黄山栾适生于长江以南,南至广东、广西北部,西南至贵州,安徽、河南、湖北、江苏及山东南部地区均可用于绿化。栾树、黄山栾是既可观花又可观果的观赏树种,夏季金黄色的顶生圆锥花絮布满树顶,花期陆续开放60～90d,秋冬季三角状卵形蒴果,橘红色或红褐色,酷似灯笼,经冬不落,从远处望去,一片金黄或橘红色,甚为艳丽和壮观,是比较理想的绿化、美化树种,适宜作行道树或庭院绿化,也是良好的水土保持林树种,应用前景十分广阔。

2. 市场分析:苗木生产方面,主产区不明显,苗木培育零星、范围较广,专业性不强,无一定规模,苗木数量不多,规格也参差不齐。苗木销售方面,多为零星销售,规格大小不一致,难以满足行道树及绿化工程大量推销的需要。苗木价格方面,胸径3cm、4cm、5cm、6cm的苗木分别为8元、20元、40元、80元。苗木需求上,胸径4cm和7cm、规格相对比较一致的苗木有较大的需求量,市场价格也看好。

3. 培育目标：胸径 4~8cm，定干高度 3~3.5m，分枝点高 2.5~3.0m，3~5 个主枝，单位面积内的培育规格要一致。

4. 栽培要点：要适量培育小苗。由于不同种源的种子抗寒性差异较大，要尽量选用当地种源的种子育苗。一年生苗干不直或达不到定干标准的，翌年平茬后重新培养苗干，一般经过二次移植，培养 3~6 年，就可达到胸径 4~8cm。定植密度：培养胸径 4~5cm 的苗木为每亩 600 株左右，培养胸径 6~8cm 的苗木为每亩 200~300 株。选留分布均匀的 3~5 个主枝，短截 40cm，每个主枝保存 2~3 个侧枝，冠高比为 1∶3。

1.2 开展品种适应地域范围和生产特性调查

（1）调查意向品种在当地的适应性。

从温度、光照、水质、土壤、移栽适应性等苗木品种特性角度来考察品种在当地生产条件下的适应性；在当地公共绿地、苗圃和野生资源中观察拟种品种的适应性。不适应的品种坚决淘汰；有疑问的苗木品种要少量试种，试种成功后再考虑规模化种植。当地乡土品种适应性好，即便遇灾害天气，生产风险也比较低，要优先选择。

温度（尤其是最低温度，容易引起冻害）是影响苗木分布的重要因素。也有少数品种在高温下表现不良，表现为生长不良或变色等性状不明显。

有些品种光照过强时，容易焦叶。水质和土质对苗木的影响主要是含盐量和酸碱度。苗木根系对土壤厚度也有要求。对于不耐涝和不耐旱的树种对土壤湿度也有要求。如果苗木出圃时需要带土球，还需要土壤含沙石量较小。对于移栽成活率较低的树种，也需要考虑采用容器栽培或断根措施，在不具备条件时可以放弃种植。

（2）调查意向品种在当地的生长速度。

除非在特殊情况下，在本地年生长量低的品种在苗木市场一般没有竞争优势，不要种植。许多树种尽管适应性广，但由于其对小气候的特殊要求，也有其特定的繁育优势区域，如嵊州的红枫、邳州的银杏等；边缘树种一般在当地能生长，但生长速度较慢，易受极端天气影响，既不经济，生产风险也大，如河南鄢陵等地的大叶女贞等。

（3）调查品种在当地的种苗信息。

苗圃规划产品必须有匹配的种苗作支撑，否则产品规划无异于缘木求鱼。幼苗起挖后易失水，且幼苗抗性较差，因此不适应长距离运输，苗圃种植最好选择当地种苗。如一定要远距离运输种苗，要求采购容器苗或应具备特殊防护措施；否则可以放弃该品种。

1.3 测算拟选择树木品种的投资收益率

以某苗圃的品种选择为例，通过测算各品种的投资收益率来达到选择品种的目的（表 9-2）。

表 9-2　××苗圃拟种苗木品种投资收益率测算表

序号	投资品种	基本参数							苗木采购成本				2014~2018年管护费用/万元	总成本/万元	出圃产值			盈利合计/万元	毛利率/%	年化收益率/%
		规格 胸径/cm	单位	栽植密度 行	栽植密度 列	数量/株	栽植面积/亩	投资年限	计划采购成本单价/元	苗木损耗率/%	苗木成本单价/元	采购合价/万元			出圃规格 胸径/cm	出圃单价/元	出圃合价/万元			
1	桂花(高杆)	5~7	株	3	4	20000	360	5	130	5	137	273	570	843	11~13	450	855	12	1	0
2	桂花(高杆)	8~10	株	4	4	15000	360	5	300	5	315	473	570	1042	13~15	800	1140	98	9	2
3	七叶树	5~7	株	3	4	30000	540	5	180	5	189	567	855	1422	13~15	800	2280	858	38	10
4	七叶树	2~3	株	2	3	20000	180	5	30	5	32	63	285	348	10~12	400	760	412	54	17
5	蓝花楹	5~7	株	4	4	32000	768	5	180	5	189	605	1215	1820	13~15	1200	3648	1828	50	15
6	紫薇(高杆)	5~7	株	3	4	25250	454	5	150	5	158	398	719	1117	10~12	800	1919	802	42	11
7	垂丝海棠(高杆)	4~5	株	3	3	20000	270	5	110	5	116	231	427	658	10~12	800	1520	862	57	18
8	樱花(高杆)	4~5	株	3	4	20000	360	5	65	5	68	137	570	706	10~12	500	950	244	26	6
9	乐昌含笑	5~7	株	4	4	15000	360	5	75	5	79	118	570	688	14~16	850	1211	523	43	12
10	天竺桂	5~7	株	4	4	5000	120	5	70	5	74	37	190	227	14~16	850	404	177	44	12
11	栾树	5~7	株	4	4	20000	480	5	50	5	53	105	760	865	14~16	850	1615	750	46	13
合计						222250	4250	5				3005	6730	9735			16302	6567	40	11

如上表所示,计算出各品种的投资收益率,并经品种间比较,选择投资收益率高的品种,对低于投资预期的品种予以淘汰。如预期收益率为10%,则淘汰樱花、桂花等低收益的品种。

1.4 选择苗圃主栽的树种和备选的树种,确定入圃时的苗木规格和拟出圃时的苗木规格

选择苗圃主栽品种原则:该品种在当地立地条件下适应性强;该品种在销售目标市场的容量大,为常用品种或有潜力成为常用品种;该品种生产培育期适合;该品种经测算具备较高的投资回报率。

选择苗木出入圃的规格:通过预测未来苗木价格和供求状况,选择投资回报率高和市场风险较低的培育阶段,如可选择培育3~10cm苗出圃等。制订全生产周期内苗木出圃计划,包括出圃品种、出圃规格、出圃时间和出圃数量。预测出圃规格还需要依据苗木的种植密度和苗木的预计年生长量。苗木的预计年生长量是苗木种植经验数据,不仅各品种间有差异,同一品种在不同区域和不同的立地条件、管理水平下也会存在差异,需要长期积累或咨询行业人士。速生品种年生长2~3cm,在华南地区个别品种甚至可达4cm;中生品种年生长1~2cm;慢生品种年生长在0.5~1cm。

1.5 制订苗圃产品规划表

××年××苗圃产品规划表如表9-3所示。

表9-3 ××年××苗圃产品规划表

序号	品种	地块	入圃规格	入圃苗木标准	株行距	密度	面积	计划总株数	苗木损耗率	采购量	第3年出圃规格	第4年出圃规格	第5年出圃规格	第6年出圃规格	苗木出圃标准

2 种植设计

种植设计一般按照以下步骤实施:

2.1 种植区划

首先,种植区应根据土地条件,如地势高低、土壤的酸碱度、土壤质地和结构、土层厚度等条件,按照植物的生态适应性,尤其是植物对土壤的适应性进行安排。如根据所种植的园林植物的抗旱性、耐涝性、土壤的pH适应性等进行合理安排。

其次,采取乔木和灌木分开,种苗区和成品苗生产区分开,同品种同规格集中种植等办法,以使苗圃整体协调,便于管理。

在苗圃的分区中,应在较显要的位置安排一个展示区,在苗圃内所有苗木品种中选出几株集中种植,供客商参观。

某苗圃种植区划图如图9-1所示。

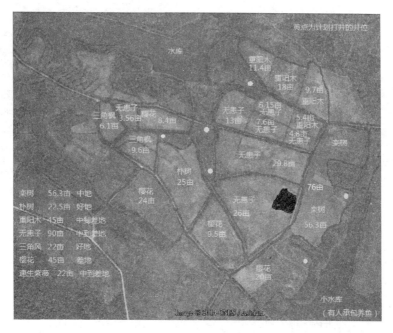

图9-1　某苗圃种植区划图

2.2　地形整理和圃地改良

（1）苗圃地形整理应达到的要求。

① 便于灌溉。在苗圃灌溉系统设计的前提下，应按照水源口的高程平整土地。各耕作地块高程必须低于水源出口（或提高水源口高程）。

② 便于排水。圃地整体高程设计，应考虑水的方向和出路。在圃地各耕作区相对水平的情况下应用排水渠道连接。在雨季排涝时，各地块的积水要能顺利排出，不能形成内涝。

③ 便于耕作。整理地形就是要求耕作地块相对平整，不要求整个圃地都在一个水平上。还应考虑方便机械作业，如机械中耕、机械除草、机械打药、机械挖苗运苗等。随着人工价格逐年上涨和苗圃适用机械逐步推广应用，机械作业已成为苗圃降低生产成本、提高作业效率的重要手段。新建苗圃必须考虑耕作的便利性。

（2）圃地土壤的质量。

土壤的质量主要包括土壤结构、排水状况、透气性、地下水位、有机质含量、pH、含盐量等几个方面。为保证苗木能健康而快速地生长，必须通过深翻土壤、加施有机肥等各种措施进行改良，从而不仅可以提高移栽苗的成活率，而且可以加快生长速度。在国外，苗圃土壤质量管理是苗圃生产管理的重要内容。

2.3　种植床设计

为利于苗木生长和方便操作，圃地应设置种植床。种植床在北方可做低畦，南方可做高畦，各地应按照当地实际情况确定沟深。种植床的宽度一般为3m、5m或7m，每床种植2行（图9-2）。也可以根据现场实际情况和需要来调整种植床的宽度。单行种植床如图9-3

所示。

图9-2　双行种植床

图9-3　单行种植床

2.4　种植株行距

选择合适的苗木间的株行距相当重要。株行距过大,减少苗木单位面积产出,降低了苗圃效益;株行距过小则直接影响苗木的树形,从而影响销售和价格。因此,苗木株行距要根据苗木生长的速度、苗木的生产习性和苗木在田间生长的时间来确定。为便于机械操作,由小苗培育中规格苗木的行距可设为1.5~2m,灌木和小乔木株距为0.3~0.5m,乔木株距为1.5m或更大。由中规格苗木培育大规格乔木的株行距更大,如培育胸径10cm乔木,可设计为行距3m,株距2m;培育胸径15cm的乔木,可设计为行距4m,株距3m等。设计株行距的大小需要丰富的苗圃生产经验,学习借鉴周边成熟的苗圃的做法是一条捷径。

 评分标准

序号	项目与技术要求	配分	检测标准	实测记录	得分
1	生产设计的内容	30	不符合每个扣10分,扣完为止		
2	产品规划	30	不符合每个扣10分,扣完为止		
3	种植设计	40	不符合每个扣10分,扣完为止		
	合　计	100	实际得分		

 知识链接

1　苗木品种规格和价格

苗木产品价格与规格密切相关,并受市场需求变化而波动(表9-4)。

表 9-4 2014 年 8 月夏溪苗木市场价格表

品种	苗木规格/cm	各规格价格/元
香樟	Φ3－5－8－10－12－15－18－20	20－60－90－180－300－700－1250－1800
桂花	P80－100－120－150－180－200－250－300	75－100－135－160－260－350－650－950
红叶石楠	单干 Φ3－5－8－10－12－15	22－75－350－650－1250－2600
丛生紫薇	H200P230－H300P300	200－450
紫薇	D3－4－5－6－7－8－9－10	25－46－80－170－350－800－1600－2400
樱花	D3－4－5－6－7－8－10－12	25－40－75－90－180－380－750－1250
黄山栾树	Φ3－5－8－10－12－15－18	25－70－180－350－700－1200－1800
紫玉兰	Φ3－4－5－6－8－10－12－15	28－45－65－110－280－420－600－1200
无患子	Φ3－5－8－10－12－15－18	35－140－450－700－1200－2500－5500
柚子树	Φ3－5－8－10－12－15－18	120－400－1000－1400－1800－2200－3600
杨梅	P150－200－250－300－350－400	280－400－650－1000－1800－2800
垂丝海棠	D2－3－4－5－6－7－9－10	35－65－110－180－320－550－1100－1600
杜英	Φ3－5－8－10－12－15－18	25－50－105－240－390－550－1300
三角枫	Φ3－5－6－8－10－12－15	45－120－240－500－900－1600－3500
朴树	Φ3－5－8－10－12－15－18	25－70－200－320－550－1300－2800
榉树	Φ3－5－8－10－12－15－18	30－90－380－650－1300－3700－6400
鸡爪槭	D3－5－6－8－10－12－15	55－160－280－750－1800－3200－6000
紫叶李	D3－4－5－6－8－10	40－72－95－185－320－750
大叶女贞	Φ3－5－8－10－12－15－18	28－75－220－320－720－1350－2800
广玉兰	Φ3－5－8－10－12－15－18	35－60－160－320－900－1800－6000
红枫	D3－4－5－6－7－8－9－10－12－14	65－120－180－320－600－820－1700－2400－5800－18000

🐦 课后任务

试按照自己创业苗圃的目标来完成创业苗圃产品规划,以水稻田为苗圃地块完成苗圃的种植设计。

任务3 　生产计划管理

任务目标

了解苗圃生产计划管理的内容,掌握制订苗圃生产计划的方法。

任务提出

　　苗圃的发展目标确定后,选择适当的方法手段来达到目标管理活动,就是苗圃的计划管理。计划是苗圃经营管理的基础,苗圃的一切生产经营活动都要按计划展开。没有合理的计划,苗圃的生产经营活动就会很盲目,各项管理工作也受到很大的限制,所达到的效果也有限,甚至会出现经营管理的失误。生产计划管理是苗圃计划工作的主要部分。

任务分析

　　要制订苗圃的生产计划,必须按时间节点对苗圃目标进行分解。可先制订长期计划,再制订周年计划,然后制订月度计划和周计划。制订生产计划需要具备较强的生产经验,并要收集生产中的各种定额和数据。

相关知识

苗圃生产计划制订的原则

（1）在苗圃生产周期内要具备预见性。

（2）最小成本化原则。生产计划是在一定的计划区域内,以生产计划期内成本最小化为目标,用已知每个时段的需求预测数量,确定不同时段的苗木生产数量、苗木的库存量和需要的员工总数。

（3）以市场为中心的原则。苗圃的生产计划必须要考虑到周围的环境,必须以市场为中心,苗木种类的确定要以市场为导向,根据市场的需求、竞争对手的生产能力及自身的经济状况确定生产计划。

任务实施

1　生产计划的制订

　　在苗圃企业中,生产计划工作由一系列不同类别的计划组成,可分为长期、中期、短期计划。长期计划即苗圃总体生产计划,中期计划指苗圃年度生产计划,短期计划指苗圃月度和周生产作业计划。

1.1　苗圃总体生产计划

苗圃总体生产计划通常为5～10年或一个苗木培育期。它是苗圃企业在生产、技术、财务等方面重大问题的规划,提出了苗圃企业的长远发展目标以及为实现目标所制订的战略计划。制订长期计划,首先要结合对国民经济、技术、政治环境的分析,作出苗圃企业发展的预测,确定苗圃企业的发展总目标,如苗木的总产值、总产量、利润、质量等。

1.2　年度生产工作计划

年度生产工作计划的内容包括土地开垦、土壤改良、苗木种植、养护管理等方面的全年工作任务,并有可量化的各项工作任务责任人、材料计划、用工和机械使用计划、生产进度计划、年度费用测算(表9-5、表9-6、表9-7)。

表9-5　××年××苗圃生产计划安排表

生产项目	生产数量	用工	起止日期	用料	起止日期	机械	起止日期	责任人

表9-6　××年××苗圃年度生产进度计划表

生产项目	种类	数量	实施月份											
			1	2	3	4	5	6	7	8	9	10	11	12

表9-7　××年××苗圃年度资金计划表

苗圃名称:××苗圃　　　　　　　　　　　　　填写人:

			2014 年度成本统计	2015 年度资金计划
苗圃成本情况		累计成本		
	一	苗木费用		
	二	基建费用		
	三	生产资料费用		
		肥料		
		农药		
		燃油费		
		生产机具		
		水电费		
	四	劳务费用		
	五	机械租赁费用		
	六	土地租金		
	七	行政费用		
		办公费		
		差旅费		
		租赁费		
		招待费		
		车辆使用费		
		网络费		
	八	其他费用		

1.3 月度生产计划和周工作计划

（1）月度生产计划。

月度生产计划包括上月工作总结、本月生产工作计划、本月物资采购计划、本月资金计划等内容（表9-8）。

表9-8 ××年××月××苗圃月度生产计划表

填写人： 日期： 审核人：

序号	项目	数量	起止日期	用工	材料	机械	责任人	执行情况	备注

（2）周工作计划。

周工作计划是实施性计划，除非天气原因，一般不能随意变更。周计划如果经常变动，常导致工作计划不能按期完成。因此，制订周工作计划要考虑预留时间，第几周一般按照当年日历计算（表9-9）。

表9-9 第　周（×月×日—×月×日）××苗圃生产计划表

填写人： 日期： 审核人：

序号	项目	数量	日期	用工	材料	机械	责任人	执行情况	备注

2 主要生产指标及控制

2.1 苗木质量指标及控制

在当前苗木产品供大于求的行情下，市场对苗木质量的要求越来越高，不符合市场要求的次品苗木即便降价也很难销售。稳定而合格的苗木品质正成为苗木企业的核心竞争力。苗木质量指标包括苗木成活率、苗木成品率等内容。

园林苗圃生产的质量控制可分为系统控制、因素控制、阶段控制和全员控制。

（1）系统控制。

园林苗圃的生产由若干生产部门组成。每一个生产部门又由若干个工序如育苗、锄草、防病虫、施肥、浇水到苗木的越冬防寒等生产过程组成。所以，苗圃生产管理按系统来说最基本元素就是苗木生产工序，所以生产过程质量控制是形成整个苗木质量的基础。

对苗圃苗木生产过程监视的目的在于对过程质量不断地进行客观的评估。在苗圃的生产过程中，苗木的质量度量标准是高质量的测量，其可用于评估将要进行的苗木生产过程改变所带来的影响，也可用于监控苗木生产过程。统计苗木生产过程控制是过程监视的一种类型。合理运用苗圃生产过程质量度量方法监视苗木的生产过程，可有效检验是否达到生产程序改进的目的。

（2）各种影响苗木生产质量的因素控制。

影响苗木生产质量的五大因素通常称为4M1E，即人、材料、机械、方法和环境。

① 人的控制。控制对象包括管理者和具体生产者。主要从苗圃苗木生产管理人员、技

术人员及工人的技术水平、责任心等方面加以控制,把苗木质量目标分解到每一个人并与其经济利益挂钩。

② 材料的控制。园林苗圃所需要的材料包括种苗和生产资料(如农药、肥料、农膜、农业机械设备等),是苗木生产的物质条件,也是提高苗木质量的重要保证。材料的控制应从以下几个方面入手:(a) 合理选择苗木品种,选择优质种苗,优选农资材料;(b) 合理组织材料供应,确保苗木生产的正常进行和不违背农时;(c) 合理组织各种生产资料的使用,减少使用中的浪费;(d) 严格检查验收,把好苗木生产质量关;(e) 重视农业生产资料的性能、质量标准、使用范围,以防错用或使用不合格材料。

③ 苗圃机械设备的控制。苗圃机械设备的控制有以下要点:(a) 机械设备的选型,要根据苗圃苗木生产的特点选择机械设备;(b) 要有专人操作和维护园林苗圃机械。

④ 技术与方法的控制。技术和方法控制包括苗木生产周期内所采取的育苗技术、栽培技术、修剪方式、病虫害防治及水肥管理等方面的控制,保证所培育苗木的规格一致,生长健壮,提高苗木质量,这也是苗圃苗木质量管理和成本管理的关键。

⑤ 环境的控制。对影响苗木生长发育和质量的诸多环境因素加以控制。环境因素主要有气候、土壤、水分、地形等自然环境因素和病虫草害等生物因素。在苗木栽培管理过程中,要根据苗木种类和苗木的生长发育状况适时调整苗木生长的环境条件,如及时防病虫害、除草,合理进行水肥管理,合理选择苗木的栽培方式等,为苗木生长创造最佳的环境及栽培条件。

(3) 园林苗木生长的过程控制。

在苗木生长的各个阶段都要认真管理,从播种、扦插等苗木繁殖到苗木出圃,都要认真管理,以保证苗木各生长阶段的质量。

苗圃生产部门主管策划并确定生产资源,组织、协调、指导生产部门人员照章生产;协调部门内部以及其他部门的关系,确保苗木生产计划能保质保量完成。

技术部门要制定苗木生产标准及相应的生产技术,协助苗木的生产流程安排,编制生产质量标准和技术指导文件,进行必要的现场操作指导和过程质量控制;同时进行苗木生产场地生产技术管理,分析解决苗木生产过程中的质量问题;按规定对苗木生产进行观测、评价,对验证确认的苗木质量负责;分析不合格苗木的处理并对其质量状况进行统计分析;负责检验、测量和实验设备的校验、维修和控制,保证苗木生产的顺利进行。

(4) 苗木质量的全员控制。

苗木的质量决定苗圃的生存与发展,从苗圃的管理人员到场地职工都要重视苗木的质量。要有严格的岗位责任制,培养职工的责任心和主人意识,关心苗木的质量,关心企业的发展。

2.2　苗木生产成本

生产成本的指标主要是单株或单位面积的生产成本。苗圃生产的成本主要包括:

(1) 苗圃生产和管理人员的工资、福利及办公费用。

(2) 苗圃机械设备的折旧、维修保养费用和租赁费用。

(3) 种苗采购费用及补苗费用。

(4) 苗圃劳务费用。苗圃建成后,苗圃劳务费用是苗圃养护费用的主要成本,是苗圃养护期成本控制的重点项目。

(5) 苗圃道路、水电设施、圃地改造等基础设施建设费用。在苗圃建设期,基建费用是成本控制的重点。

(6) 土地租金。土地租金是苗圃生产成本构成的主要部分,在一个培育期内,土地租金一般占苗圃总生产成本的 30% ~60% 。一般在苗圃选址和土地流转时进行控制。

(7) 农药肥料等生产资料成本

3 苗圃生产成本控制手段

3.1 全员控制

建立苗圃内全体员工参与的权责利相结合的项目成本控制责任体系。从苗圃主管人员到各部门、各班组人员都有成本控制的责任,在一定范围内享有成本控制的权利,并与个人绩效挂钩。

3.2 全过程控制

成本控制贯穿苗圃生产的每一阶段,如引进种苗、采购生产资料、苗圃种植养护等各个环节。

3.3 动态控制

根据行业和历史经验数据、即时市场单价来制订苗圃各阶段的目标成本,并编制成本计划;严格按照成本计划执行;日常及时收集已发生的成本信息,并与目标成本比较对照,分析偏差产生的原因,再根据偏差原因及时采取措施控制成本。

 评分标准

序号	项目与技术要求	配分	检测标准	实测记录	得分
1	生产计划的类型	20	不符合每个扣2分,扣完为止		
2	生产指标的类型	20	不符合每个扣2分,扣完为止		
3	质量控制措施	30	不符合每个扣4分,扣完为止		
4	成本控制措施	30	不符合每个扣2分,扣完为止		
	合　计	100	实际得分		

 知识链接

苗圃产量指标

产量指标是生产周期内各种苗木生产的数量,代表企业的生产规模,主要包括苗木成活率、苗木生长速度等。成活率既是一个质量指标,也是一个数量指标。

 课后任务

按照苗圃创业计划,列出苗圃生产总体计划和年度计划,并按照自己的理解列出控制自己苗圃苗木成本和质量的具体措施。

任务4　苗圃项目的投资测算

任务目标

了解苗圃项目成本费用的主要组成、销售收入预测的方法,掌握利润和投资回报率测算。

任务提出

苗圃项目与其他类型的项目有所不同,产品生产时间跨度长,受周边环境影响大,投资者对项目投入产出的把控较为困难,因此项目的投资测算显得十分必要。

任务分析

苗圃项目的成本费用主要包括生产中发生的直接成本、产品的销售成本、项目管理过程中发生的费用等部分;收入主要通过每年成品大苗销售至绿化工程或家庭园艺市场,部分不同生长阶段的苗木进入苗圃行业内部流通而获得,可计算出项目投资回报率。

相关知识

规模化苗圃需要进行投资测算的原因
(1)企业通过生产成本的测算明确各成本项目,以便对生产进行管理。
(2)通过生产成本测算量和实际量之间的比较,了解成本合理性,便于成本控制。
(3)合理分摊成本,反映相对真实的成本和利润,为决策作参考。
(4)生产成本的测算可以使定价更合理。

任务实施

1　投入成本测算

成本费用项目主要有:生产直接成本、销售费用和管理费用。

生产直接成本是指用于生产产品的人工、材料、机械等费用的总和。销售费用指企业用于销售相关活动的费用,包括销售人员工资、提成、返点及宣传促销活动等所有费用。管理费用包括除生产成本和销售费用外的其他费用,包括办公、差旅、车辆、招待等所有费用。

2　销售收入预测

首先,制订全生产周期内苗木出圃计划,包括出圃品种、出圃规格、出圃时间和出圃数量。预测出圃规格还需要依据苗木的种植密度和苗木的预计年生长量。苗木的预计年生长量是苗木种植经验数据,不仅各品种间有差异,同一品种在不同区域和不同的立地条件、管理水平下也会存在差异,需要长期积累或咨询行业人士。速生品种年生长 2～3cm,在华南地区个别品种甚至可达 4cm；中生品种年生长 1~2cm；慢生品种年生长 0.5~1cm。其次，依据苗木价格走势和供求变化预测出圃期的苗木价格。最后，统计计算每一年度的苗木销售额。

3 利润和投资回报率测算

依据各期苗木销售收入和各期苗木投入成本计算出该苗圃项目的毛利润和投资回报率（表 9-10）。

表 9-10 某苗圃投资回报率测算表

概算类别	2014 年 第一年	2015 年 第二年	2016 年 第三年	2017 年 第四年	2018 年 第五年	2019 年 第六年	合计
一、期初余额/万元							
二、现金流入/万元							
投资流入	605.46	176.56					781.92
销售收入			1982.73	247.95	560.26	3813.17	6604.11
现金流入合计	605.46	176.56	1982.73	247.95	560.26	3813.17	7386.13
三、现金流出/万元							
基本建设投资支出	145.95						
种苗费支出	212.31			136.57			348.88
苗木种植支出	67.85			36.39			104.24
养护费支出	113.92	111.13	125.79	112.39	103.67	106.81	673.71
土地租赁费支出	5.43	5.43	5.43	5.43	5.43	5.43	32.58
管理人员费支出	45.00	45.00	45.00	45.00	45.00	45.00	270.00
其他费用支出	15.00	15.00	15.00	15.00	15.00	15.00	90.00
现金流出合计	605.46	176.56	191.22	350.78	169.10	172.24	1665.36
四、现金净流量/万元							5720.77
五、期末余额/万元						5720.77	
六、毛利额/万元							4938.85
七、总投资回报率率/%							631.00%
八、投资周期/年							6
九、年投资回报率/%							105%
十、内部收益率							0.35

评分标准

序号	项目与技术要求	配分	检测标准	实测记录	得分
1	投入成本测算内容	20	不符合每个扣5分,扣完为止		
2	开展销售预测	30	不符合每个扣5分,扣完为止		
3	计算投资回报率	50	不符合每个扣5分,扣完为止		
合　　计		100	实际得分		

知识链接

投资回报率的计算

投资回报率,是指通过投资而应返回的价值,即企业从一项投资性商业活动的投资中得到的经济回报。它涵盖了企业的获利目标。利润和投入的经营所必备的财产相关,因为管理人员必须通过投资和现有财产获得利润。

$$投资回报率 = 年利润或年均利润/投资总额 \times 100\%$$

课后任务

以自己的创业苗圃为例计算苗圃毛利润和投资回报率。

任务5　苗木的销售

任务目标

了解苗木现代营销的4Ps为核心的营销组合方法及其基本理论,学会苗木产品定位策略,熟悉产品定价的依据,掌握苗木销售的主要渠道和促销手段。

任务提出

园林苗木是苗圃的主要产品,这种产品具有"公共性"的特点,在计划经济时期不必考虑其销路问题,但随着市场经济体制的建立与完善,苗圃数量的急剧增加,规模越来越大,生产出的苗木出现滞销现象,市场营销成为企业生存和发展的大问题。

任务分析

苗木产品形成后应用到园林绿化建设或满足苗圃间的产品需求，通过转变为商品，实现其价值。苗木营销是企业通过一系列手段，来满足现实消费者和潜在消费者需求的过程。企业常用的手段包括计划、产品、定价、确定渠道、促销活动、提供服务等。

 相关知识

园林苗圃业的生存和发展，固然受宏观环境、国家政策、经济体制、市场竞争、技术进步、制度管理、人力资源等各种因素的影响和制约，但能否成功地开展营销活动，也是影响其生存和不断发展的一个重要因素。随着苗圃业的蓬勃发展，有苗不愁卖的日子已一去不返。在现代苗木市场，行情瞬息万变，关系错综复杂，竞争异常激烈，风险变化多端。面对这种态势，想要提高苗木在市场上的占用率，必须以现代市场营销的基本理论为指导，注意分析营销环境并灵活运用营销策略。

1967 年，菲利普·科特勒在其畅销书《营销管理：分析、规划与控制（第一版）》中进一步确认了以 4Ps 为核心的营销组合方法，即：

产品（Product）：注重开发的功能，要求产品有独特的卖点，把产品的功能诉求放在第一位。

价格（Price）：根据不同的市场定位，制订不同的价格策略，产品的定价依据是企业的品牌战略，注重品牌的含金量。

渠道（Place）：企业并不直接面对消费者，而是注重经销商的培育和销售网络的建立，企业与消费者的联系是通过分销商来进行的。

促销（Promotion）：企业注重销售行为的改变来刺激消费者，以短期的行为（如让利、买一送一、营销现场气氛等）促成消费的增长，吸引其他品牌的消费者或促使提前消费来促进销售的增长。

任务实施

4Ps 理论提出较早，在传统行业内采用该理论指导销售实践效果好。现以 4Ps 理论来分析苗木销售的策略。

1 产品策略

产品策略，主要是指企业以向目标市场提供各种适合消费者需求的有形和无形产品的方式来实现其营销目标。其中包括对同产品有关的品种、规格、式样、质量、包装、特色、商标、品牌以及各种服务措施等可控因素的组合和运用。

生产适合市场需求的产品是开展销售工作的先决条件。国内苗木产业在经过几十年的发展后，尤其是最近十年来的高速增长，市场总体供大于求，但区域性、结构性的矛盾突出。产品策略应实行规模化、标准化、造型化策略，以提升苗木品质为主，使苗木产业从粗放的面积数量增长型向精细关系的质量增长型转变。

2　苗木定价

影响定价决策的因素包括企业的营销目标、成本、顾客、竞争对手和其他外部因素,园林苗圃一般根据市场变化和价格浮动进行适当调整。苗木价格受市场供求的影响较大,同等规格和品质的苗木在不同时期价格波动较大。如果参照生产成本加利润的方式相对固定定价,可能在市场上处于不利位置。

企业对苗木定价时除需考虑国家政策、成本、竞争、市场需求、预期利润等基本因素外,还应明确定价目标,使销售价格在满足苗圃自身利益的同时,也能使用户乐于接受。具体而言,苗木价格策略主要包括基本价格、折让价格、付款期等方面的策略。

3　苗木销售渠道

销售渠道,是指苗木产品由生产向消费者转移时所经过的渠道。它以生产者作为起点,以消费者购进苗木产品为终点,其中包括若干营销机构或经纪人参与苗木商品流通活动的系列过程。

销售渠道策略主要包括渠道选择,确立中间商,建立销售网点,以及苗木储存、运输、供货保证等方面的策略。必须多方拓宽苗木销售渠道,选择合理的营销路线,配备有效的营销机构,将苗木产品及时、方便、经济地提供给消费者,借以扩大苗木产品的营销,加速苗圃资金周转,节约流通费用,提高经济效益,并进一步促使苗圃与外界发生经济联系,收集商情和反馈信息,不断为苗圃注入经济活力。

直销:直接面向工程和建设单位销售。

苗木经纪公司或经纪人:通过苗木经纪销售是当前苗木销售的主要渠道。

电子商务:在阿里巴巴、淘宝、苗易网、苗联网、成都花木交易所等苗木交易平台开设网店或拍卖销售,或在手机微信开设网店。

4　促销

促销,即促进销售,是指苗圃向目标客户传递苗木产品信息,帮助或说服客户购买,达到销售的目的。它具有传递信息、引导需求、突出特点、稳定销售和提高声誉的作用。

促销策略包括:人员推销、广告、营业推广、折扣返点、公共关系等方面的策略。苗木促销通常有以下几种方法:

(1)参加苗木行业展会、专业论坛等。目前国内规模比较大的展会有萧山苗木交易会、夏溪花木节、金华苗交会、昌邑花木节等。在展会上,还经常举办专业论坛和讲座。

(2)在花木市场设立销售窗口。国内较大的花木市场有常州夏溪花木市场、萧山花木城、鄢陵花木城、金华花木城、陈村花卉世界等。花木市场客流大,目标客户群体集中,且可现场交易,依然是花木销售的渠道之一,设立销售窗口效果较好。

(3)广告宣传。在行业报纸、杂志、行业网络门户等行业媒体发布广告。国内比较有影响的媒体包括中国花卉报、中国花卉园艺等,还有各区域的 DM 杂志,比较有影响力的网络媒体包括中国园林网、中国花卉网等。移动互联网媒体包括苗易网、苗联网等。

(4)会议营销。通过苗圃订货会、展示会、行业研讨会、技术交流会等方式吸引客户,促进销售。

评分标准

序号	项目与技术要求	配分	检测标准	实测记录	得分
1	苗木定价策略	20	不符合每个扣 5 分,扣完为止		
2	苗木渠道	20	不符合每个扣 5 分,扣完为止		
3	苗木促销手段	30	不符合每个扣 5 分,扣完为止		
4	产品销售 4Ps 理论	30	不符合每个扣 5 分,扣完为止		
合 计		100	实际得分		

 知识链接

除市场供求关系外,影响苗木价格的构成因素还包括以下几个方面:

(1) 苗木的树形长势和绿化工程对苗木的特殊要求。

树形丰满和树木长势好的苗木价格高。除此之外,因规划设计方案不同,树木的配置千差万别,其中自然式绿地的树木配置情况有时非常特殊,它要求树木的姿态、长势独特,一地一景,避免重复,所以造型独特的苗木价格也较高。

(2) 苗木生长速度和繁殖难易。

慢生树种生长速度慢,生长周期长,价格较高,如大中型罗汉松、桂花、松柏类树木。速生树种生长速度快,生产周期相应较短,价格较低,如木芙蓉、天竺桂等。苗木的繁殖方法主要有播种、嫁接、分株和扦插等。苗木繁殖越容易,价格越低。例如,一种苗木主要以扦插方法进行繁殖,且成活率很高,则长期来看价格肯定会走低。

(3) 苗木的生熟。

生树是指未驯化的异地树木或多年(至少 5 年)未进行移植的树木。生树移植,死亡率较高。熟树是指在本地经过苗圃培育的、反复移植或多次作过断根处理的苗木,因其须根发达、土球紧实,移植成活率很高。同一规格、同一长势的同一树种,因生熟有异,价位相差一般较大。

课后任务

以在江苏吴江发展苗圃基地 50 亩,生产 1~3cm 榉树、黄山栾树等乡土树种种苗为例,开展销售工作(包括定价、销售渠道、促销等)。

任务6　苗圃档案的建立与管理

任务目标

明确园林苗圃档案建立的目的和意义,学会建立苗圃档案的方法,了解常见苗圃档案的种类,掌握苗圃生产档案、苗圃技术档案的主要内容。

任务提出

技术档案是对园林苗圃生产、试验和经营管理的记载,从苗圃开始建设起,即应作为苗圃生产经营的内容之一。苗圃技术档案是合理利用土地资源和设施、科学指导生产经营活动、有效地进行劳动管理的重要依据。

任务分析

应从苗圃准备建立起就开始进行苗圃规划和基本情况记载,完善各类档案记录表,如实填写苗圃基本情况档案、生产档案、技术档案、销售档案等。

相关知识

1　建立苗圃档案的目的和要求

通过不间断的记录,分析总结苗圃地的使用情况、苗木生长情况、育苗技术措施、生产资料使用情况及苗圃日常作业组织和用工管理等,从而掌握苗木培育情况,总结育苗经验,为生产计划管理、劳动组织管理、制订生产定额提供科学依据。

对园林苗圃生产、试验和经营管理的记载,必须长期坚持,实事求是,保证资料的系统性、完整性和准确性。应设专职和兼职档案管理人员,专门负责苗圃技术档案工作。人员应保持稳定,如有工作变动,要及时做好交接工作。应收集汇总各类记载资料,年终时要系统整理,进行统计分析,为下一年度生产经营提供准确的数据和报告,并交由苗木技术负责人审查存档,长期保存。可将苗圃档案全部电子化,既便于保存,又便于交流和检索。

2　苗圃档案的内容

苗圃档案主要包括苗圃规划和基本情况档案、苗圃生产档案、技术档案和销售档案等。

(1)苗圃基本情况档案。

主要包括苗圃的位置、面积、经营条件、自然条件、地形图、土壤分布图、苗圃区划图、固定资产、仪器设备、机具、车辆、生产工具以及人员、组织机构等情况。

(2)苗圃土地利用档案。

以作业区为单位,主要记载各作业区的面积、苗木种类、育苗方法、整地、改良土壤、灌

溉、施肥、除草、病虫害防治以及苗木生长质量等基本情况。

（3）苗圃作业档案。

以日为单位，主要记载每日进行的各项生产活动，劳动力、机械工具、能源、肥料、农药等使用情况。

（4）育苗技术措施档案。

以树种为单位，主要记载各种苗木从种子、插条等繁殖材料的处理开始，直到起苗、假植、包装、出圃等育苗操作的全过程。

（5）气象观测档案。

以日为单位，主要记载苗圃所在地每日的日照长度、温度、湿度、风向、风力等气象情况。（可抄录当地气象台的观测资料）

（6）科学试验档案。

以试验项目为单位，主要记载试验的目的、试验设计、试验方法、试验结果、结果分析、年度总结以及项目名称的总结报告等。

（7）苗木销售档案。

主要记载各年度销售苗木的种类、规格、数量、价格、日期、购苗单位及用途等。

任务实施

1 苗圃规划和基本情况档案的建立

应收集整理苗圃立地条件调查相关资料、苗圃当地历史气候资料、苗圃当地水文资料、还包括苗圃规划和实施方案，其中包括苗圃地块区划图和地块编号、苗圃道路和排灌示意图、苗圃土地利用表（表9-11）等。基本情况包括：苗圃苗木库存表、机具等固定资产库存表和苗圃物料库存表等。

表9-11　苗圃土地利用表

作业区号：　　　　　　育苗方法：　　　　　　面积：

年度	树种	苗木数量	种植面积	种植年限	作业方式	整地改土	中耕除草	灌溉作业	施肥作业	病虫防治	苗木质量	备注

2 苗圃生产档案的建立

在一个苗木生产周期内，将种苗开始直到出圃的全部生产技术措施填写在生产档案（表9-12）中，包括种苗来源、整地、土壤改良、施肥、灌溉、病虫害防治、除草松土、移栽、分级出圃等内容。其中出圃记录应包括树种、容器苗、裸根苗、苗龄、生长指标（地径、苗高、根长）、等级、起苗时间、数量等内容。一般按照地块和树种来建立档案，发生后要及时记录。通过生产档案，可以及时、准确、历史地掌握苗木种类、数量和质量的情况，掌握各种苗木的生长规律。即便发现问题，也可追溯源头。

表 9-12　××苗圃××地块生产档案（2014 年）

地块编号		面积/亩		种植品种		种植时间	12.1～1.31
作业项目	第一次	第二次	第三次	第四次	第五次	第六次	第七次
浇水	1.11～1.19	6.12～6.18					
除草松土	2.3～2.9						
补苗,扶苗	2.6						
修剪方式							
时间	3.3						
施肥		第一次	第二次	第三次	第四次	第五次	第六次
	时间	2.8					
	种类,用法	复合肥,深施					
	用量（千克/亩）	20 千克/亩					
施药		第一次	第二次	第三次	第四次	第五次	第六次
	时间						
	种类,用法	功夫＋甲托喷雾					
	用量（克/亩）	15＋20					
除草剂		第一次	第二次	第三次	第四次	第五次	第六次
	时间	2014					
	种类						

还有一种生产档案是作业日志（表 9-13），主要统计苗圃每天完成的工作，投入的人财物情况。通过作业日志，可统计各树种的用工量和物料的使用情况，核算成本，更好地组织苗圃生产。

表 9-13　××苗圃××地块作业日志

作业区号：　　　　　　　　　　　　　面积：

日期	树种	种植面积	苗木数量	项目名称	用工量	机具		材料使用			备注
						名称	数量	名称	单位	数量	

3　苗圃技术档案的建立

包括苗圃历史气象资料，尤其是苗圃旱涝等灾害记录；各批次苗木生长速度调查记录；田间农药和除草剂试验记录；苗木栽培管理模式试验记录；苗木新品种引种试验等数据资料。如播种育苗，可填写播种育苗技术措施表（表 9-14）。

表 9-14　播种育苗技术措施表

育苗面积		苗龄			前茬			
种子来源		贮藏方法		贮藏时间			催芽方法	
播种方法		播种量		覆土厚度			覆盖物	
覆盖起止日期		出苗率		间苗时间			留苗	
整地日期		耕地深度		作畦日期				
施肥		施肥日期	肥料种类	施肥量	施肥方法			
	基肥							
	追肥							
	追肥							
灌溉	次数		日期					
中耕除草	次数		日期		深度			
病虫害		名称	发生日期	防治日期	药剂名称	浓度	方法	效果
	病害							
	虫害							
出圃及移植	日期	面积	单位面积产量		合格苗率		起苗方法	包装
育苗新技术应用情况								
以上措施存在的问题及改进意见								
填表人								

4　苗圃销售档案的建立

将每笔销售的金额、种类、规格、去向都计入档案，不仅可以了解苗木市场需求，为生产计划调整做准备，还可以了解客户实际需求，更方便地为客户提供高附加值服务。

评分标准

序号	项目与技术要求	配分	检测标准	实测记录	得分
1	苗圃档案包括哪些	20	不符合每个扣 5 分，扣完为止		
2	苗圃生产档案的内容	30	不符合每个扣 5 分，扣完为止		
3	苗圃技术档案的内容	30	不符合每个扣 5 分，扣完为止		
4	苗圃销售档案的内容	20	不符合每个扣 5 分，扣完为止		
	合　计	100	实际得分		

知识链接

生产日志

在生产中,为了便于做好作业记录,每天可将生产情况填入苗圃生产日志(表9-15)。

表9-15　苗圃生产日志

项目： to be	苗圃	编号	001
		日期	2011－12－16 星期五
天气状况		风力	
最高和最低温度		备注	

生产情况记录：

1. 工作地块,作业项目,完成工作量,完成质量,投入机械,人工,材料情况

存在问题：

苗圃负责人		记录人	

 课后任务

按照当地天气,制作一份苗圃天气记录表(一周)。

附 录 1　华东地区常见苗木培育技术简介

1. 广玉兰（*Magnolia grandiflora* L.）

科属：木兰科木兰属常绿乔木。

生态习性：喜温暖湿润气候，要求深厚肥沃、排水良好的酸性土壤。喜阳光，但幼树颇能耐阴，不耐强阳光或西晒，否则易引起树干灼伤。

生长速度：病虫害少，生长速度中等，3 年以后生长逐渐加快，每年可生长 0.5m 以上。

栽培抚育措施：因其根群发达，易于移栽成活。但为确保工程质量，不论苗木大小，移栽时都需带土球，更因其枝叶繁茂，叶片大，新栽树苗水分蒸腾量大，容易受风害，所以移栽时应随即疏剪叶片；土球松散或球体太小，根系受损较重的，还应疏去部分小枝或赘枝。此树枝干最易为烈日灼伤，以致皮部爆裂枯朽，形成严重损伤，不论大树小苗、新栽或成林树，凡夏季枝干有暴露于烈日之下的，应及早以草绳裹护或涂抹石灰乳剂。广玉兰是喜肥树种，春季开花前应施 1 次有机肥，秋季可深翻土壤，并施腐熟的厩肥。

主要病虫害防治：

（1）叶斑病。

① 症状：发生在广玉兰叶片上，初期病斑为褐色圆斑；扩展后圆形，内灰白色，外缘红褐色，斑块周边褪绿；后期病斑干枯，着生黑色颗粒状物。

② 发生规律：病菌在寄主病残体上越冬，雨季发病严重，高温干燥条件下容易发病。

③ 防治方法：及时清除病残体；定期喷洒多菌灵、甲基托布津等杀菌剂。

（2）草履蚧。

① 发生规律：一年发生 2 代，寄生在芽腋、嫩梢、叶片和枝干。7 月和 9 月为盛发期。

② 防治适期：4 月上中旬和 8 中下旬。

③ 防治药剂：花保、吡虫啉等。

注：广玉兰上还有吹绵蚧、龟蜡蚧、角蜡蚧、水木坚蚧等介壳虫危害，防治药剂可参照草履蚧。

2. 银杏（*Ginkgo biloba* L.）

科属：银杏科银杏属落叶乔木。

生态习性：耐寒，喜光，萌蘖力强。喜生于温凉湿润、土层深厚、土质肥沃、排水良好的砂质壤土。酸性、中性、钙质土壤，pH 为 4.5～8 的土壤都能适应。抗旱性较强，但不耐涝，对大气污染有一定的抗性。

栽培抚育措施：栽植地宜选避风、向阳和土层深厚、肥沃疏松、排水良好的地块。喜肥，一年可施肥3次以上。移栽宜于春季萌芽前进行,成活率最高,裸根即可,但须保全根系,可切断主根。成活后,要加强肥水管理,每年春季浇3~5次水,雨季封堰。夏季每株施0.25~0.5kg硫酸铵。秋季每株施有机肥50~75kg。入冬前浇足封冻水,树干涂白1.2~1.5m高。

主要病虫害防治:银杏的主要病虫害有银杏叶斑病、苗木炭腐病、银杏早期黄化病、银杏超小卷蛾、小褐木蠹蛾、银杏大蚕蛾、桑白盾蚧、种蝇等。防治方法:① 清除病、落叶,烧毁。发病初期喷洒波尔多液或多菌灵等药剂控制叶斑病。② 苗圃喷灌波尔多液或退菌特数次防治炭腐病。③ 在种蝇幼虫期对苗木灌浇敌百虫等药剂,成虫期喷洒敌百虫或杀螟松等药剂。④ 生长期施锌肥控制黄化病。⑤ 害虫幼虫或若虫期喷洒敌百虫或溴氰菊酯等药剂。

3. 重阳木(*Bischofia racemosa* Cheng. et C. D. Chu.)

科属:大戟科重阳木属落叶乔木。

生态习性:喜光,稍耐阴。喜温暖气候,耐寒性较弱。对土壤的要求不严,但在湿润、肥沃的土壤中生长最好。耐旱,也耐瘠薄,且能耐水湿。根系发达,抗风力强。

栽培抚育措施:小苗移栽时,先挖好种植穴,在种植穴底部撒上一层有机肥料作底肥,厚度约为4~6cm,再覆上一层土并放入苗木,把肥料与根系分开,避免烧根,放入苗木后,回填土壤,把根系覆盖住,并用脚把土壤踩实,浇一次水。冬季植株进入休眠或半休眠期,要把瘦弱、病虫、枯死、过密等枝条剪掉。苗木主干下部易生侧枝,要及时剪去,使其在一定的高度分枝。移栽要掌握在芽萌动时带土球进行,这样成活率高。栽后前两年每年进行2~3次中耕除草培土等抚育工作。

主要病虫害防治:重阳木常见有吉丁虫危害树干,红蜡介壳虫、皮虫及刺蛾等危害枝叶,要注意及早防治。其中红蜡介壳虫的防治措施是:喷洒25%亚胺硫磷、40%乐果、50%杀螟松、80%敌敌畏的1000倍稀释液。刺蛾的防治措施是:灯光诱杀成虫;幼虫期以敌百虫1000~1500倍稀释液、80%敌敌畏1000~1500倍稀释喷洒,或上述药一种1500~2000倍稀释液加杀螟杆菌1kg和0.1%皂粉喷洒。

4. 桂花(*Osmanthus fragrans* (Thunb.)Lour.)

科属:木犀科木犀属常绿灌木或小乔木。

生态习性:弱阳性,喜温暖湿润气候,对土壤要求不严,除涝地、盐碱地外都可栽植,而以肥沃、湿润、排水良好的砂质壤土最为适宜。

栽培抚育措施:3~4月或秋季移栽最好,移栽时栽植不宜过深,并适当修剪树冠,减少水分蒸发。每年冬季和7月各施肥一次,冬季在根际周围开沟施肥。花前应注意浇水,花期控制浇水不宜过湿。冬季注意修剪,并短截徒长枝。

施肥应以薄肥勤施为原则,以速效氮肥为主,中大苗全年施肥3~4次。早春,芽开始膨大前根系就已开始活动,吸收肥料。因此,早春期间在树盘内施有机肥,促进春梢生长。春梢是当年秋季的开花枝,春梢长得壮,将来开花就多。秋季开花后,为了恢复树势、补充营养,入冬前期需施无机肥或垃圾杂肥。其间可根据生长情况,施肥1~2次。新移植的桂花,由于根系的损伤,吸收能力较弱,追肥不宜太早。移植坑穴的基肥应与土壤拌匀再覆土,根系不宜直接与肥料接触,以免伤根,影响成活率。

肥料必须施在根系能吸收的地方。苗木根系集中,移栽易于成活。因此,苗圃施肥不能距苗冠太远,否则会使根系向外扩展,但也不应施于树干下,不利于肥料的吸收。

主要病虫害防治:

（1）叶枯病药剂防治:发病期间,初期可喷 1：2：100 石灰倍量式波尔多液,以后喷50%苯来特可湿性粉 1000～1500 倍稀释液,或 50%多菌灵 800～1000 倍稀释液进行防治。

（2）褐斑病药剂防治:可喷高锰酸钾 1000 倍稀释液消毒。发病期间或喷 1：2：200 波尔多液,或用 50%苯来特可湿性粉剂 1000～1500 倍稀释液,或用 50%退菌特可湿性粉剂1000 倍稀释液,或用 65%代森锌可湿性粉剂 800 倍稀释液防治。

（3）煤污病药剂防治:用 2%硫酸亚铁溶液或 50%退菌特 1000～15000 倍稀释液、50%多菌灵可湿性粉剂 1000 倍稀释液均有较好的防治效果。对小煤炱属引起的煤污病,可于6～7月间喷 2～3 次铜皂液(硫酸铜 0.5kg,松脂合剂 2kg,水 200kg）。

（4）吉丁虫药剂防治:在幼虫孵化盛期(一般 5 月)刮除树皮,涂以 80%敌敌畏乳剂 20倍液;成虫发生期(约 6 月)用 90%敌百虫 1000 倍稀释液进行树冠喷药 2～3 次。

（5）介壳虫药剂防治:在若虫孵化期喷 20%菊杀乳油或 2.5%溴氰菊酯乳油 2500 倍稀释液防治;在介壳形成时,喷洒 40%速扑杀乳油 1500 倍稀释液,因渗透性强,防治效果好。

（6）刺蛾药剂防治:在低龄幼虫期应及时进行化学防治,可选用 10%氯氰菊酯 2000 倍稀释液或 90%敌百虫 1000 倍稀释液喷杀幼虫。

5. 罗汉松（*Podocarpus macrophyllus*（Thunb）D. Don）

科属:罗汉松科罗汉松属常绿灌木或小乔木。

生态习性:喜光,能耐半阴;喜温暖、湿润环境,耐寒力稍弱;耐修剪;适生于排水良好、深厚肥沃的湿润土壤。

栽培抚育措施:苗木生长缓慢,注意要保证水肥供给,土壤经常保持湿润可促进生长。生长期注意剪除侧枝,以保中心主干生长,同时修剪时注意整体树形。移植以春季 3～4 月最适宜,小苗带宿土,大苗须带泥球。在春、秋两个生长季节只要施加 1～2 次以氮为主的追肥即可,无须过多的磷、钾肥。炎热的夏天,浇水应浇足、浇透;秋、冬季水分可适当减少。

主要病虫害防治:主要病虫害为猝倒病和立枯病、红蜘蛛、介壳虫。用 50%多菌灵可湿性粉剂 500～1000 倍稀释液或 1：1：120 波尔多液,以防猝倒病和立枯病。红蜘蛛可用40%乐果乳油 1500 倍稀释液或 40%三氯杀螨醇乳油 1000～1500 倍稀释液喷杀。介壳虫可用 25%亚胺硫磷 1000 倍稀释液或 40%乐果乳剂 1000 倍稀释液喷杀。

6. 七叶树（*Aesculus chinensis* Bunge）

科属:七叶树科七叶树属落叶乔木。

生态习性:喜光,耐半阴,喜温暖、湿润气候,较耐寒,畏干热;适生于深厚、湿润、肥沃而排水良好的土壤;深根性,寿命长,萌芽力不强。生长速度中等偏慢,寿命长。

栽培抚育措施:为保证绿化定植成活率,栽植最好带土球,栽植坑要深,多施基肥,栽后要用草绳卷树干,或树干刷白,以免树皮受日晒伤害。移栽时间应在深秋落叶后至翌年春发芽前进行。雨季要注意排水防涝。七叶树即使不修剪,其树形也相当整齐。同时,由于其生长缓慢,树枝比较开张,故一般不作什么特别的修剪。需修剪时只要将影响树形的无用枝、混乱枝剪掉即可。

主要病虫害防治:叶斑病、白粉病和炭疽病可用 70%甲基托布津可湿性粉剂 1000 倍液喷洒。虫害有介壳虫、毛虫和金龟子危害,可用50%辛硫磷乳油1000倍液喷杀。

7. 樱花(Prunus serrulata Lindl.)

科属:蔷薇科李属落叶小乔木。

生态习性:性喜阳光,喜温暖湿润的气候环境;对土壤的要求不严,以深厚肥沃的砂质壤土生长最好;根系浅,对烟及风抵抗力弱。

栽培抚育措施:定植时间在早春,土壤解冻后立即栽植,一般为2~3月。栽植前仔细整地。在平地栽植可挖直径1m、深0.8m的穴。穴内先填约一半深的改良土壤,把苗放入穴中央,使苗根向四方伸展。少量填土后,微向上提苗,使根系充分伸展,再行轻踩。栽苗深度要使最上层的苗根距地面5cm。栽好后做一积水窝,并充分灌水,最后用跟苗差不多高的竹片支撑,以防刮风吹倒苗。定植后苗木易受旱害,除定植时充分灌水外,以后每隔8~10d灌水一次,保持土壤潮湿但无积水。灌后及时松土,最好用草将地表稍微覆盖,以减少水分蒸发。在定植后2~3年内,为防止树干干燥,可用稻草包裹。但2~3年后,树苗长出新根,对环境的适应性逐渐增强,则不必再包草。樱花每年施肥两次,以酸性肥料为好。一次是冬肥,在冬季或早春施用豆饼、鸡粪和腐熟肥料等有机肥料;另一次在落花后,施用硫酸铵、硫酸亚铁、过磷酸钙等速效肥料。一般大樱花树施肥,可采取穴施的方法,即在树冠正投影线的边缘挖一条深约10cm的环形沟,将肥料施入。此法既简便又利于根系吸收。以后随着树的生长,施肥的环形沟直径和深度也随之增加。修剪主要是剪去枯萎枝、徒长枝、重叠枝及病虫枝。另外,一般大樱花树干上长出许多枝条时,应保留若干长势健壮的枝条,其余全部从基部剪掉,以利通风透光。修剪后的枝条要及时用药物消毒伤口,防止雨淋后病菌侵入,导致腐烂。樱花经太阳长时期的暴晒,树皮易老化损伤,造成腐烂,应及时将其除掉并进行消毒处理。之后,用腐叶土及炭粉包扎腐烂部位,促其恢复正常生理机能。

主要病虫害防治:

(1)金雀花枝病防治:发现病枝后应立即剪掉烧毁,并在剪口处涂上杀菌剂。

(2)梢枯病防治:冬季喷洒石硫合剂,叶芽萌发期喷洒2000~3000倍稀释的苯菌灵(benlate)液。

(3)褐斑穿孔病防治:每月喷洒1~2次代森锰液。

(4)紫纹羽病、白纹羽病、根线虫病等病害引起樱花根部枯腐。防治方法是:将枯腐根挖出烧毁,并用20%五氯硝基苯(PCNB)粉剂进行土壤消毒。

(5)盾蚧防治:5~6月间喷洒2~3次机械油乳剂或Smichion液。

(6)蚜虫防治:在初孵期和产卵前可喷洒吡虫啉、敌杀死等药剂防治。

(7)刺蛾防治:在幼虫期喷洒BT、灭幼脲、除虫脲、敌杀死等药剂防治。

8. 红枫(Acer palmatum Thunb. var. atropurpureum(Vanh.)Schwer)

科属:槭树科槭树属落叶小乔木。

生态习性:性喜阳光,怕中午烈日和下午较强西晒,喜温暖湿润气候,较耐寒,稍耐旱;不耐水涝,适生于肥沃疏松、排水良好的土壤。

栽培抚育措施:

(1)施肥。红枫嫁接成活后,为促进其快速生长,提早出圃,需适时施肥。3~4月,以施氮肥为主,其中氮、磷、钾比例为6∶1∶3,要勤施薄肥,间隔7~10d撒施或浇施一次。

5~8月,施腐熟的猪、牛栏肥,以青草为主,或适当施入化学肥,增加土壤的有机成分,以调节土壤的松软度和提高抗旱防涝能力。10月开始,以施磷、钾为主的基肥,如腐熟的菜饼、油饼、豆饼或复合肥,采用根部周围穴施或环施,其中基肥氮、磷、钾比例为2:3:5。

（2）调整种植密度。红枫幼苗期生长速度慢,当苗木生长到一定时期,需调整种植密度,使苗木最大限度地接受光照。一般视红枫干径(干高30cm)大小而定。干径小于1cm,株、行距为0.8m×1.0m;干径为1~2cm,株、行距为1.2m×1.1m;干径为2~3cm,株、行距为1.6m×1.4m;干径为3~4cm,株、行距为2.3m×2.0m;干径大于5cm,株、行距为2.8m×2.2m。移植时,需对树苗进行修剪,去掉中根、部分过长细根和顶端旺发枝及徒长枝。干粗2cm以上苗木移栽一定要带泥球。

（3）其他栽培管理。培土:对沙性严重、防旱能力差的土壤,应培上黏性较重的细泥土和已腐烂的土杂肥;对黏性土壤,多施有机肥,适当加沙性土调节黏度,开沟排水;对黏性较重、易积水的圃地,应开深度50cm左右的排水沟,使地下水位控制在根部以下。中耕除草:红枫幼苗期易被杂草所覆盖,导致生长缓慢甚至死亡,要求对幼苗周围经常进行人工除草。定植2年后的苗木,为节省劳力,可采用药物进行除草。

红枫宜在2~3月移栽,生长季节移栽要摘叶并带土球,定植穴根据树苗大小适当加大,施足底肥(有机杂肥)。定植后要及时浇水、培土。风大的地区要注意搭支架,防止树木被风刮倒,使树木变形。

主要病虫害防治:危害红枫的害虫有三类。第一类为地下害虫,如蛴螬、蝼蛄等,啃咬幼苗的根和基茎部,易造成苗木枯死;可采用50%的辛硫磷乳油或乐斯本1000倍稀释液,浇根或拌细土撒施。第二类为侵食枝叶害虫,如金龟子、刺蛾、蚜虫等,常食红枫叶片,造成苗木生长不良;需采用阿维菌素、捕快、氧化乐果800~1000倍稀释液进行喷雾。第三类为蛀干性害虫,如天牛、蛀心虫等,危害红枫枝干,造成红枫大苗枯枝甚至整株死亡;须采用杀灭菊酯、绿色功夫等2000~3000倍稀释液进行喷雾,或在虫道口向枝干注射甲胺磷、敌敌畏等农药并用黏性泥土封口。

9. 鸡爪槭（*Acer palmatum* Thunb.）

科属:槭树科槭树属落叶小乔木。

生态习性:弱阳性,耐半阴;喜疏松肥沃、排水良好的土壤,不耐水涝;酸性土、中性土以及石灰质土均可适应。

栽培抚育措施:移植大苗时必须带土。其秋叶红者,夏季要予以充分光照,并施肥浇水,入秋后以干燥为宜。如肥料不足,秋季经霜后,追施1~2次氮肥,并适当修剪整形,可促使萌发新叶。

主要病虫害防治:主要有刺蛾、大衰蛾、茶衰蛾、双尾舟蛾等危害叶片,星天牛危害树干。刺蛾的防治措施是:灯光诱杀成虫;幼虫期以敌百虫1000~1500倍稀释液、80%敌敌畏1000~1500倍稀释液喷雾。

10. 紫薇（*Lagerstroemia indica* L.）

科属:千屈菜科紫薇属落叶灌木或小乔木。

生态习性:喜光,稍耐阴;喜温暖气候,耐寒性不强;喜肥沃、湿润而排水良好的石灰性土壤,耐旱,怕涝;萌芽性强,生长较慢,寿命长。

栽培抚育措施：

（1）栽植：紫薇为喜阳性树种，栽植时应选阳光充足的环境，湿润肥沃、排水良好的壤土。移栽紫薇一般在3～4月初，以清明时节为最好，秋季次之。移栽时植株应带土球。生长季节也可移栽，但移前应全部去掉当年新梢枝叶，带好土球，栽后应保持土壤湿润，这样也可成活。

（2）浇水：紫薇在生长季节要求土壤湿润。春季萌芽前浇1～2遍透水，在生长期应经常保持土壤湿润。

（3）施肥：紫薇喜肥，肥料充足是紫薇孕蕾多、开花好的关键。早春要重施基肥，这是着花多的保证。5～6月酌施追肥，以促进花芽增长。使用肥料应以腐熟的人畜粪或饼肥为主，也可酌施化肥。

（4）修枝整形：紫薇在冬季修剪，修剪时以枝条分布均匀、形成完整树冠为原则。把影响树冠的枝条剪除，留下的枝条剪去树冠顶部1/3左右，可达到满树繁花的效果。

紫薇耐修剪，其树干柔韧，且枝间形成层极易愈合，故极易造型。在整形时，可剪成高干乔木形和低干圆头状等多种树形。

主要病虫害防治：

（1）白粉病防治：发病严重的地区，可在春季萌芽前喷洒波美密度为3～4度的石硫合剂；生长季节发病时可喷洒80%代森锌可湿性粉剂500倍稀释液，或70%甲基托布津1000倍稀释液，或20%粉锈宁（即三唑酮）乳油1500倍稀释液，以及50%多菌灵可湿性粉剂800倍稀释液。

（2）褐斑病防治：发病初期，可喷洒50%多菌灵可湿性粉剂500倍稀释液，或65%代森锌可湿性粉剂1000倍稀释液，或75%百菌清可湿性粉剂800倍稀释液。

（3）紫薇绒蚧防治：对发生严重的地区，除加强冬季修剪与养护外，可在早春萌芽前喷洒波美密度3～5度的石硫合剂，杀死越冬若虫。苗木生长季节，要抓住若虫孵化期用药，可喷洒40%速蚧克（即速扑杀）乳油1500倍稀释液，或48%毒死蜱乳油（乐斯本）1200倍稀释液，或40%氧化乐果乳油1000倍稀释液，或50%杀螟松乳油800倍稀释液等。

（4）紫薇长斑蚜防治：可以喷洒10%蚜虱净可湿性粉剂1500倍稀释液，或50%杀螟松乳油1000倍稀释液、40%氧化乐果乳油1000倍稀释液以及80%敌敌畏乳油1000倍稀释液等，同时可以起到兼治紫薇绒蚧等害虫的功效。

（5）黄刺蛾防治：化学防治最好能在幼虫扩散前用药。可喷洒80%敌敌畏乳油1000倍稀释液，或50%辛硫磷乳油1000倍稀释液，或2.5%溴氰菊酯乳油4000倍稀释液。

（6）星天牛防治：在卵期或幼虫孵化初期，可喷洒40%久效磷乳油2000倍稀释液，或50%磷胺乳剂2000倍稀释液等具有内吸性的药剂。8月中下旬，在幼虫开始蛀干深入木质部时，可用细铁丝钩从通气排粪孔掏出粪屑后，将蘸有80%敌敌畏乳油或40%氧化乐果乳油10～30倍稀释液的棉球塞入洞内毒杀幼虫；直接从孔道注入50%杀螟松乳油或50%敌敌畏乳油200倍稀释液也可，但需用黄泥封闭洞口。

11.　垂丝海棠（*Malus halliana*（Voes）Koehne）

科属：蔷薇科苹果属落叶小乔木。

生态习性：性喜光，喜温暖湿润的环境，不耐寒，宜栽于背风向阳处；适生于排水良好、

土层深厚、肥沃的沙壤土中。

栽培抚育措施:垂丝海棠喜肥亦耐贫瘠,种植时放些骨粉或腐熟有机肥料作基肥,花前、花后、落叶时,各施一次氮、磷、钾复合肥,以利开花、结果、越冬。垂丝海棠喜阳,不耐阴,应种植在阳光地带,过阴会使枝叶徒长、花少甚至无花可赏。它稍耐寒,在冬季最低 -5℃左右的条件下可安全越冬。垂丝海棠落叶时要进行一次修剪,将过高、过长枝缩剪,促其多发侧枝多开花,以保持一定的植株高度和美观的树形。

(1)适当修剪。早春萌发前及时修剪病虫枝条、枯枝及过密的枝条;对老龄植株进行老枝更新,具体做法是:将小枝不多的大枝锯去上端,萌发新枝后,再将细弱枝剪去。

(2)及时摘果。花谢后应及时摘去幼果,节约养分,有利于来年增加开花数目。

(3)浇水施肥。每年秋季挖沟施入腐熟的有机肥料。

主要病虫害防治:

(1)角蜡蚧防治:①结合修剪,剪去有虫枝并集中烧毁,减少越冬基数。②用竹片刮除或用麻袋片抹除虫体。③若虫期用25%亚胺硫磷乳油1000倍稀释液,或49%氧化乐果乳油1000倍稀释液,或80%敌敌畏乳油1000倍稀释液喷雾防治,7d一次。

(2)苹果蚜防治:①在植株发芽前喷洒波美密度为5度的石硫合剂,杀灭越冬卵。②在蚜虫危害期,喷50%对硫磷乳油2000倍稀释液,或50%西维因可湿性粉剂800倍稀释液防治。

(3)红蜘蛛防治:①冬季认真找出杂草及病株、病叶,予以烧毁。②用由6%三氯杀螨砜加6%三氯杀螨醇混合制成的可湿性粉剂300倍稀释液喷杀。

12. 黄山栾树(*Koelreuteria integrifolia* Merr.)

科属:无患子科栾树属落叶乔木。

生态习性:黄山栾树适应性较强,喜光,稍耐半阴,耐寒,耐干旱、瘠薄;喜生于石灰质土壤,也耐盐渍性土壤,并能耐短期水涝;萌芽能力强,生长速度较快,抗风能力及抗烟尘能力较强。

栽培抚育措施:秋季苗木落叶后即可掘起入沟假植,翌年春季分栽。由于栾树树干不易长直,栽后可采用平茬养干的方法使树干长直。苗木在苗圃中一般要经过2~3次移植,每次移植时适当剪短主根及粗侧根,这样可以促进多发须根,出圃定植后容易成活。栽后管理工作较为简单。树冠具有自然整枝性能,不必多加修剪,任其自然生长,仅需秋后将枯、病枝及干枯果穗剪除即可。

主要病虫害防治:

(1)大衰蛾的防治:幼虫期用90%敌百虫800~1000倍稀释液,或80%敌敌畏1000~1500倍稀释液,或辛硫磷1000倍稀释液喷治。

(2)刺蛾的防治:幼虫期以敌百虫1000~1500倍稀释液,或80%敌敌畏1000~1500倍稀释液喷雾,或"上药一种"1500~2000倍稀释液加杀螟杆菌1kg和0.1%皂粉喷雾。

(3)天牛的防治:幼虫已蛀入树干,可用敌敌畏或杀螟松1份加轻柴油0.5份,棉团蘸塞虫孔,湿泥封口。

13. 无患子(*Sapindus mukurossi* Gaertn)

科属:无患子科无患子属落叶乔木。

生态习性:喜光,稍耐阴,喜温暖湿润气候,耐寒性不强;对土壤要求不严,在酸性、中性、微碱性及钙质土上均不能生长,而以土层深厚、肥沃而排水良好的土地生长最好;深根性、抗风力强,萌芽力弱,不耐修剪,对二氧化硫抗性强。

栽培抚育措施:施足基肥,自秋季苗木落叶至翌年春季萌芽前,挑选树形好、长势旺盛、无病虫害的一年生苗木进行定植。起苗及定植时,应保护好顶芽及根系,并尽量多带宿土。定植后,做好常规的田间管理。定植后,如有侧枝萌发要及早抹除,以利培养通直的主干。修剪时,要特别注意顶端一层侧枝的修剪,确保中心主干顶端延长枝占绝对优势,削弱并疏除与其同时生出的一轮分枝。采用自然式树冠可促进枝繁叶茂,要特别注意保护顶芽,切忌碰伤。除密生枝和病虫枝要及时修剪外,其余应任其生长。移栽时小苗留宿土,大苗带泥球。

主要病虫害防治:星天牛危害树干;红蜡蚧危害枝梢;刺蛾、大衰蛾、斑翅蛾危害叶片。

14. 玉兰(*Magnolia denudata* Desr.)

科属:木兰科木兰属落叶小乔木。

生态习性:性喜温暖湿润的环境。对温度很敏感,南北花期可相差4~5个月之久,即使在同一地区,每年花期早晚变化也很大。对低温有一定的抵抗力,能在-20℃条件下安全越冬。玉兰为肉质根,故不耐积水,低洼地与地下水位高的地区都不宜种植,根际积水易落叶,或根部窒息致死。肉根根系损伤后,愈合期较长,故移植时应尽量多带土球。最宜在酸性、富含腐殖质而排水良好的地域生长,微碱土也可。

栽培抚育措施:

(1)移栽:移栽时不伤根系,大苗栽植要带土球,挖大穴,深施肥,适当深栽可抑制萌蘖,有利生长。移植时间以萌动前,或花刚谢、展叶前为好。

(2)施肥:除重视基肥外,酸性土壤应适当多施磷肥。花前与花后的追肥特别重要,前者促使鲜花怒放,后者有利于孕蕾,追肥时期为2月下旬与5月。

(3)水分管理:夏季是玉兰的生长季节,高温与干旱不仅影响营养生长,并能导致花蕾萎缩与脱落,影响来年开花,故灌溉保墒应予重视,应保持土壤经常湿润。

(4)整枝修剪:修剪期应选在开花后及大量萌芽前。应剪去病枯枝、过密枝、冗枝、并列枝与徒长枝,平时应随时去除萌蘖。剪枝时,短于15cm的中等枝和短枝一般不剪,长枝剪短至12~15cm,剪口要平滑、微倾,剪口距芽应小于5mm。由于玉兰的枝干愈合能力较差,故除十分必要外,多不进行修剪。

主要病虫害防治:苗期应防立枯病、根腐病及蛴螬等地下害虫,茎干有天牛危害,盛夏时要防红蜘蛛。

15. 大叶女贞(*Ligustrum lucidum* Ait.)

科属:木犀科女贞属常绿乔木。

生态习性:喜光,喜温暖,稍耐阴,但不耐寒冷;在微酸性土壤中生长迅速,在中性、微碱性土壤中也能生长;萌芽力强,适应范围广。

栽培抚育措施:大叶女贞一年四季均可栽植,春、秋、冬季栽植时要带土球,土球直径一般为树干直径的8倍左右,栽植时挖穴状坑,坑穴规格为树干直径的10倍左右,栽植后封土高度以低于树坑沿5~10cm为宜,栽植后及时进行疏枝、疏叶,保留原来树冠的2/3即可。

春季栽植也可裸根，但苗木的缓苗期长些。夏季栽植时要带大土球，保持土球完整，不伤根系，栽植后及时进行疏枝、疏叶，以保留原来树冠的1/2为宜，栽植后封土高度以低于树坑沿5~10cm为宜。栽植后要浇两次大水，第一次是栽植后立即浇水，做到浇实浇透，确保土球与土壤紧密结合；3~5d后浇第二次水，然后围树干基部封土堆，高20~30cm，踏实，保证大风时不形成空洞；以后每年早春浇两次水，在越冬前浇一次封冻水。

施肥时间应在翌年春季3月下旬，施肥时把封土扒开，在距树干50cm外挖环状沟，然后施入农家肥。成活后，每年5~6月可再浇水施肥两次，每次施入50~100g的磷酸二氢钾或尿素。

主要病虫害防治：在5~6月，用50%马拉硫磷600倍稀释液或乐果乳油1000倍稀释液防治蚧壳虫。

16. 枫香（*Liquidambar formosana* Hance.）

科属：金缕梅科枫香属落叶乔木。

生态习性：喜阳性树种，喜温暖湿润气候及深厚湿润的酸性或中性土壤，耐干旱瘠薄，不耐长期水湿，耐火烧。深根性，主根粗长，抗风力强，萌芽力强。幼年长势慢，壮年后生长快。

栽培抚育措施：12月下旬苗木落叶后至次年2月中旬放叶前均可进行移栽，移栽大苗需采用预先断根措施，促发须根，否则不易成活。栽植时应带土球。栽植当年抚育两次，最好施肥一次，以农家肥为主。第2年和第3年每年抚育1~2次，第4年如尚未郁闭，继续抚育一次。除草松土不可损伤植株和根系。下雨时，要及时排除积水，防止苗木烂根；天气持续干旱时，苗地要浇水，及时补充苗木生长所需的水分。

主要病虫害防治：

（1）苗木茎腐病防治：该病一般在雨季后发生。要加强培育管理，排除积水；高温干旱期进行行间铺草及灌水抗旱，以降低地温；及时清除病苗。

（2）枫蚕、栎黄枯叶蛾和金龟子等的防治：成虫危害叶片，可于6~7月摘除茧蛹，幼虫群集期间用90%敌百虫或马拉松800倍稀释液喷杀。金龟子成虫可用敌百虫或马拉松的500倍稀释液喷杀。

17. 羽毛枫（*Acer palmatum* Thunb. var. dissectum（Thunb.）Maxim.）

科属：槭树科槭树属落叶小乔木。

生态习性：喜欢温暖湿润、气候凉爽的环境，喜光但怕烈日，属中性偏阴树种，夏季遇干热风吹袭会造成叶缘枯卷，高温日灼还会损伤树皮。羽毛枫虽喜温暖，但还是比较耐寒的。

栽培抚育措施：移植大苗时必须带土。其秋叶红者，夏季要予以充分光照，并施肥浇水，入秋后以干燥为宜。如肥料不足，秋季经霜后，追施1~2次氮肥，并适当修剪整形，可促使萌发新叶。

主要病虫害防治：主要有刺蛾、大衰蛾、茶衰蛾、双尾舟蛾等危害叶片，星天牛危害树干。刺蛾的防治措施是：灯光诱杀成虫；幼虫期以敌百虫1000~1500倍稀释液，或80%敌敌畏1000~1500倍稀释液喷雾，或"上药一种"1500~2000倍稀释液加杀螟杆菌1kg和0.1%皂粉喷雾。

18. 二球悬铃木 (*Platanus acerifolia* Willd.)

科属：悬铃木科悬铃木属落叶乔木。

生态习性：喜光，喜湿润温暖气候，较耐寒；适生于微酸性或中性、排水良好的土壤，微碱性土壤虽能生长，但易发生黄化；根系分布较浅，台风时易受害而倒斜；抗空气污染能力较强，叶片具吸收有毒气体和滞积灰尘的作用。

栽培抚育措施：有部分折损、残断者，应将损伤部位剪掉，注意剪口平滑，才能尽快愈伤重发新根。侧枝过多的也要将下部剪去一些，但不可过多。苗到达移栽地后应立即栽植，不可久放在阳光下或风吹到的地方，避免根系失水而降低成活率。

栽植不可过浅或过深，比原深度稍深不超过 3cm 为好。栽植坑应使根系全部舒展开，不要使根弯曲。填土应先填挖出的表土，填一层后用手往上轻提一下使根须理顺后踩踏，踩时先用力将坑沿踩紧后再踩根颈下部。一定要踩实，然后再填下层土，再踩踏，直至填完并都踩紧。栽完一批后立即浇水，第一遍水和第二遍水间隔 5～7d，都要浇透，以后约 10d 后浇第三遍水，也要浇透。三遍水后地面见干要松土保墒，以后应视天气情况浇水。苗木发芽后需水量增加，切不可认为发芽了就不再浇水。

苗圃施肥应在秋季整地时结合施用。有机肥料应充分腐熟至无较浓臭气，不能用鲜粪（牛粪为冷性肥，鲜粪危害较轻）；化肥一定要控制施用量，并须与浇水配合。春季栽苗最好不立即施肥，应待发芽生长至夏至后再用，这时温度高，树木生长旺盛而消耗大，需要分化形成越冬芽。新栽苗一般不施肥，因为根部多有伤口，很易受害。

主要病虫害防治：在天牛产卵较集中的枝干上，在卵初孵期和幼龄期用氧化乐果、敌敌畏或杀螟松 1 份加 5 号轻柴油 1 份，掺匀后再加水 500 倍稀释喷洒产卵部位。

19. 黄连木 (*Pistacia chinesis* Bunge)

科属：漆树科黄连木属落叶乔木。

生态习性：喜光，幼时稍耐阴；喜温暖，畏严寒；耐干旱瘠薄，对土壤要求不严，微酸性、中性和微碱性的沙质、黏质土均能适应，而以在肥沃、湿润而排水良好的石灰岩山地生长最好；深根性，主根发达，抗风力强；萌芽力强；生长较慢，寿命可长达 300 年以上；对二氧化硫、氯化氢和煤烟的抗性较强。

栽培抚育措施：采用 1～2 年生苗木，春季或秋季栽植。整地方式可根据立地条件的不同分别选用水平阶、鱼鳞坑或穴状整地。在寒冷多风地区，为防止风干与冻害，宜采用截干。在栽培时需适当修剪去部分枝条，这样可有较高的成活率。新种植的树，当年要做好松土、除草、灌溉、施肥等养护工作，使移植时损伤的根系和枝条尽快得到恢复。

主要病虫害防治：主要害虫有木橑尺蠖、缀叶丛螟等。防治方法：幼虫期喷洒敌百虫或敌敌畏等药剂。

20. 珊瑚朴 (*Celtis julianae* Schneid)

科属：榆科朴树属落叶乔木。

生态习性：喜阳性树种，喜光，略耐阴；适应性强，不择土壤，耐寒、耐旱、耐水湿和瘠薄；深根性，抗风力强；抗污染力强；生长速度中等，寿命长。

栽培抚育措施：当年苗平均高达 1.5m，翌年移栽培养，移栽时要带土球，一年后平均高可达 3m。养分肥料不足，会使珊瑚朴叶片发黄而少光泽。肥料过多，会引起枝叶徒长，叶片肥大,影响树形,故宜控制施肥。每年春夏季施 2~3 次稀薄有机肥料,入冬前施一次基肥即可。肥料以氮、钾肥为主。珊瑚朴根系发达,稳定性强,不易被大风刮倒,但也要做好防护措施。珊瑚朴的优点是移栽容易,成活率高,适应性强。

21. 丁香(*Syringa oblata* Lindl.)

科属:木犀科丁香属落叶灌木或小乔木。

生态习性:丁香属植物为温带树种,具有喜温暖、湿润及阳光充足的特性,又具有耐寒、耐旱、耐土壤瘠薄的特点。

栽培抚育措施:栽植时期一般应在早春萌动前,处于休眠状态时,进行深根移栽成活率高。生长期移栽须带土球移植,成活率才能较高。

在丁香生长旺季和开花盛期,要特别注意及时浇水,以补充植株对水分的大量需求。进入雨季后就要停止人工灌溉,而且更应注意排水防涝。一般不施肥或施少量的肥,切忌施肥过多。特别是氮肥不宜多施,否则引起徒长,影响开花。开花后适当施磷肥、钾肥,有利于新花芽的分化和种子的成熟。

最好在早春树液流动前或刚开始流动时,即花芽或叶芽刚开始膨大时进行修剪。若要截干更新,则以落叶后进行为宜。首先剪除枯枝、过密枝、细弱枝、病枝,再根据生长情况进行修剪。

主要病虫害防治:

(1)褐斑病防治:可在发病初期用 1∶1∶100 的波尔多液或 50% 的可湿性甲基托布津 1000 倍稀释液喷洒。

(2)蚜虫、袋蛾及刺蛾防治:可用 40% 的乐果乳剂 800~1000 倍稀释液或 25% 的亚胺硫磷乳剂 1000 倍稀释液喷洒。

22. 紫荆(*Cercis chinensis* Bunge.)

科属:苏木科紫荆属落叶灌木或小乔木。

生态习性:喜光,有一定的耐寒性;喜肥沃、排水良好的土壤,不耐淹;萌蘖性强,耐修剪。

栽培抚育措施:于萌芽前、秋落叶后栽培于背风、向阳、排水良好处,根较韧且不很发达,多长根,因此起苗时要注意保护好根系。新植当春多浇水,活后管理可粗放点,一般 5~7 月浇 2~3 次水即可,忌涝。可任其自然生长。春萌芽前可适当修剪,对 2 年生枝尽量保留。花后剪去部分老枝,以促花芽分化。需要进行修剪,每年更新部分老枝。在花后将枝条轻度修剪,调整树形。

主要病虫害防治:

(1)紫荆角斑病防治:① 秋季清除病落叶,集中烧毁,减少侵染源。② 发病时可喷50% 多菌灵可湿性粉剂 700~1000 倍稀释液,或 70% 代森锰锌可湿性粉剂 800~1000 倍稀释液,或 80% 代森锌 500 倍稀释液。10d 喷 1 次,连喷 3~4 次有较好的防治效果。

(2)紫荆枯萎病防治:用 50% 福美双可湿性粉剂 200 倍稀释液,或用 50% 多菌灵可湿性粉剂 400 倍稀释液,或用抗霉菌素 120 水剂(100ppm)药液灌根。

(3)紫荆叶枯病防治:展叶后用 50% 多菌灵 800~1000 倍稀释液,或 50% 甲基托布津 500~1000 倍稀释液喷雾,10~15d 喷一次,连喷 2~3 次。

（4）大蓑蛾防治：6月下旬至7月，在幼虫孵化危害初期喷敌百虫800～1200倍稀释液。

（5）褐边绿刺蛾防治：幼虫发生早期，以敌敌畏、敌百虫、杀螟松、甲胺磷等杀虫剂1000倍稀释液喷杀。

23. 山茶（*Camellia japonica* L.）

科属：山茶科山茶属常绿灌木或小乔木。

生态习性：喜半阴，忌烈日。喜温暖气候，生长适温为18℃～25℃，始花温度为2℃。略耐寒，一般品种能耐－10℃的低温，耐暑热，但超过36℃生长受抑制。喜空气湿度大，忌干燥，宜在年降水量1200mm以上的地区生长。喜肥沃、疏松的微酸性土壤，pH以5.5～6.5为佳。一年有2次枝梢抽生，第一次为春梢，于3～4月开始，夏梢7～9月抽生。花期长，多数品种为1～2个月，单朵花期一般为7～15d。

栽培抚育措施：首先要选择在适合其生态要求的地段种植。种植时间以秋植较春植好。施肥要掌握好三个关键时期：2～3月施肥，起到促进春梢和起花后补肥的作用；6月间施肥，以促进二次枝生长，提高抗旱力；10～11月施肥，使新根慢慢吸收肥料，提高植株抗寒力，为明年春梢生长打下良好基础。山茶不宜大强度修剪，只要删除病虫枝、过密枝和弱枝即可。为防止因开花消耗营养过大和使花朵大而鲜艳，故须及时疏蕾，保持每枝1～2个花蕾为宜。

主要病虫害防治：

（1）山茶斑点病防治：摘除病叶，并喷洒75%百菌清600倍稀释液或0.15%高锰酸钾溶液。

（2）山茶灰霉病防治：发病初期，喷50%速克灵可湿性粉剂1500倍稀释液或50%扑海因1500倍稀释液。

（3）茶黄毒蛾防治：幼虫群集时，可摘除虫叶。摘时不要触及毒毛。幼虫发生初期，用90%敌百虫、50%马拉硫磷乳油、25%亚胺硫磷乳油、50%杀螟松乳油中任一种杀虫剂的1000倍稀释液，或80%敌敌畏乳油2000倍稀释液，或2.5%溴氰菊酯乳油3000倍稀释液喷雾防治。

（4）茶细蛾防治：人工捕杀三角苞内的幼虫。在幼虫孵化初期喷洒80%敌敌畏乳油、50%杀螟松乳油、50%辛硫磷乳油中的任一种杀虫剂的1000倍稀释液，或10%二氯醚菊酯乳油6000～8000倍稀释液。

附 录 2 苗圃生产经营计划案例分析 (江西某苗圃生产经营方案)

1 ××苗圃基地基本情况

1.1 苗圃立地条件

(1) 当地气候和苗圃小气候。

鄱阳县位于江西上饶境内,东北依山,西南濒湖,自东北向西南倾斜,依次形成低山、丘陵、湖区、平原。鄱阳县属中亚热带湿润型气候,气候温和,雨量丰沛,日照充足,四季分明,非常适合苗木生长。全年平均气温17.6℃,全年平均日照时数达2000h以上,日照百分率为40%以上,年降水量1600mm左右,无霜期达275d。年极端最低温度−13.3℃,年极端最高温度39.6℃,出现冻害概率较小(表1)。

从年降雨分布来看,春夏雨水充沛,秋冬降雨较少,自3月开始到6月雨水明显增多,适合在春季种植苗木。经现场调查当地林业和苗圃单位,其多在春季种苗,甚至种后不浇水。进入8月仲夏后,降水明显减少,但天气炎热易干旱,要注意防火和抗旱保水(表1)。

表1 鄱阳历史气候情况

	1月	2月	3月	4月	5月	6月	7月	8月	9月	10月	11月	12月
平均温度/℃	5.2	7.0	11.0	17.2	22.2	25.6	29.2	28.9	24.6	19.3	13.1	7.6
平均最高温度/℃	9.0	10.8	14.8	21.3	26.3	29.3	33.1	33.1	29.0	24.0	17.8	12.0
极端最高温度/℃	23.7	27.6	31.4	32.3	34.8	36.6	39.6	39.3	38.7	34.7	30.1	25.5
平均最低温度/℃	2.4	4.2	8.1	14.0	18.9	22.6	25.9	25.5	21.3	15.7	9.5	4.2
极端最低温度/℃	−7.1	−8.0	−0.7	3.1	9.7	14.5	19.0	19.8	13.5	3.6	−2.1	−13.3
平均降水量/mm	77.1	113.8	185.5	237.4	235.7	288.3	162.4	131.8	71.5	68.2	57.8	42.6
降水天数	13.5	13.4	18.1	17.4	16.0	15.4	10.3	9.3	8.4	8.4	7.7	8.0
平均风速/(m/s)	2.8	2.8	2.7	2.6	2.6	2.5	2.7	2.7	2.8	2.9	2.8	2.7

苗圃地貌为群山间的低丘陵地,海拔高度在100m左右,相对高差在50m以下,大部分坡度在15°以下,具有较好的小气候。

(2) 苗圃土壤。

① 经简易试纸检测,苗圃内山地pH为5~6,旱地pH在6~7。

② 苗圃土层厚度:经每块地实地挖洞勘察,土层深厚适合种植大乔木的林地面积约在60%;约20%面积土层厚度在40cm以上,80cm以下,仅适合发展小乔木或花灌木;约20%

的面积土层较薄,在40cm以下,主要分布在山脊上,需深翻改良。

③苗圃土壤质地和肥力:土壤种类为红壤,土壤质地为轻沙壤土,可带土球;土壤石砾含量极少,土质疏松,肥力一般。

(3)水源和电力设施。

苗圃内有一个水库和三个水塘,总面积在200～300亩,灌溉泵房3座。水库属于当地政府,要优先保障农民水稻地农业灌溉用水。临近鄱阳湖的湖汊,苗圃内容易打井。尽管水源丰富,但缺乏灌溉设施,还需要建设机井和水池等。林地内架有电网和变压器。

(4)交通区位。

该地距高速24km,到南昌180km,距离武汉430km,距离长沙430km,距离合肥340km,苗圃目标市场可辐射中部城市群。

(5)道路、沟渠等基础设施。

有水泥公路至林地;林地内规划修建"井"字形林道,林道面宽4.5m,沙砾生产路39km。可通行9.6m货车到林地主干道,其余地块可通行小卡车或农用车辆。林道两边修有标准砼沟渠29.7km,除地块需要增加苗床沟渠外,道路沟渠设施基本完备。

(6)办公生活条件。

距离苗圃500m有村落,距枧田街乡政府驻地约2.5km,距浮梁县城区约32km。通信和网络已到村。可就近租赁民房作基地生活办公用。

1.2 苗圃植被现状

林地除去道路和沟渠,未造林的林地可净利用的面积有1206.9亩,多年种植红薯、花生等农作物。

2 苗圃市场定位分析

2.1 苗圃目标区域市场分析

由于苗木的特殊性,为避免日晒和高温造成苗木二次损伤,减少白天超限检查带来的麻烦,一般要求晚上发车,早上能到,即在途运输时间不超过10h。

江西××苗圃主要辐射范围为华中和部分华东地区。在现有交通情况下,苗圃到主要城市距离和预计时间(以卡车计算)如表2所示。

表2 基地到主要城市距离

	目标城市	距离/km	预计时间/h
1	南昌	180	约2.5
2	合肥	340	约6
3	杭州	370	约6
4	武汉	430	约7
5	南京	430	约7
6	长沙	430	约7
7	上海	556	约10

从表2可以看出:产品主要目标市场是南昌和武汉为主的华中地区,合肥、杭州、南京由

于距离稍远且竞争激烈,只能作补充。

2.2 苗圃经营策略

（1）未来成品苗木终端市场区域瞄准中部地区,即以南昌、武汉、长沙为代表的中部城市群。以市政需求为主,应选择低生产成本、中等苗木品质策略,选择种植市场用量大,且低养护的常规乡土树种。

（2）现阶段对××苗圃低成本投入,将现有空地中 611 亩生产条件好的地块作为种苗基地（每 3 年出圃一次,每次出圃 66 万株胸径 3cm 苗木,可移栽 6000 亩）,剩下的 545.9 亩直接定植 3cm 中规格苗木。当前市场环境下,中规格苗木不仅采购价格高,而且难以批量采购到标准统一的高质量苗木。

3 产品设计

3.1 选择品种依据

（1）适应目标市场,且市场容量大。

××园林开展的华中苗木骨干树种调查结果如表 3 所示。

表 3 华中苗木骨干树种调查结果

苗木名称	重要值	常用规格		
		规格 1	规格 2	规格 3
桂花	66.7%	Φ15～18cm	Φ20～22cm	Φ25～28cm
广玉兰	55.5%	Φ15～18cm	Φ20～25cm	Φ28～30cm
杨梅	55.5%	Φ15～18cm	Φ20～22cm	Φ22～25cm
香樟	55.5%	Φ15～18cm	Φ20～22cm	Φ28～30cm
紫薇	50.0%	H2～3m	H3～5m	Φ6～10cm
白玉兰	50.0%	Φ16～18cm	Φ20～22cm	Φ22～25cm
银杏	44.4%	Φ15～18cm	Φ20～22cm	Φ25～28cm
红叶李	44.4%	Φ15～18cm	Φ18～20cm	Φ22～25cm
黄连木	44.4%	Φ20～22cm	Φ28～30cm	Φ16～18cm
乐昌含笑	38.9%	Φ10～12cm	Φ15～18cm	Φ20～22cm
红枫	38.9%	Φ6～8cm	Φ12～15cm	H3～4m
紫玉兰	38.9%	Φ12～15cm	Φ18～20cm	Φ15～18cm
石榴	38.9%	Φ15～18cm	Φ18～20cm	H3～4m
红继木	38.9%	P1.5～2m	P2～3m	P3～4m
朴树	33.3%	Φ26～28cm	Φ30～32cm	Φ22～25cm
栾树	33.3%	Φ15～18cm	Φ22～25cm	Φ28～30cm
樱花	33.3%	Φ10～12cm	Φ13～15cm	H2～3m
石楠	33.3%	Φ12～15cm	Φ15～18cm	Φ18～20cm

苗木名称	重要值	常用规格		
		规格1	规格2	规格3
无患子	27.8%	Φ18~20cm	Φ20~22m	Φ22~25cm
垂丝海棠	22.2%	H2~3m	H1.5~2m	Φ7~9cm
大叶女贞	22.2%	Φ12~15m	Φ18~20cm	Φ22~25cm
金合欢	22.2%	Φ13~15cm	Φ15~18cm	H3~4m
香柚	22.2%	Φ18~20cm	Φ22~25m	Φ28~30cm
白蜡	22.2%	Φ15~18cm	Φ20~22cm	Φ28~30cm
红果冬青	22.2%	Φ20~22cm	Φ22~25m	Φ28~30cm
蜡梅	22.2%	H2~3m	H3~4m	Φ6~8cm
枇杷	22.2%	Φ12~15cm	Φ15~18cm	Φ18~20cm

主要目标市场之一的江西南昌主要应用乔木灌木品种及规格如表4所示。

表4　江西南昌主要应用乔木灌木品种及规格

排名	乔木	主要规格(Φ)	频度/%	灌木	频度/%
1	樟树	9~33cm	61	红继木	24.6
2	柚子树	12~15cm	4.8	山茶	11.5
3	杨梅	8~17cm	3.6	金叶女贞	10.1
4	广玉兰	6~16cm	3.2	杜鹃	9.1
5	桂花	12cm	2.7	紫薇	6.8
6	女贞	9~23cm	2.4	苏铁	6.0
7	乐昌含笑	12~17cm	2.1	四季桂	4.7
8	杜英	9~16cm	1.6	海桐	4.8
9	银杏	15~38cm	1.2	红枫	3.9
10	重阳木	16~33cm	1	火棘	2.4

＊本资料来源于南昌城市森林课题组调查结果。

主要目标市场之二的湖北武汉市场主要乔灌木品种:按照当地园林资源调查,排名前15名的树种有樟树、法桐、栾树、池杉、广玉兰、意杨、桂花、女贞、水杉、楸树、银杏、垂柳、枫香、重阳木、石楠。

(2)适宜当地生长,最好有生产优势。

①生产限制因素。在当前鄱阳苗圃的特殊立地条件下应选择以下树种:

a.除部分旱地外,主要品种要选择喜酸或耐酸性树种。

b.部分土层薄的山地要种浅根性树种。

c. 部分难浇水的地块可种植耐旱、耐瘠薄、低养护树种,部分临近水库的平地种植耐水湿树种。

d. 山地面积大,旱季易引起火灾,要选择部分耐火树种,适合江西且耐火较强绿化苗木品种有:乐昌含笑、樟树、女贞、醉香含笑、海桐、杜英、白玉兰、杨梅等。

e. 大部分苗木在山地相对于平原耕地生长速度稍慢,考虑到投资期,要种植部分速生树种如栾树等,树种内选择速生品种如速生桂花、速生紫薇、速生樱花。

② 自身优势。该苗圃最大的优势在于土地价格便宜,光热水资源较好,可以选择需要较大生长面积的乔木品种。

③ 经济效益好,便于集约管理,适合企业投资。部分品种规格和当前市场价格如表5所示。

表5 部分品种规格和当前市场价格

品种	苗木规格/cm	各规格当前市场单价/元
香樟	Φ3 – 5 – 8 – 10 – 12 – 15 – 18 – 20	20 – 60 – 90 – 180 – 300 – 700 – 1250 – 1800
桂花	P80 – 100 – 120 – 150 – 180 – 200 – 250 – 300	75 – 100 – 135 – 160 – 260 – 350 – 650 – 950
红叶石楠	单干 Φ3 – 5 – 8 – 10 – 12 – 15	22 – 75 – 350 – 650 – 1250 – 2600
	球 P25 – 50 – 80 – 100 – 120 – 150 – 200	0.7 – 5.5 – 25 – 35 – 50 – 90 – 190
丛生紫薇	H200P230 – H300P300	200 – 450
紫薇	D3 – 4 – 5 – 6 – 7 – 8 – 9 – 10	25 – 46 – 80 – 170 – 350 – 800 – 1600 – 2400
樱花	D3 – 4 – 5 – 6 – 7 – 8 – 10 – 12	25 – 40 – 75 – 90 – 180 – 380 – 750 – 1250
栾树	Φ3 – 5 – 8 – 10 – 12 – 15 – 18	25 – 70 – 180 – 350 – 700 – 1200 – 1800
紫玉兰	Φ3 – 4 – 5 – 6 – 8 – 10 – 12 – 15	28 – 45 – 65 – 110 – 280 – 420 – 600 – 1200
无患子	Φ3 – 5 – 8 – 10 – 12 – 15 – 18	35 – 140 – 450 – 700 – 1200 – 2500 – 5500
柚子树	Φ3 – 5 – 8 – 10 – 12 – 15 – 18	120 – 400 – 1000 – 1400 – 1800 – 2200 – 3600
杨梅	P150 – 200 – 250 – 300 – 350 – 400	280 – 400 – 650 – 1000 – 1800 – 2800
垂丝海棠	D2 – 3 – 4 – 5 – 6 – 7 – 9 – 10	35 – 65 – 110 – 180 – 320 – 550 – 1100 – 1600
杜英	Φ3 – 5 – 8 – 10 – 12 – 15 – 18	25 – 50 – 105 – 240 – 390 – 550 – 1300
三角枫	Φ3 – 5 – 6 – 8 – 10 – 12 – 15	45 – 120 – 240 – 500 – 900 – 1600 – 3500
朴树	Φ3 – 5 – 8 – 10 – 12 – 15 – 18	25 – 70 – 200 – 320 – 550 – 1300 – 2800
榉树	Φ3 – 5 – 8 – 10 – 12 – 15 – 18	30 – 90 – 380 – 650 – 1300 – 3700 – 6400
鸡爪槭	D3 – 5 – 6 – 8 – 10 – 12 – 15	55 – 160 – 280 – 750 – 1800 – 3200 – 6000

④ 可多种经营,便于降低投资风险。可配合乡村旅游,如观花观叶类的樱花、玉兰、红枫、紫薇、海棠等;可兼作用材林,如榉树、香樟;可兼作经济果林,如杨梅、香泡等。

3.2 拟选择的品种及特性

拟选择的品种及习性如表6所示。

常绿乔灌木:香樟、柚子树、桂花、杨梅、红叶石楠、杜英。

落叶乔灌木:紫薇、樱花、紫玉兰、无患子、垂丝海棠、鸡爪槭、三角枫、朴树、榉树、紫叶李。

表6　品种及习性

品种	品种特性
香樟	喜湿润,稍耐水湿;不耐干旱;移栽苗不耐水湿;不耐瘠薄和盐碱土,适合中酸性黏质土壤;深根性,主侧根均发达,喜温暖,幼年耐阴,壮年强阳,耐寒差;可作防火树种
桂花	喜湿润气候,幼苗和花期需水多;不耐旱,不耐涝;喜肥沃酸性土壤,土壤排水好,耐轻盐碱;不耐贫瘠;不耐黏土,喜温暖,不耐寒;强光和荫蔽均不利于生长;喜通风良好;实生苗有主根,其他无,根系发达
红叶石楠	耐旱不耐涝,喜湿润气候;耐瘠薄,耐酸碱土壤;喜光,稍耐阴,喜温暖;耐寒性强,能耐最低温度−18℃;主根不明显,根系发达,易移栽
紫薇	耐旱,怕涝,喜水肥,好石灰性壤土;带土移栽;喜光耐阴,喜温暖,稍耐寒
樱花	樱花为温带、亚热带树种,性喜阳光和温暖湿润的气候条件,有一定抗寒能力;对土壤的要求不严,宜在疏松肥沃、排水良好的砂质壤土生长,但不耐盐碱土;根系较浅,忌积水低洼地;有一定的耐寒和耐旱力,但对烟及风抗力弱,因此不宜种植在有台风的沿海地带
栾树	耐干旱,耐短期涝;移栽苗不耐水湿;耐瘠薄,耐轻盐碱;深根;对土壤要求不严;易日灼;耐寒一般,喜温暖阳性树种,耐半阴
紫玉兰	喜湿又怕涝,不耐干旱,干旱也能生长;不耐气候干燥;喜酸性土,不喜黏土,不耐瘠薄,不耐盐碱;移栽带土球;喜阳不耐阴,较耐寒
无患子	喜湿润,不耐涝,耐旱;对土壤要求不严;过黏土不适合,喜干燥沙壤土;带土移栽;深根;喜温暖,耐寒性不强;喜光,稍耐阴,易日灼
柚子树	喜湿润,喜水肥,忌干旱,忌涝;喜沙壤土,排水不良的黏壤土不适合;酸碱度5.3~7.5;主侧根发达;喜光,喜温暖,不喜高温,不耐寒
杨梅	喜潮湿,不耐旱,不耐涝;耐瘠薄,砂质红黄壤酸碱度4~6.5;有根瘤,耐移栽;肉质根系浅;不耐高温,喜阴,不耐烈日直射
垂丝海棠	喜湿润,耐涝,耐旱;对土壤要求不严,以疏松肥沃排水好、略黏性的土壤为好;喜阳不耐阴,不耐寒,喜温暖
杜英	喜潮湿,不耐涝,不耐旱;喜排水好、湿润肥沃酸性红黄壤;喜温暖,耐寒差
三角枫	稍耐水湿,喜温暖湿润;耐旱;喜中性、酸性土壤;能耐石灰性土壤;根系发达,带土移栽;弱阳性,稍耐阴;耐寒,喜温暖
朴树	喜湿润,耐旱,稍耐水湿;耐瘠薄,耐轻度盐碱,对土壤要求不严,喜排水好的砂质土壤;喜光,喜温暖
榉树	喜湿润,稍耐干旱,忌涝;在酸性到钙质土,轻盐碱地均能种植;喜肥沃湿润土壤;深根性,侧根发达;移栽恢复慢;不耐瘠薄;喜光,稍耐阴;喜温暖,耐热差;过密落叶
鸡爪槭	喜湿润,不耐涝,较耐干旱;喜肥沃壤土,酸碱不敏感,微酸最好;耐瘠薄;喜光,忌西晒,较耐阴;喜温凉气候,有一定耐寒性;生长中速偏慢

种植设计(略)。

4　基础设施建设和生产设施设备

(1)水源。

需要翻新泵房,添设一台水泵和配套灌溉管道设施。需要建设机井两处,添设两台水泵和配套灌溉管道设施。种苗区建设配套滴管设施。各型号水泵各备用一台。

（2）道路。

苗圃内道路和连接外部道路基本完备，不需要新建。由于已经建成几年，需维护，拟在道路低洼处需要补充砂石，约需石方 100 方，可就近取材，在河边取石。

（3）电力设施。

鄱阳苗圃内已建设有一条三相电线穿越苗圃地块，并有变压器一台，但需重新办理开户手续和线路维护。土地转让方同意协助我司办理接电事宜。

（4）生活办公设施。

拟租赁民房一套带院落，连接网络，准备 5 人办公设施。

（5）其他生产设备和工具。

5　苗圃土壤改良

5.1　苗圃土壤存在的问题

（1）鄱阳苗圃为山地红壤，土壤酸性较强，pH 一般在 5～6。通常园林植物适应的 pH 为 6～8，喜酸植物在 pH 5.5 左右，在低 pH 下苗木根系吸收 N、P、K 等养分困难。

（2）土壤养分缺乏，尤其缺乏 P 肥和中微量元素，如镁、钙、硫等元素。土壤有机质含量低。

（3）土壤结构差，土壤持肥持水能力低，在干旱季节容易缺水。

（4）坡地开垦后在雨季极易引起水土流失和养分淋失。

（5）部分地块土层厚度不够。

5.2　山地苗圃土壤改良主要技术措施

（1）深翻改土。

一般深翻深度要超过根系范围分布区 20cm 以上，园林苗圃深翻深度在 60～80cm 以上。由于苗圃土壤下层存在未风化母质，更要深翻，以增加土层厚度，加强排水，便于根系伸展。需要深翻地块 6 号和 8 号地块，面积为 210 亩。

（2）配合翻地开展水土保持工作。

坡度大的保留原有植被，原有植被较稀疏的地方补种耐旱耐瘠薄树种；坡度较小的地块按照等高开垦，等高作畦，等高种植，或做成梯田状种植；坡度小的直接开垦种植。

地块设置排水沟渠，经沉沙坑后排入蓄水池或外部沟渠。一般在地块周边还要挖 1～2m 宽拦水沟。

（3）调节土壤 pH。

可使用生石灰 50 千克/亩，可分次施入，也可一次性施入。施入季节一般在秋后春前。全部施入后一般在其后 3～5 年内都无须施入。石灰长期施入容易导致土壤板结，二次施入时，要配合草木灰施入。一次性施入石灰较多时，易引起土壤有机质的快速分解，所以通常与有机肥配合使用，但不能两者掺混后施入。如施入熟石灰，应为生石灰量的 1.3 倍。

（4）有机肥调节土壤结构，改善土壤微生物环境。

每亩施入有机肥或秸秆 1t，连续施入 3 年。或套种决明等绿肥直接翻入地中，也可套种花生、大豆等农作物。当地可选择的有机肥主要有生猪粪和锯屑、秸秆等有机废弃物。由于没有条件做堆肥发酵，需要提前施入。

（5）配合平衡施肥改良土壤。

由于养分含量差异大,测土施肥更有必要。一般施入生理碱性肥料如钙镁磷肥等,建议使用深圳芭田公司或郑州乐喜施公司的钙镁磷肥包裹氮、钾肥的复合肥(16-16-16)50~100kg 每亩每年。该肥料还兼有部分缓释功能,能大幅提高肥料利用率,虽然价格稍高于一般复合肥,但性价比非常高,尤其适合南方山地使用。如果施入氮肥,使用尿素比硫铵和硝铵对土壤酸性影响更小。

6 劳务和材料设备采购

6.1 种苗来源

由于江西本地种苗商规模化种植的少且品质差,拟在种苗主要产区的浙江嵊州和江苏、合肥等地采购。

6.2 主要物资供应商

水泵、管道等设备就地解决,在当地建材市场采购。

6.3 劳动力来源

在生产高峰预计劳动力需求 50~60 人。拟招募固定技术工人 5 人,带领当地劳动力队伍 15 人常年工作,在高峰期增加临时用工 30 人。

7 苗木种植工程设计

7.1 品种种植区划原则

（1）本规划设计的品种,对各区域种植原则如下:

① 山脊:种耐瘠薄、耐干旱的红叶石楠、樱花、栾树、无患子。

② 东、南坡:山脚种香樟、女贞、杜英、柚子树,其余可种朴树、紫薇、垂丝海棠、紫玉兰。

③ 北坡:山脚种桂花,其余可种杨梅。

④ 西坡:三角枫、鸡爪槭。

⑤ 毗邻其他山场和水稻田的山脚地块:种 30m 宽的防火树种,如香樟、杨梅、柚子树。

（2）种苗区:选择水土条件最好、交通便利的地块,种植规划小苗。3 年一个周期,全部出圃,6 年两个周期。种植在 6、7、8、9、11 号地块,合计面积 611 亩。

（3）一次定植区:6 年一个周期,第 4 年开始出圃,第 6 年全部出圃。种植在 1、2、3、4、5、10、12 号地块,面积合计 545.9 亩。1、2、3、5 号地块种植黄山栾树,12 地块种植红叶石楠,4、10 号地块种植丛生紫薇等品种。1、2、3、5、12 号地块套种红叶石楠小毛球。

7.2 种植和养护要点

（1）种植床。

苗圃现有空地已平整,或作成梯田,尽管存在有一定的坡度,但还是需要整理成种植床并开沟。翻地后,施入有机肥和石灰,再机械旋耕一次,既可以混合均匀,又可平整土地,细碎土块。最后用自制犁机械开沟。

一次定植的苗床可采用 4.5m 宽的种植床,0.5m 宽的排水沟,床上种植 2 排,行距 3m,两侧苗木距离沟边 0.75m,株距 2m。二次育苗的苗床采用 4.5m 宽的种植床,0.5m 宽排水沟,种植 4 排种苗,苗木行距分别为 1.5m、1m、1.5m,两侧苗木距沟边分别是 0.25m,株距 0.5m。地块边缘为陡坎的,苗木距离边缘应在 1m 或以上。

在缓坡地块,种植床行间与路垂直(条带,梯田部分)或成45°角。在坡度稍大的地块已

经整理出梯田,种植床横向布局,种植床行间与顺坡方向垂直。

(2) 杂草控制。

小苗区在4~6月,移植苗在5~6月要把草除净,7~9月期间要控制草的高度。大苗区四周杂草要除净,雨季要控制草荒,应采取人工除草和化学除草相结合的方法。由于山地不便于机械除草,人工除草成本高且劳动力需求大,主要采用化学除草的方式,人工辅助割除大型恶性杂草。如10% 草甘膦250mL加50% 丁草胺50mL兑15kg水,苗圃行间定向喷雾,喷头加保护套。实行化学除草一定要有专职人员负责,并要不断进行试验研究。除草剂用量和配伍要严格控制,未经试验,不得擅自使用。根据实验结果,逐步推行选择性除草剂,尤其在小苗区及移植苗区。

(3) 定植、浇水、支撑、施肥、修剪、病虫害防治同一般苗圃,略。

(4) 种苗区关键控制点。

① 种苗选择。

选择1~2年生种苗,要求苗木壮实,木质化较好,根系发达且须根较多(沙地苗不好);最好是同批次种苗,规格和种源一致;无明显病虫害;苗源距离不宜太远。

② 起运控制。

苗木起挖时要掘起,不要拔除苗(一般根系有劈裂、不完整或根系长短不一)。远距离运输的,掘起后要迅速以塑料布包装根部,根部可放一些湿报纸或蘸浆(配杀菌剂、生根粉)。装车时,不宜过于拥挤,并加盖篷布。如过挤,可在车内加冰块。最好晚上运输。

③ 到场处理。

到场后,迅速将苗转移到阴凉处,并喷雾保湿,覆盖稻草或遮阳网。也可以假植。

④ 种植前处理。

种植前,先修根,修剪过长根系和劈裂根、腐烂发黑根系。如苗木根系失水严重,最好先浸泡12h以上。如果之前未蘸浆,需要消毒和蘸生根剂。

8 项目建设进度计划

略。

9 投资概算和财务分析

9.1 销售收入计算

本项目的产品一部分是绿化种苗,培育的时间为2~3年,项目为周期性产品。本项目按6年(含培育期)计算其经济效益,苗木到第3年后全部产出,可出圃两次,每次可提供绿化中规格苗(胸径10~12cm,冠幅3~4m)60万株,产值达1982万元,合每株产值33元;一部分是成品苗,主要是丛生和单干紫薇、黄山栾树、红叶石楠球和单干红叶石楠,培育周期4~6年,可提供成品苗木13.5万株,产值2600万元。

9.2 各项成本费用估算分析

(1) 种植成本。

① 种苗区每亩投入种苗2238元,种植1109株,平均采购成本每株2元;一次定植区投入苗木平均每亩1387元。

② 种苗区投入劳动力较多,苗木种植成本每亩560元,养护成本约每亩945元。

（2）基建成本。

种苗区对生产条件要求高，每亩投入基建成本 1210 元。由于山地多贫瘠，投入每亩土壤改良 410 元；由于地块已经种植多年，投入深翻整地费用 150 元，比一般的山地苗圃投入低很多。种苗区设置灌溉排水设施每亩投入 550 元，较一般苗圃每亩 250 元要高。

9.3　总成本费用

6 年周期内累计总投入 1665 万元，如以第 3 年种苗售出计算，则只需要投入 782 万元。

9.4　利润总额

6 年利润总额为 4938 万元。

9.5　财务盈利分析

经计算：税前财务内部收益率（F1RR）为 35%，比一般苗圃收益高的原因在于种苗具有较高的投资回报率和较短的生产周期。由于本苗圃出圃中规格苗为自用，避免了销售风险，因此与一次定植中规格苗木的生产方式比较，自育种苗可以大幅节约投资，提高投资回报率。

参 考 文 献

［1］俞玖.园林苗圃学.北京：中国林业出版社,1987.

［2］郭学望,包满珠.园林树木栽植养护学.2版.北京：中国林业出版社,2004.

［3］柳振亮,石爱平,赵和文,等.园林苗圃学.2版.北京：气象出版社,2005.

［4］刘晓东,闵炜,昌正兴,等.园林苗圃.北京：高等教育出版社,2006.

［5］魏岩,石进朝.园林苗木生产与经营.北京：科学出版社,2012.